BIOLOGIA
PARA ENFERMAGEM

Ambiente virtual de aprendizagem

Se você adquiriu este livro em ebook, entre em contato conosco para solicitar seu código de acesso para o ambiente virtual de aprendizagem. Com ele, você poderá complementar seu estudo com os mais variados tipos de material: aulas em PowerPoint®, quizzes, vídeos, leituras recomendadas e indicações de sites.

Todos os livros contam com material customizado. Entre no nosso ambiente e veja o que preparamos para você!

SAC 0800 703-3444

divulgacao@grupoa.com.br

www.grupoa.com.br/tekne

A787b	Ártico, Ana Elisa.
	Biologia para enfermagem / Ana Elisa Ártico, Martha Regina Lucizano Garcia, Rosana Lavorenti Fellet. – Porto Alegre : Artmed, 2015.
	x, 258 p. : il. color. ; 25 cm.
	ISBN 978-85-8271-119-4
	1. Biologia – Enfermagem. I. Garcia, Martha Regina Lucizano. II. Fellet, Rosana Lavorenti. III. Título.
	CDU 573.2

Catalogação na publicação: Poliana Sanchez de Araujo – CRB 10/2094

ANA ELISA ÁRTICO
MARTHA REGINA LUCIZANO GARCIA
ROSANA LAVORENTI FELLET

BIOLOGIA
PARA ENFERMAGEM

2015

© Artmed Editora Ltda., 2015

Gerente editorial: *Arysinha Jacques Affonso*

Colaboraram nesta edição:

Editora: *Verônica de Abreu Amaral*

Assistente editorial: *Danielle Oliveira da Silva Teixeira*

Processamento pedagógico: *Laura Ávila de Souza*

Leitura final: *Mônica Stefani*

Capa e projeto gráfico: *Paola Manica*

Ilustrações: *Thiago André Severo de Moura e Tâmisa Trommer*

Imagens da capa: *Sebastian Kaulitzki/Hemera/Thinkstock* e
Andriy Muzyka/iStock/Thinkstock

Editoração: *Kaéle Finalizando Ideias*

Reservados todos os direitos de publicação à
ARTMED EDITORA LTDA., uma empresa do GRUPO A EDUCAÇÃO S.A.
A série Tekne engloba publicações voltadas à educação profissional e tecnológica.
Av. Jerônimo de Ornelas, 670 – Santana
90040-340 Porto Alegre RS
Fone: (51) 3027-7000 Fax: (51) 3027-7070

É proibida a duplicação ou reprodução deste volume, no todo ou
em parte, sob quaisquer formas ou por quaisquer meios (eletrônico,
mecânico, gravação, fotocópia, distribuição na Web e outros),
sem permissão expressa da Editora.

SÃO PAULO
Av. Embaixador Macedo Soares, 10.735 – Pavilhão 5
Cond. Espace Center – Vila Anastácio
05095-035 – São Paulo – SP
Fone: (11) 3665-1100 – Fax: (11) 3667-1333

SAC 0800 703-3444 – www.grupoa.com.br

IMPRESSO NO BRASIL
PRINTED IN BRAZIL

Autores

Ana Elisa Ártico
Graduada em Enfermagem pela Faculdade de Enfermagem do Hospital Israelita Albert Einstein, possui especialização em Enfermagem/Oncologia pela Universidade de São Paulo (USP) e formação pedagógica em Educação Profissional na Área da Saúde/Enfermagem pela Faculdade de Araras/Fiocruz. Possui também MBA em Excelência em Gestão de Projetos e Processos Organizacionais pelo Centro Estadual de Educação Tecnológica Paula Souza. Atualmente é docente do curso técnico em enfermagem da escola técnica Coronel Fernando Febeliano da Costa, do Centro Paula Souza.

Martha Regina Lucizano Garcia
Graduada em Ciências Biológicas pela Universidade Estadual de Londrina (UEL), possui mestrado em Agronomia pela Universidade Estadual Paulista (UNESP) e doutorado em Microbiologia Agropecuária pela UNESP. Atua como docente da escola técnica estadual de Ilha Solteira, do Centro Paula Souza.

Rosana Lavorenti Fellet
Graduada em Enfermagem pela Universidade Estadual de Campinas (UNICAMP), possui especialização em Administração Hospitalar pelo Centro Universitário São Camilo e em Administração dos Serviços Públicos pela Universidade de Ribeirão Preto (UNAERP). Possui também formação pedagógica em Educação Profissional na Área da Saúde/Enfermagem pela Faculdade de Araras/Fiocruz. Atualmente é docente do curso técnico em enfermagem da escola técnica Coronel Fernando Febeliano da Costa, do Centro Paula Souza.

Coordenador

Almério Melquíades de Araújo
Graduado em Física pela Pontifícia Universidade Católica (PUC-SP), possui mestrado em Educação (PUC-SP). Atualmente é Coordenador de Ensino Médio e Técnico do Centro Estadual de Educação Tecnológica Paula Souza.

 Agradecimentos

Esta obra é o resultado de um esforço cooperativo e interativo.

Agradecemos ao Professor Almério Melquíades de Araújo que, ao acreditar em nosso trabalho, ofereceu esta valiosa oportunidade para promovermos uma reflexão sobre a interação entre os conhecimentos da Biologia e os conhecimentos específicos do Curso Técnico em Enfermagem. Cabe um agradecimento especial às professoras Márcia Cristina Nobukuni, Regiane De Nadai e Regina Helena Rizzi Pinto, que revisaram a produção de forma criteriosa e competente.

Somos gratas também à equipe do Grupo A, que viabilizou o projeto de pesquisa desta obra, disponibilizando o acervo da editora, além de acompanhar de forma zelosa a produção em cada uma de suas etapas.

Agradecemos a todos que, de alguma forma, nos apoiaram no transcorrer da escrita desta obra.

Ana Elisa Ártico
Martha Regina Lucizano Garcia
Rosana Lavorenti Fellet

Apresentação

As bases científicas do ensino técnico

Que professor já não disse, ou ouviu dizer, diante dos impasses dos processos de ensino e de aprendizagem, que "os alunos não têm base" para acompanhar o curso ou a disciplina que estão desenvolvendo?

No ensino técnico, onde os professores buscam a integração dos conceitos tecnológicos com o domínio de técnicas e do uso de equipamentos para o desenvolvimento de competências profissionais, as bases científicas previstas nas áreas do conhecimento de ciências da natureza e matemática são um esteio fundamental.

Avaliações estaduais, nacionais e internacionais têm constatado as deficiências da maioria dos nossos alunos da Educação Básica, particularmente nas áreas do conhecimento mencionadas. Os reflexos estão aí: altos índices de repetência e de evasão escolar nos cursos técnicos e de ensino superior e baixos índices de formação de técnicos, tecnólogos e engenheiros – formações profissionais nas quais o domínio dos conceitos de matemática, física, química e biologia são condições *sine qua non* para uma boa formação profissional.

Construir uma passarela entre os cursos técnicos dos diferentes eixos tecnológicos e as suas respectivas bases científicas é o propósito da coleção Bases Científicas para o Ensino Técnico.

Acreditamos que, partindo de uma visão integradora dos ensinos médio e técnico, o desenvolvimento dos currículos nas alternativas subsequente, concomitante ou integrado deverá ser um processo articulado entre os conhecimentos científicos previstos nos parâmetros curriculares nacionais do ensino médio e as bases tecnológicas de cada curso técnico, numa simbiose que não só garantirá uma educação profissional mais consistente, como também propiciará um crescimento profissional contínuo.

Sabemos que o adulto trabalhador que frequenta as escolas técnicas à noite e que, em sua maioria, concluiu o ensino médio há um certo tempo é o principal alvo dessa coleção, que permitirá, de forma objetiva e contextualizada, a recuperação de conhecimentos a partir de suas aplicações.

Esperamos que professores e alunos (jovens e adultos trabalhadores), ao longo de um curso técnico, sintam-se apoiados por este material didático a fim de superar as eventuais dificuldades e alcançar o objetivo comum: uma boa formação profissional, com a aliança entre o conhecimento, a técnica, a ciência e a tecnologia.

Almério Melquíades de Araújo

Sumário

capítulo 1
Microbiologia **1**
Vírus.. 3
   Tamanho, forma e estrutura............................ 4
   Replicação dos vírus... 4
   Viroses 6
      AIDS (síndrome da imunodeficiência adquirida) 6
      Hepatites... 8
Bactérias.. 10
   Tamanho, forma e estrutura............................ 11
   Reprodução bacteriana 12
   Resistência bacteriana aos antibióticos............. 12
   Doenças causadas por bactérias....................... 13
   Infecção hospitalar 14
Protozoários.. 17
   Tamanho, forma e classificação........................ 18
   Reprodução dos protozoários........................... 18
   Doenças causadas por protozoários.................. 19
      Ciclo de transmissão dos agentes infecciosos..... 21
Fungos 25
   Tamanho, forma e classificação........................ 26
   Reprodução dos fungos................................... 27
   Infecções e intoxicações causadas por fungos 29

capítulo 2
Doenças parasitárias **33**
Platelmintos.. 34
   Classificação 34
   Doenças causadas por platelmintos 35
   Esquistossomose... 35
      Teníase e cisticercose 37
Nematódeos.. 41
   Doenças causadas por nematódeos 41
      Ascaridíase 41
   Larva *migrans* cutânea................................... 43
      Ancilostomose (amarelão) 45
      Filariose... 47
      Oxiurose 49

capítulo 3
Imunologia **55**
Imunoglobulinas... 57
Sistema imunológico....................................... 58
   Doenças autoimunes 62
   Janela imunológica... 63
      Inflamação 64
      Alergias 64
Vacinas... 65
   Classificação das vacinas 65
      Vacinas vivo-atenuadas................................... 65
      Vacinas inativadas ou inertes........................... 66
      Recombinantes 66
   Conservação das vacinas 66
   Eventos adversos pós-imunização.................... 67
   Calendário básico de vacinação 67
Soros 68

capítulo 4
Células e tecidos **73**
   Fronteiras da célula 75
Citoplasma e suas organelas 82
Núcleo e cromossomos.................................... 84
Divisão celular.. 87
Tecidos 92
   Tecido epitelial.. 93
   Tecido conectivo 96
   Tecido muscular 99
      Musculação e atividade aeróbica 100
   Tecido nervoso 102
      Queimaduras... 104
      Úlceras por pressão....................................... 105

capítulo 5
Anatomia e fisiologia humana **109**
   Sistema digestório 110
Anexos do sistema digestório 112
      Pâncreas... 112
      Fígado 113
   Afecções do sistema digestório 115
      Hérnia de hiato... 115

Gastrite	116
Úlcera	116
Pancreatite	117
Cálculos vesiculares ou biliares	118
Infecções intestinais	119
Apendicite	119
Câncer intestinal	120
Cirrose hepática	120
Sistema hematopoético	121
Doenças do sistema hematopoético	124
Anemia	124
Leucemia	125
Distúrbios plaquetários	126
Sistema vascular e circulatório	127
Doenças do sistema vascular e circulatório	133
Varizes	133
Aterosclerose	134
Hipertensão arterial	135
Arritmia cardíaca	136
Insuficiência cardíaca	137
Angina	138
Infarto agudo do miocárdio	139
Trombose venosa profunda	139
Sistema linfático	140
Doenças do sistema linfático	141
Linfoma	141
Linfedema	142
Linfoadenopatia	142
Sistema respiratório	143
Doenças do sistema respiratório	148
Asma brônquica	148
Bronquite	150
Enfisema	150
Câncer pulmonar	151
Sistema urinário	152
Doenças do sistema urinário	156
Cálculo renal	157
Glomerulonefrite	158
Uretrite	158
Insuficiência renal	159
Sistema endócrino	160
Doenças do sistema endócrino	168
Hipotireoidismo	168
Hipertireoidismo	169
Diabetes melito tipo I	170
Diabetes melito tipo II	170
Sistema nervoso	171
Doenças do sistema nervoso	177

Cefaleias	177
Acidente vascular encefálico	177
Doença de Alzheimer	177
Doença de Parkinson	178
Eletroencefalograma	179
Sistema sensorial	179
Visão	180
Doenças dos olhos	182
Daltonismo ou cegueira à cor	184
Audição	184
Labirintite	186
Olfato	187
Paladar	187
Tato	189
Sistema muscular	190
Sistema esquelético	194
Fraturas	197
Curvaturas da coluna vertebral	198

capítulo 6
Reprodução e desenvolvimento ... 201

Sistema reprodutor	202
Métodos contraceptivos	206
Doenças do sistema reprodutor	209
Reprodução humana	211
Desenvolvimento embrionário humano	218
Gêmeos	228
Crescimento e desenvolvimento humano	228
Infância	229
Meia infância	229
Fase juvenil	229
Adolescência	230
Fase adulta	230
Genética humana	231
Aconselhamento genético	231
Doença genética	233
Teste do pezinho	237
Sistema ABO e fator Rh	237
Teste para determinação do grupo sanguíneo	240

capítulo 7
Nutrição ... 245

Principais nutrientes	246
Índice de massa corporal (IMC)	253
Leis da alimentação	254
Fatores que influenciam a nutrição	255
Desidratação	255
Nutrição enteral e parenteral	256

capítulo 1

Microbiologia

Neste capítulo, abordaremos os aspectos mais relevantes dos microrganismos e sua relação com os seres humanos, principalmente no que se refere às infecções ocasionadas por eles. Alguns microrganismos causam graves transtornos ao homem, já outros interagem de forma benéfica. Assim, é preciso conhecê-los melhor para evitar complicações.

Expectativas de aprendizagem
- Identificar os microrganismos que são benéficos e aqueles que afetam a saúde.
- Identificar agentes, causas e natureza das contaminações.
- Identificar a importância de realizar procedimentos de enfermagem considerando os princípios de assepsia e de antissepsia, visando proteger o cliente de contaminações.
- Listar as medidas de prevenção da infecção hospitalar em unidades de internação.
- Aplicar medidas assépticas aos procedimentos de enfermagem visando proteger o cliente de contaminações.
- Identificar situações de risco biológico na enfermagem.
- Identificar as doenças sexualmente transmissíveis e de notificação compulsória e relacionar seus métodos de prevenção.

Bases tecnológicas
- Cadeia de transmissão dos agentes infecciosos
- Conceitos de assepsia, antissepsia, desinfecção, descontaminação e esterilização
- Técnicas assépticas
- Infecção hospitalar
- Risco biológico no ambiente de trabalho
- Doenças sexualmente transmissíveis e de notificação compulsória

Bases científicas
- Vírus
- Bactérias
- Protozoários
- Fungos

Microbiologia é o ramo da ciência que estuda os seres microscópios, chamados microrganismos. Tais seres recebem essa denominação porque não podem ser vistos a olho nu, sendo necessário um microscópio óptico ou microscópio eletrônico para sua visualização. Incluem bactérias, vírus, protozoários e fungos.

É importante entender a relação dos microrganismos com o homem. Aqueles que são benéficos e também ajudam no equilíbrio do meio ambiente são chamados **não patogênicos**, enquanto aqueles que são prejudiciais e causam doenças são chamados **patogênicos**. Além dessa divisão, os microrganismos podem ser saprófitas ou oportunistas.

Microrganismos saprófitas: Obtêm seus nutrientes a partir de tecidos mortos e/ou em decomposição de plantas ou animais. Também são chamados decompositores.

Microrganismos oportunistas: Fazem parte da microbiota ou microflora endógena, normalmente não causam dano ao homem, mas causam doenças, dependendo da resistência do hospedeiro e de condições favoráveis para seu desenvolvimento e crescimento.

A **microbiota** ou flora normal pode ser residente ou transitória. A **flora residente** é composta por microrganismos que vivem e se multiplicam nas camadas mais profundas da pele, nas glândulas sebáceas e no folículo piloso. Já a **flora transitória** compreende os microrganismos adquiridos por contato direto com o meio ambiente, que contaminam a pele temporariamente e não são considerados colonizantes; podem ser removidos facilmente pela ação mecânica e pela lavagem das mãos com água e sabão.

» **DEFINIÇÃO**
Microbiota é o termo utilizado para descrever o conjunto de microrganismos normalmente encontrados na superfície ou no interior dos indivíduos.

» NA HISTÓRIA

Febre puerperal é o nome de uma doença que, no passado, acometia as mulheres após o parto. Milhares de mães e crianças morriam sem que os médicos soubessem a causa. Esse termo descrevia a fase em que a enfermidade surgia: ela era observada no puerpério, período logo após o parto. Era comum que, a cada 10 mães, uma ou mais morressem após o parto.

Ignaz Philipp Semmelweis (1818-1865), médico húngaro que trabalhava com estudantes de medicina, relacionou a grande mortalidade das mulheres na clínica em que atuava ao fato de os estudantes saírem da sala de necropsia, não lavarem as mãos e, em seguida, realizarem os partos, pois observou que os partos realizados por parteiras apresentavam menores índices de mortalidade. Assim, passou a exigir que todos os médicos lavassem e escovassem as mãos antes de cada parto. Com essa medida, os índices de mortalidade materna diminuíram 20% inicialmente.

O estudo da microbiologia permite aos profissionais de enfermagem atuar de forma consciente para evitar a disseminação de infecções que podem acometer principalmente as pessoas hospitalizadas. Essa atuação deve levar em conta os fatores ambientais que exercem influência sobre os microrganismos (Quadro 1.1).

Quadro 1.1 » Influência dos fatores ambientais sobre os microrganismos

Fatores ambientais	Influência sobre os microrganismos
Oxigênio	Os microrganismos **aeróbios** crescem e se multiplicam na presença de oxigênio [p. ex., *Staphylococcus* (pele)].
	Os microrganismos **anaeróbios** vivem e se multiplicam na ausência de oxigênio [p. ex., *Clostridiun tetani* (tétano)].
Luminosidade	Alguns microrganismos se desenvolvem melhor em locais com baixa iluminação (p. ex., fungos).
Temperatura	Calor moderado favorece o crescimento de alguns microrganismos, enquanto altas temperaturas (+ de 127 °C) podem destruí-los.
Umidade	Alguns microrganismos crescem na presença de umidade (p. ex., fungos).

» Vírus

Os vírus estão entre os menores e mais simples agentes infecciosos e normalmente são agentes infecciosos específicos ao tipo de célula que parasitam. Desse modo, os vírus das diversas hepatites (A, B, C) são específicos das células do fígado, o vírus da caxumba atua especificamente nas células das glândulas salivares parótidas, o vírus da raiva afeta as células nervosas, e assim por diante.

Como os vírus não têm organização celular, não possuem parede celular nem membrana plasmática e se mostram absolutamente inertes fora de células vivas, os antibióticos não têm qualquer efeito sobre eles. Contudo, graças à natureza proteica da cápsula viral, que atua como antígeno, um organismo infectado pode se defender contra os vírus produzindo anticorpos específicos, como acontece com a gripe.

> » **PARA REFLETIR**
>
> Os vírus são responsáveis por inúmeras doenças. É comum encontrarmos pessoas portadoras de algum tipo de infecção causada por vírus. Você já deve ter ouvido a expressão do médico ao definir um diagnóstico: "Você está com uma virose". Por que isso acontece? Como os vírus se comportam na natureza? O que podemos fazer para nos proteger do ataque desses agentes infecciosos?

» Tamanho, forma e estrutura

Os vírus se apresentam em vários formatos: esféricos (influenzavírus), de ladrilho (poxvírus) e de projétil (vírus da raiva). São menores que qualquer outro organismo, embora possam variar consideravelmente em tamanho – de 10 a 300 nm. São tão diminutos que só são visualizados por microscopia eletrônica.

Os vírus não estão incluídos em nenhum dos Reinos, pois possuem muitas características particulares. Pelo fato de serem **acelulares**, ou seja, não serem formados por células, muitos cientistas não os consideram seres vivos.

Os vírus são **parasitas intracelulares obrigatórios**, pois somente conseguem se replicar (reprodução viral) quando no interior de células hospedeiras. Por não serem formados por célula e não possuírem organelas celulares, que lhes permitem a realização das atividades metabólicas básicas de um ser vivo (nutrição e reprodução), dizemos que os vírus não possuem autonomia. Para sobreviver, eles devem parasitar as células de diversos organismos.

> » **PARA SABER MAIS**
> Acesse o ambiente virtual de aprendizagem para saber mais sobre este assunto:
> www.grupoa.com.br/tekne

A estrutura do vírus é muito simples, com dois componentes principais: a parte central, na qual se encontra o material genético viral, que pode ser **DNA**, **RNA** ou os dois tipos de **ácidos nucleicos**, associados a uma capa proteica denominada **capsídeo** ou **cápsula**, formando ambos o **nucleocapsídeo**. Alguns vírus contêm também lipídeos e carboidratos em sua composição. Por estas características, alguns cientistas os consideram seres vivos (Figura 1.1).

» Replicação dos vírus

Na replicação, os vírus produzem novas cópias de si mesmos dentro das células infectadas. Essa replicação só ocorre dentro de células vivas, pois fora da célula hospedeira, as partículas virais são metabolicamente inativas. Como exemplo da replicação viral, usaremos o **bacteriófago**, um vírus que utiliza como célula hospedeira a bactéria intestinal *Escherichia coli*.

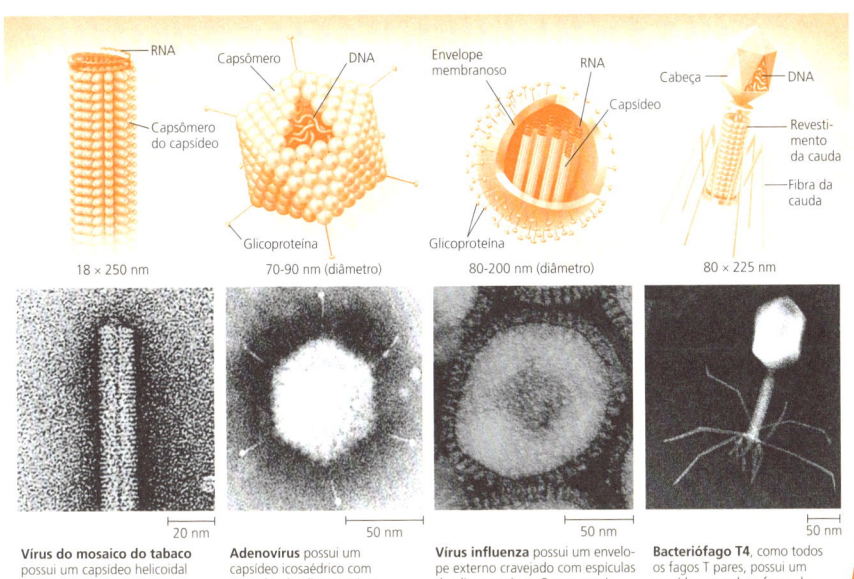

Figura 1.1 Tamanho, forma e estrutura viral.
Fonte: Campbell e Reece (2010).

A vigilância epidemiológica de cada município é responsável por ações relativas ao controle das doenças, à imunização, à busca ativa e à notificação. Doenças consideradas de **notificação compulsória** são aquelas que exigem que cada ocorrência seja notificada por um profissional de saúde.

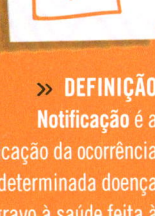

>> **DEFINIÇÃO**
Notificação é a comunicação da ocorrência de determinada doença ou agravo à saúde feita à autoridade por profissionais de saúde ou por qualquer cidadão, para fins de adoção de medidas de intervenção pertinentes.

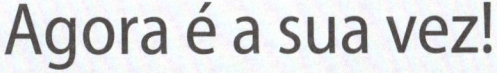

>> Agora é a sua vez!

No município de Mar Azul, com 200 mil habitantes, surgiu um caso de sarampo em uma criança de 2 anos de idade que frequenta a creche municipal. Após sete dias, surgiram mais dois casos de crianças que tiveram contato com a primeira criança infectada. No município, no período de 30 dias, foram notificados 10 casos. Esse fato nos mostra que as doenças podem ser transmitidas de uma pessoa para outra. A partir dessas informações, faça pesquisas para responder às perguntas a seguir.

a) O sarampo é uma doença bacteriana ou viral?
b) Qual é a forma de transmissão dessa doença?
c) Quais são as medidas recomendadas para previnir o Sarampo?
d) O sarampo é uma doença de notificação compulsória?
e) Investigue e discuta com seus colegas como é feita a notificação de doenças em seu município.
f) Elabore junto com seus colegas uma relação de 10 doenças de notificação compulsória. Justifique.

NO SITE
Acesse o ambiente virtual de aprendizagem Tekne para conhecer a relação completa das doenças de notificação compulsória.

» Viroses

Um morador da sua região relata durante a consulta que está apresentando febre alta e dores no corpo, e menciona ter sido picado por um mosquito grande e amarelo, à noite, próximo a sua casa. Podemos suspeitar de dengue? Por quê?

O estudo dos vírus é de grande interesse para a medicina, a veterinária, a agricultura e outras áreas das ciências, pois há inúmeros vírus que atacam animais, plantas e diversos outros grupos de seres vivos, causando infecções chamadas **viroses**. No Quadro 1.2, destacamos algumas viroses que atingem a espécie humana.

Quadro 1.2 » Principais viroses que atingem a espécie humana

Doença	Agente etiológico
Varicela (catapora)	*Herpesvírus*
Rubéola	*Togavírus*
Sarampo	*Paramixovírus*
Poliomielite	*Picornavírus*
Raiva	*Rabdovírus*
Dengue	*Flavivírus*
Febre amarela	*Flavivírus*
Gripe	*Ortomixovírus*
Caxumba	*Paramixovírus*
Gastroenterite	*Reovírus*
Condiloma acuminado, crista de galo ou verruga genital (HPV)	*Papovavírus*

AIDS (síndrome da imunodeficiência adquirida)

A AIDS é causada pelo vírus HIV (*human immunodeficiency virus* ou vírus da imunodeficiência humana). A transmissão ocorre pelo contato de fluidos corporais (sangue, leite materno, esperma, secreções vaginais) de uma pessoa infectada com o sangue de outra pessoa, por meio de lesões na pele ou em mucosas.

O alvo principal do HIV é o leucócito chamado linfócito T4 auxiliar (*helper*) ou célula CD4, que comanda e estimula outras células do sistema imunológico. Com a infecção pelo HIV, as células CD4 são destruídas até um ponto em que o sistema imunológico enfraquece. Como resultado, o organismo fica sujeito a **doenças oportunistas**. Desse modo, quando a quantidade de células CD4 cai a um número determinado (menos de 200 linfócitos T4 por milímetro cúbico de sangue) ou quando surgem infecções oportunistas, dizemos que uma pessoa com infecção pelo HIV tem AIDS, pois o sistema imune está suprimido (Figura 1.2).

> » **DEFINIÇÃO**
> Doença oportunista é aquela que se manifesta quando o sistema imunológico está debilitado (p. ex., tuberculose, pneumonia, candidíase oral ou sapinho, herpes simples, toxoplasmose).

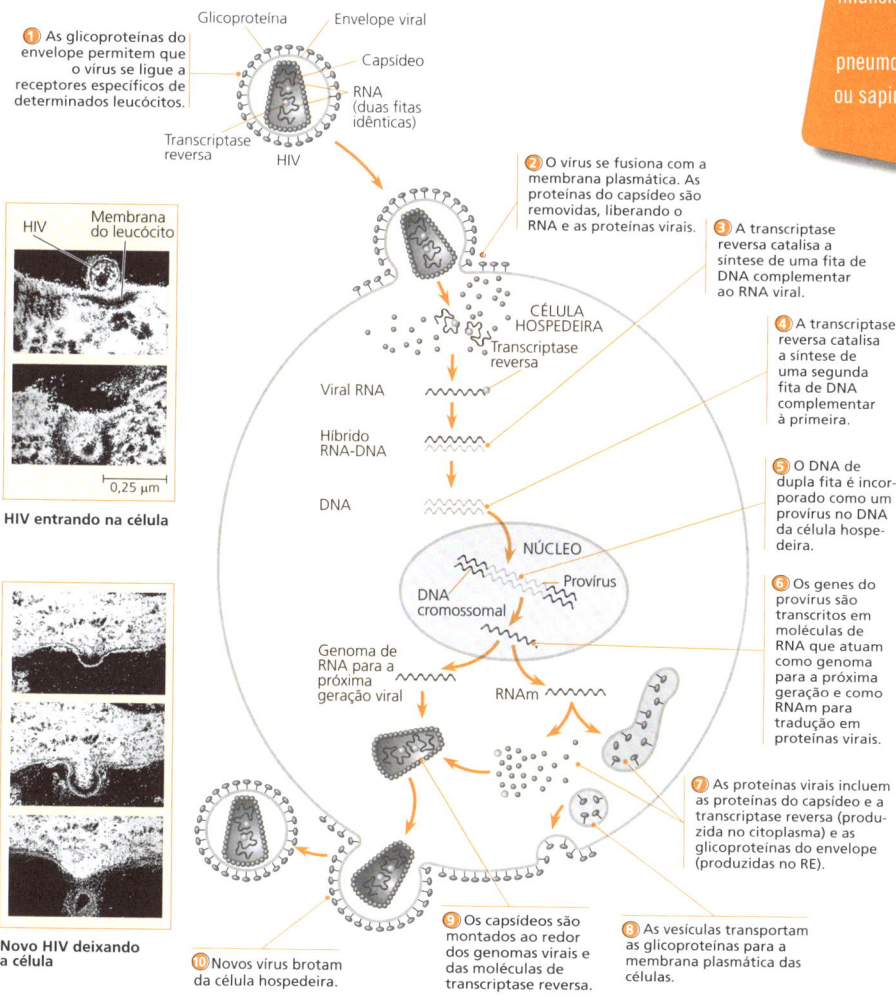

Figura 1.2 Ciclo do vírus HIV.
Fonte: Campbell e Reece (2010).

Os sintomas mais frequentemente apresentados por pacientes com AIDS são fadiga, mal-estar, perda de peso, febre, dificuldade respiratória, diarreia crônica e aparecimento de sarcomas de kaposi (manchas róseas, vermelhas ou arroxeadas na pele e nas mucosas).

As seguintes situações são consideradas de risco para a infecção por HIV:

- sexo oral, anal ou vaginal sem proteção;
- compartilhamento de agulhas e seringas com usuários de drogas injetáveis;
- acidente com material perfurocortante contaminado;
- transfusões sanguíneas;
- transplante de órgãos.

Além disso, o vírus pode ser transmitido de mãe para filho durante a gestação, o parto ou o aleitamento.

>> PARA REFLETIR

Mesmo assintomático, um adulto soropositivo deve ser responsável, uma vez que pode transmitir o vírus para outras pessoas. Deve usar preservativo (camisinha) ou exigir que o parceiro use a cada relação sexual. Caso seja usuário de drogas, não deve compartilhar agulhas utilizadas por ele. Deve também informar o seu médico e o seu dentista para garantir melhor tratamento a si próprio e permitir que sejam tomadas precauções que protejam as outras pessoas. Também não pode doar sangue, esperma ou órgãos.

Hepatites

Grave problema de saúde pública no Brasil e no mundo, a hepatite tem como sintoma a inflamação do fígado, podendo ser causada por vírus, uso de alguns medicamentos, álcool e outras drogas, além de doenças autoimunes, metabólicas e genéticas. As hepatites nem sempre apresentam sintomas, mas, quando estes aparecem, incluem cansaço, febre, mal-estar, tontura, enjoo, vômitos, dor abdominal, pele e olhos amarelados (icterícia), urina escura e fezes claras.

No Brasil, as hepatites virais mais comuns são as causadas pelos vírus A, B e C. Existem, ainda, os vírus D e E, este último mais frequente na África e na Ásia. Milhões de pessoas no Brasil são portadoras dos vírus B ou C e não sabem. Elas correm o risco de as doenças evoluírem (tornarem-se crônicas) e causarem danos mais graves ao fígado, como cirrose e câncer.

A evolução das hepatites varia conforme o tipo de vírus. Os vírus A e E apresentam apenas formas agudas, não possuindo potencial para formas crônicas. Isso quer dizer que, após uma hepatite A ou E, o indivíduo consegue se recuperar completamente, eliminando o vírus de seu organismo. A principal forma de transmissão é a ingestão de alimentos e/ou água contaminada com fezes dos portadores do vírus.

Já as hepatites causadas pelos vírus B, C e D apresentam formas tanto agudas quanto crônicas de infecção, quando a doença persiste no organismo por mais de 6 meses. A transmissão se dá por meio da transfusão de sangue ou do contato com fluidos corporais (saliva, leite e sêmen) contaminados.

A prevenção das hepatites inclui as seguintes ações:

- lavar bem as mãos e os alimentos antes de ingerí-los;
- usar água potável ou fervida para beber e cozinhar;
- saneamento básico de qualidade, com tratamento de águas e esgotos;
- uso de vacinas contra a hepatite;
- uso de camisinha nas relações sexuais;
- não compartilhamento de objetos, como lâminas de barbear, escovas de dente e seringas;
- utilização de agulhas de tatuagem e de equipamentos de *piercing* esterilizados;
- utilização de sangue devidamente testado para transfusões.

> **» NO SITE**
> No ambiente virtual de aprendizagem Tekne você encontra mais informações sobre hepatites virais, AIDS e outras doenças causadas por vírus.

As hepatites virais são doenças de notificação compulsória. Esse registro é importante para mapear os casos de hepatites no país e ajuda a traçar diretrizes de políticas públicas no setor.

Os profissionais de saúde estão muito expostos à contaminação por esses agentes virais (risco biológico) nas instituições de saúde. Medidas de proteção, como o uso de equipamentos de proteção individual, devem ser tomadas para evitar que isso aconteça.

» PARA SABER MAIS

Acesse o ambiente virtual de aprendizagem Tekne para mais informações sobre riscos ocupacionais e medidas de prevenção de contaminação viral.

» Agora é a sua vez!

1. Em sua prática, dentre outros riscos ocupacionais, os profissionais de saúde estão expostos ao risco biológico. Pesquise e discuta com seus colegas e seu professor sobre a relação do risco biológico com a prática profissional de enfermagem em uma unidade de internação hospitalar.

2. Pesquise e discuta com os colegas o que deve ser feito pelos profissionais de saúde, principalmente os técnicos em enfermagem, para evitar acidentes com material perfurocortante.

Bactérias

> **DEFINIÇÃO**
> O termo procarionte (do grego *proto* = primeiro; *cario* = núcleo; *ontos* = ser) refere-se a organismos cujas células não apresentam núcleo organizado, ou seja, não possuem carioteca ou membrana nuclear.

> **CURIOSIDADE**
> Há bactérias capazes de degradar até componentes orgânicos do petróleo, tóxicos para a maioria dos seres vivos.

As bactérias estão dispersas em todos os ambientes, por isso, a ocorrência de infecções é muito frequente. Uma situação preocupante é que esses microrganismos podem causar sérios problemas à saúde das pessoas, além de serem cada vez mais resistentes aos tratamentos. Por que isso acontece?

As bactérias são organismos unicelulares e **procariontes,** sendo os menores e mais simples seres vivos com organização celular.

As bactérias são os organismos mais abundantes da Terra, e isso se deve às adaptações que elas são capazes de fazer aos mais diversos ambientes. Assim, é possível encontrá-las na água, no solo, no ar atmosférico e também no interior do organismo de diversos seres vivos, inclusive do ser humano. A maioria das bactérias é **heterótrofa** (do grego *hetero*, outro, diferente; *trophé*, nutrição), ou seja, não produz o próprio alimento, devendo obtê-lo já pronto de outros seres vivos.

As bactérias também são muito úteis ao meio ambiente e ao homem. O Quadro 1.3 resume a importância desses microrganismos para diferentes áreas.

Quadro 1.3 » Importância das bactérias

Ecológica	Industrial	Médica	Engenharia genética
As bactérias, assim como os fungos, participam da decomposição da matéria orgânica, reduzindo os restos de seres mortos a substâncias minerais mais simples. Desse modo, elementos essenciais são devolvidos ao ambiente e reutilizados pelos seres vivos. Sem essas bactérias, toda matéria morta ficaria acumulada na biosfera.	Os iogurtes, os queijos e as coalhadas são fabricados a partir da fermentação do açúcar do leite (lactose). As bactérias que realizam esse processo são os *Lactobacyllus*. Outras bactérias, como o *Acetobacter*, produzem o vinagre por meio da fermentação acética.	Existem bactérias que podem ser usadas na fabricação de antibióticos, como nistatina, bacitracina, terramicina, entre outros.	Algumas técnicas recentes utilizam bactérias na produção de insulina humana e hormônio do crescimento. Tais substâncias são produzidas por bactérias a partir da introdução de genes humanos no interior desses microrganismos. Essas técnicas de transgenia têm auxiliado os diabéticos e as pessoas com problemas de crescimento.

> **» CURIOSIDADE**
>
> A *Escherichia coli* é uma bactéria que vive no intestino humano. Essa e outras bactérias semelhantes são utilizadas como indicador de contaminação das águas de rios e praias por águas residuárias (esgoto doméstico e/ou industrial). De 200 a 1.000 bactérias por 100 mL de água é a referência para que as autoridades sanitárias considerem a praia ou os rios impróprios para o banho, pois isso indica, com segurança, a presença de coliformes fecais nas águas. A presença desses coliformes na água também sinaliza a existência de outros microrganismos **patogênicos**.

» Tamanho, forma e estrutura

A maioria das bactérias mede entre 0,2 e 1,5 µm de comprimento por 2,0 a 5,0µm de largura (Figura 1.3B). A célula da bactéria é formada pela membrana plasmática, reforçada por uma parede celular não celulósica que pode estar envolvida por uma cápsula gelatinosa. Seu material genético é uma molécula circular de DNA (cromossomo circular) que se encontra imersa no citoplasma, em uma região denominada **nucleoide**. Nessa região, além da presença do DNA, podem existir uma ou mais moléculas pequenas de DNA circular, os **plasmídeos**, que geralmente contêm genes relacionados à resistência das bactérias a antibióticos (Figura 1.3A).

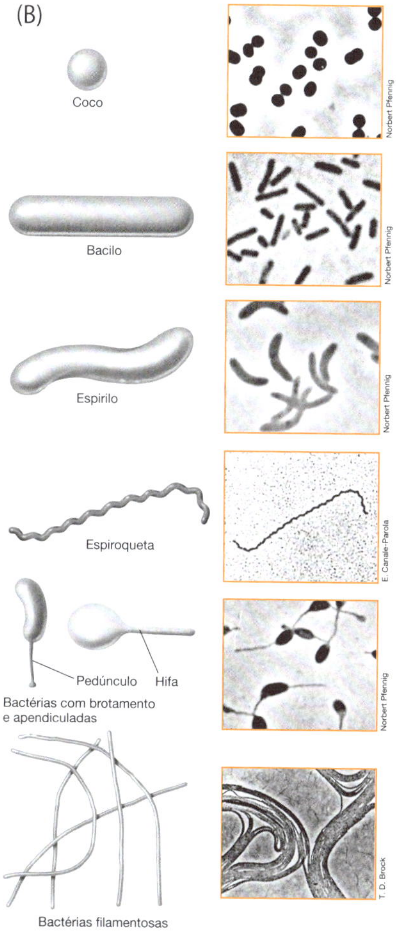

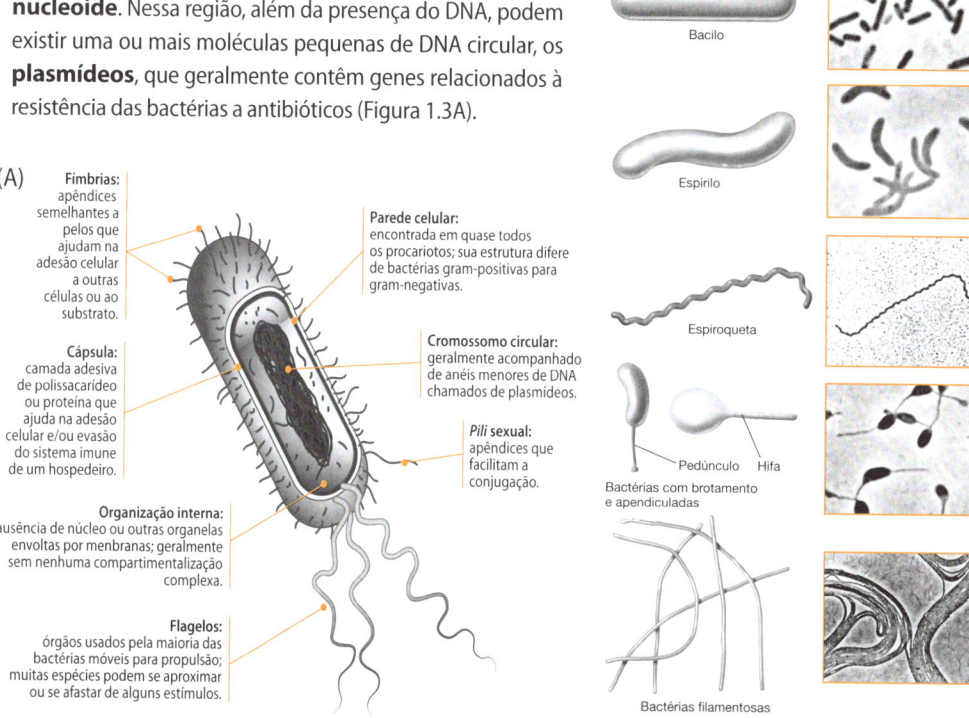

Figura 1.3 (A) Estrutura bacteriana. (B) Tamanho e formas e arranjos das bactérias.
Fonte: (A) Campbell e Reece (2010); (B) Madigan et al. (2010).

» Reprodução bacteriana

As bactérias possuem **reprodução assexuada** por **divisão binária**. O processo consiste em uma célula que se divide e dá origem a duas células, todas geneticamente idênticas. O processo completo, em algumas espécies de bactérias, dura cerca de 20 minutos. Por isso, em algumas horas e em condições ideais, uma única bactéria pode dar origem a uma população composta de milhares de células bacterianas.

Algumas espécies de bactérias, como as dos gêneros *Clostridium* e *Bacillus*, formam **endósporos**. Esse processo é desencadeado por certas condições ambientais, como a falta de nutrientes essenciais ou de água. Resistente ao calor intenso, à falta de água e a outras condições adversas, o endósporo é capaz de permanecer anos com a atividade metabólica totalmente suspensa.

Os endósporos bacterianos têm grande importância na medicina e na indústria de alimentos pelo fato de serem resistentes ao calor e à esterilização química, quando comparados com células em estado vegetativo. Formadores de endósporos, as bactérias do gênero *Clostridium* são anaeróbias obrigatórias e provocam doenças como o tétano (*Clostridium tetani*), a gangrena gasosa (*Clostridium perfringens*) e o botulismo (*Clostridium botulinum*).

» **DEFINIÇÃO**
Endósporos são estruturas resultantes da desidratação da célula bacteriana, que ocasiona a formação de uma parede grossa e resistente em torno do citoplasma desidratado.

» Resistência bacteriana aos antibióticos

Considerados como uma das maiores conquistas da ciência moderna, os **antibióticos**, assim como as vacinas e os soros, têm salvado muitas vidas. Os antibióticos atuam na parede celular das bactérias, e sua escolha está relacionada à resistência bacteriana. Podem atuar de diferentes maneiras sobre as células bacterianas: como, por exemplo, bloquear a síntese da parede celular, desorganizar estruturalmente a membrana plasmática e inibir a duplicação do DNA.

Contudo, algumas espécies manifestam resistência aos antibióticos, o que geralmente decorre de mutações que proporcionam a síntese de enzimas capazes de inativar tais substâncias. Essa tolerância com princípio genético se estabiliza à medida que as alterações gênicas vão surgindo em benefício da sobrevivência e da manutenção de uma linhagem bacteriana.

Nas bactérias, os genes que conferem resistência aos antibióticos encontram-se geralmente em pequenos filamentos de DNA extracromossômico (os plasmídeos), transferidos de um organismo ao outro (mesmo de espécies diferentes) durante a conjugação. De geração em geração, essa característica é então repassada, aumentando proporcionalmente o número de bactérias que a possui e reduzindo a concentração dos organismos não portadores desse incremento adaptativo.

Quando um processo infeccioso acomete o ser humano e é combatido pelo uso de antibióticos, o medicamento age eliminando as formas sensíveis (não resistentes). Erroneamente dizemos que, após um tratamento ineficaz, o processo infec-

» **DEFINIÇÃO**
Antibióticos são compostos químicos de origem natural ou sintética que resultam na inibição do desenvolvimento de agentes patogênicos ao ser humano, agindo seletivamente na população de microrganismos.

cioso ainda persiste ou mesmo se intensifica. Isso ocorre, na maioria dos casos, por inobservância do indivíduo medicado quanto à periodicidade da prescrição, por automedicação ou, muito raramente, por prescrição indevida.

Quando esse tipo de problema ocorre, as bactérias ficam parcialmente submetidas à eficácia do antibiótico, ou seu efeito em situações de uso correto afeta apenas as bactérias não resistentes. Desse modo, persistem as bactérias resistentes (selecionadas pela existência de um genótipo favorável), permanecendo a infecção, o que justifica a medicação somente após a análise de um antibiograma.

» Doenças causadas por bactérias

O estudo das bactérias é de grande interesse para a medicina, a veterinária, a agricultura e outras áreas das ciências, pois há inúmeras bactérias que atacam animais, plantas e diversos outros grupos de seres vivos. O Quadro 1.4 apresenta as doenças causadas por bactérias na espécie humana.

Quadro 1.4 » Doenças causadas por bactérias

Doença	Agente etiológico
Erisipela	*Streptococcus pyogenes*
Botulismo	*Clostridium botulinum*
Hanseníase (lepra)	*Mycobacterium leprae*
Meningite meningocócica	*Neisseria meningitidis*
	Hermophilus influenzae
	Streptococcus pneumoniae
Tétano	*Clostridium tetani*
Febre maculosa	*Rickettsia rickettsii*
Febre reumática	*Streptococcus pyogenes*
Gangrena gasosa	Diversas bactérias, entre elas *Clostridium perfringens*
Coqueluche	*Bordetella pertussis*
Difteria	*Corynebacterium diphtheriae*
Pneumonia bacteriana	*Streptococcus pneumoniae*

(continua)

Quadro 1.4 >> Doenças causadas por bactérias (*Continuação*)

Tuberculose	*Mycobacterium tuberculosis*
Cólera	*Vibrio cholerae*
Febre tifoide	*Salmonella typhi*
Gastroenterite	*Escherichiria coli*
Salmonelose	Gênero *Salmonella*
Doença péptica	*Helicobacter pylori*
Cistite	*Escherichiria coli*
	Staphylococcus saprophyticus
Leptospirose	*Leptospira interrogans*
Cancro mole	*Hemophilus ducreyi*
Gonorreia	*Neisseria gonorrhoeae*
Sífilis	*Treponema pallidum*

>> ATENÇÃO

Alimentos estragados podem conter bactérias e outros organismos patogênicos. Por isso, não compre produtos com embalagens amassadas, enferrujadas ou estufadas. Não deixe de verificar também se o produto está dentro do prazo de validade registrado na embalagem.

>> **DEFINIÇÃO**
Infecção hospitalar, ou nosocomial, é qualquer infecção adquirida após a entrada do cliente em um hospital ou após sua alta, diretamente relacionada com a internação ou procedimento hospitalar (p. ex., uma cirurgia).

>> Infecção hospitalar

Como já mencionado, as bactérias estão dispersas em todos os ambientes, motivo pelo qual a ocorrência de infecções é muito frequente. A **infecção hospitalar**, ou nosocomial, pode ser endógena (interna) ou exógena (externa) e determina um aumento significativo no tempo de permanência do paciente no hospital, o que também contribui para elevar os custos dessa assistência.

Infecção endógena: É a predisposição para a infecção, determinada pelo tipo e pela gravidade da doença de base do hospedeiro. Representada pela alteração da flora bacteriana, que apresenta crescimento acima do esperado, principalmente quando o mecanismo de defesa do indivíduo está comprometido. O microrganismo é transferido de um local para outro. Infecções desse tipo (p. ex., *Enterococus*, *Candida* e *Estreptococus*) representam cerca de 70% dos casos.

Infecção exógena: O ambiente externo exerce influência no desenvolvimento da infecção, adquirida de microrganismos que não fazem parte da flora normal do indivíduo, pelo uso de equipamentos contaminados, pela realização de procedimentos invasivos e ainda pela qualidade do cuidado prestado pela equipe (p. ex., *Salmonella, Clostridium*). Representa cerca de 30% dos casos.

Os clientes hospitalizados, principalmente aqueles em unidades de terapia intensiva (UTI), são mais suscetíveis à infecção hospitalar, em razão de sua condição clínica, que frequentemente exige procedimentos invasivos e uso de antibióticos. O risco de infecção é diretamente proporcional à gravidade da doença, às condições nutricionais, aos procedimentos diagnósticos e/ou terapêuticos invasivos e ainda ao tempo de internação. Quanto mais tempo o cliente permanece internado, maior é o risco de desenvolver infecção.

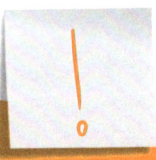

> **» IMPORTANTE**
> Carne, ovos, peixes e outros alimentos perecíveis devem ser guardados na geladeira. Lave bem frutas, verduras e legumes, bem como as mãos, antes de manipular alimentos, pois eles podem conter microorganismos.

» DEFINIÇÃO

Infecção comunitária é aquela que já estava presente no momento em que o cliente foi internado no hospital. Às vezes ela está em incubação (se desenvolvendo sem se manifestar), e os sintomas aparecem após a internação.

» IMPORTANTE

Em ambientes hospitalares, não existe índice zero de infecção hospitalar. Em cerca de dois terços dos casos de infecção hospitalar, as causas estão relacionadas a fatores intrínsecos ao corpo humano, que, como tal, não podem ser prevenidos (p. ex., sistema imunológico debilitado).

As infecções hospitalares podem acometer qualquer pessoa que necessite de algum tipo de assistência à saúde, principalmente cliente graves, recém-nascidos, idosos, diabéticos e clientes com câncer ou outras doenças que afetam a defesa do organismo humano, em especial aqueles que foram submetidos a algum tipo de procedimento invasivo durante a permanência no serviço de saúde.

Segundo a Portaria nº 2616 de 1998 do Ministério da Saúde (BRASIL, 1998), todos os hospitais devem possuir uma **Comissão de Controle de Infecção Hospitalar (CCIH)**. A finalidade principal da CCIH é detectar casos de infecção hospitalar, elaborar normas de padronização de procedimentos com técnica asséptica, controlar a prescrição de antibióticos e recomendar medidas de isolamento.

> **» IMPORTANTE**
> A principal medida no controle de infecções hospitalares é o simples ato de lavar as mãos. Lavando as mãos corretamente é possível reduzir os índices de infecção em até 30%.

O Serviço de Controle de Infecção Hospitalar – SCIH é composto pela assistência especializada de, no mínimo, um enfermeiro, um técnico em enfermagem e um médico infectologista. Essa equipe acompanha diariamente os clientes internados, supervisiona procedimentos, determina parâmetros técnicos, diagnostica e acompanha a evolução dos casos de infecção e promove campanhas educativas.

>> IMPORTANTE

Manter um alto padrão de qualidade para a garantia de risco mínimo de infecção é fundamental. Toda instituição de saúde deve contar com uma Comissão de Controle de Infecção Hospitalar (CCIH), responsável por verificar se as condições de funcionamento estão de acordo com as normas sanitárias exigidas.

>> CURIOSIDADE

Bactérias gram-positivas e gram-negativas

A forma das bactérias é mantida principalmente pela parede celular rígida e espessa, presente na maioria desses seres vivos. Em 1884, o bioquímico dinamarquês Hans Gram (1853 – 1938) descobriu que as bactérias que não tinham uma camada de lipídeos associados a polissacarídeos na parede celular absorviam o corante violeta de genciana. As bactérias com essa camada não absorvem esse corante.

O processo, chamado **coloração de Gram**, é utilizado para classificar as bactérias em **gram-positivas** e **gram-negativas**, conforme absorvem ou não o corante (Figura 1.4). Essa classificação é importante, pois as bactérias gram-positivas são mais sensíveis a alguns antibióticos do que as bactérias gram-negativas. As bactérias da tuberculose e hanseníase colorem-se por outro método de coloração, chamado Ziehl-Nielsen, pois são AAR (álcool ácido resistentes).

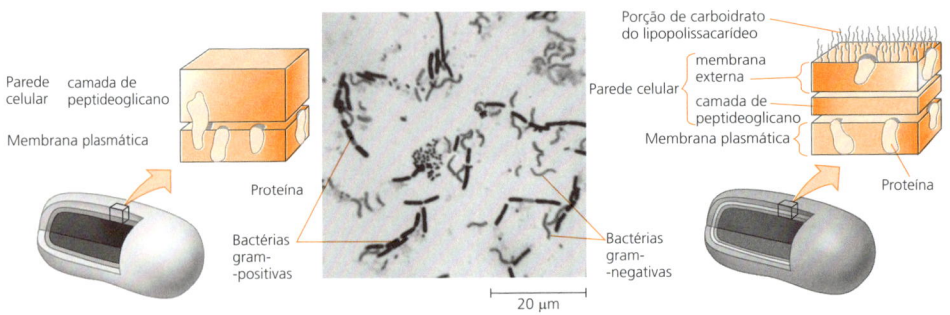

Gram-positivas. Bactérias gram-positivas têm parede celular espessa feita de peptideoglicano que prende o corante violeta cristal no citoplasma. A lavagem com álcool não remove o cristal violeta, que mascara o corante vermelho safranina, adicionado a seguir.

Gram-negativas. Bactérias gram-negativas têm uma camada de peptideoglicano mais fina, localizada entre a membrana plasmática e uma membrana externa. O cristal violeta é lavado facilmente do citoplasma, e a célula mostra-se rosa ou vermelha.

Figura 1.4 Bactérias gram-positivas e gram-negativas.
Fonte: Campbell e Reece (2010).

>> Agora é a sua vez!

1. Um médico atendeu um paciente com sintomas de infecção bacteriana grave. Como não havia tempo de determinar o tipo de bactéria que infectou o doente, ele receitou dois antibióticos de largo espectro e de composições químicas bem distintas. Que justificativa você encontraria para a atitude do médico com base nas informações do texto?

2. Sabendo que na superfície da pele existe a flora residual e a flora permanente, explique qual delas é mais facilmente removida com a lavagem das mãos.

3. Por que os profissionais de saúde devem lavar as mãos antes e após realizar cada procedimento?

4. Aponte três microrganismos não patogênicos e sua função benéfica ao homem.

5. Cite três procedimentos de enfermagem que necessitam de técnica asséptica e descreva quais cuidados devem ser observados durante a realização de cada um deles.

>> Protozoários

Os protistas são constituídos por organismos microscópicos **eucariontes** e **unicelulares**. Os **protozoários** são heterótrofos e podem ser encontrados em diversos locais, como rios, lagos, oceanos e ambientes terrestres úmidos. Apesar de unicelulares, são considerados organismos completos. Isso é possível porque, dentro de uma única célula, ocorrem as mesmas atividades de um organismo pluricelular, como a nutrição, a respiração, a excreção e a reprodução.

O termo protozoário tem origem grega e significa "primeiro animal". Alguns possuem **vida livre** (não parasitas) e outros são **parasitas**, provocando graves doenças no ser humano.

>> **DEFINIÇÃO**
O termo eucarionte (do grego *eu*, verdadeiro; *cario*, núcleo; *ontos*, ser) refere-se a organismos que possuem núcleo delimitado pela membrana nuclear (carioteca).

Tamanho, forma e classificação

O comprimento dos protozoários fica entre 2 e 1.000 μm, sendo classificados de acordo com sua forma, apêndices externos e estruturas de locomoção. (Figura 1.5).

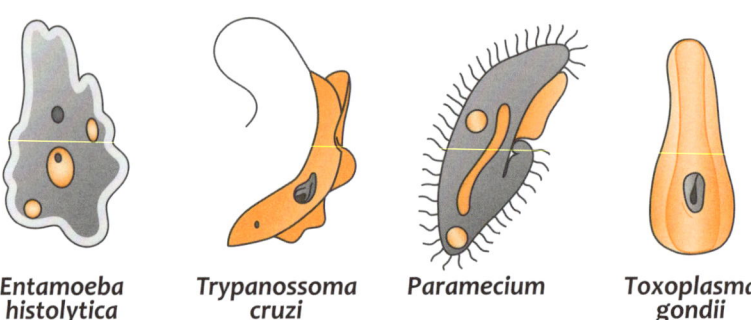

Entamoeba histolytica   *Trypanossoma cruzi*   *Paramecium*   *Toxoplasma gondii*

Figura 1.5 Diferentes tipos de protozoários.
Fonte: Adaptado de Fonseca (20--?).

Reprodução dos protozoários

Os protozoários possuem dois tipos de reprodução: a assexuada e a sexuada. A maioria dos protozoários de vida livre cresce até determinado tamanho e divide-se ao meio, originando dois novos indivíduos. Esse tipo de **reprodução assexuada** é denominada **divisão binária** (Figura 1.6A). Alguns sarcodíneos e apicomplexos reproduzem-se assexuadamente: eles multiplicam o núcleo de suas células diversas vezes por mitose antes de fragmentarem-se em inúmeras células pequenas. Esse processo é denominado **divisão múltipla** (Figura 1.6B).

Já a **reprodução sexuada** aparece em quase todas as espécies de protozoários. Dois indivíduos de sexos diferentes fundem-se e formam um zigoto que, em seguida, passa por meiose e reconstitui novos indivíduos, geneticamente recombinados.

A **conjugação** é um processo elaborado apresentado pelos paramécios e que, tradicionalmente, é considerado uma reprodução sexuada. Apesar de não resultar diretamente em aumento no número de indivíduos, a conjugação leva à formação de indivíduos com novas combinações genéticas (Figura 1.6C).

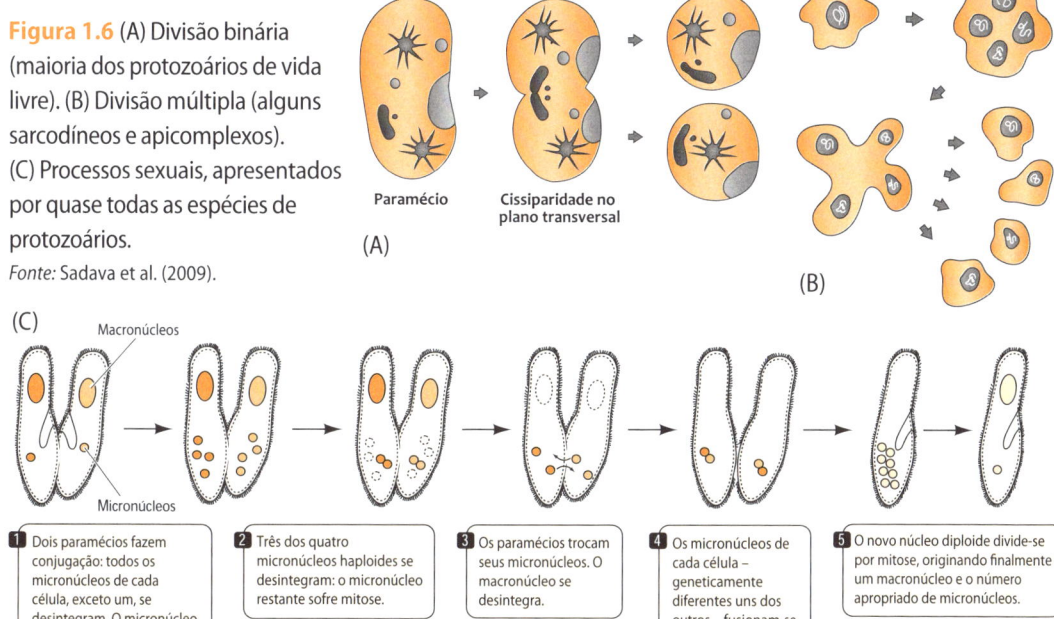

Figura 1.6 (A) Divisão binária (maioria dos protozoários de vida livre). (B) Divisão múltipla (alguns sarcodíneos e apicomplexos). (C) Processos sexuais, apresentados por quase todas as espécies de protozoários.
Fonte: Sadava et al. (2009).

1. Dois paramécios fazem conjugação: todos os micronúcleos de cada célula, exceto um, se desintegram. O micronúcleo restante sofre mitose.
2. Três dos quatro micronúcleos haploides se desintegram: o micronúcleo restante sofre mitose.
3. Os paramécios trocam seus micronúcleos. O macronúcleo se desintegra.
4. Os micronúcleos de cada célula – geneticamente diferentes uns dos outros – fusionam-se.
5. O novo núcleo diploide divide-se por mitose, originando finalmente um macronúcleo e o número apropriado de micronúcleos.

» Doenças causadas por protozoários

As doenças causadas por protozoários são muito comuns no Brasil, e sua ocorrência depende da propagação dos transmissores (insetos), do saneamento básico, da higiene pessoal e das condições de habitação da população. O Quadro 1.5 apresenta as doenças causadas por protozoários.

> **» DEFINIÇÃO**
> Cistos (do grego *Kystis*, bexiga) são formas de resistência dos protozoários que sobrevivem em condições desfavoráveis, resistindo por longo período.

Quadro 1.5 » Doenças causadas por protozoários

Doença	Agente etiológico
Leishmaniose tegumentar ou úlcera de Bauru	*Leishmania braziliensis*
Toxoplasmose	*Toxoplasma gondii*
Doença de Chagas	*Trypanossoma cruzi*
Malária	Gênero *Plasmodium*
Disenteria amebiana ou amebíase	*Entamoeba histolytica*
Giardíase	*Giardia lamblia*
Leishmaniose visceral ou Calazar	*Leishmania donovani*
	Leishmania chagasi
Tricomoníase	*Trichomonas vaginalis*

>> IMPORTANTE

Quando escrevemos o nome científico de qualquer ser vivo, como *Streptococcus pneumoniae* (uma bactéria), *Homo sapiens* (nós humanos), *Plasmodium vivax* (um protozoário), entre outros, devemos lembrar algumas regras básicas. Consulte-as no ambiente virtual de aprendizagem: **www.grupoa.com.br/tekne.**

>> NO SITE

Você encontra mais informações sobre protozoários no ambiente virtual de aprendizagem Tekne.

>> Agora é a sua vez!

1. Com relação ao mal de Chagas, uma doença que afeta muitas pessoas em áreas rurais do Brasil, responda:
   a) Como essas pessoas são infectadas?
   b) Qual é o agente transmissor?
   c) Qual órgão do corpo é afetado pelo agente patogênico?
   d) Qual é a medida profilática para erradicar a doença?

2. A doença de Chagas e a malária são provocadas por protozoários e afetam o sistema circulatório no homem. Essas duas graves doenças, consideradas endêmicas em algumas regiões do Brasil, afetam milhares de pessoas.
   a) Compare o modo de transmissão da malária e da doença de Chagas e os locais onde os protozoários se alojam no homem.
   b) Cite quatro medidas que poderiam levar à diminuição ou à erradicação da malária no Brasil.

Ciclo de transmissão dos agentes infecciosos

Os elementos básicos da cadeia de transmissão das infecções são o **hospedeiro**, o **agente infeccioso** e o **meio ambiente**. Em muitos casos, há ainda a presença de vetores, isto é, insetos que transportam os agentes infecciosos de um hospedeiro parasitado a outro, até então sadio (não infectado). Esse é o caso da dengue, da malária e de outras doenças. As Figuras 1.7 a 1.12 ilustram o ciclo de transmissão de doenças causadas por protozoários.

Hospedeiro: Pode ser o homem ou um animal, sempre exposto ao agente infeccioso ou ao vetor transmissor, quando for o caso. Na relação parasita-hospedeiro, este pode comportar-se como um portador são (sem sintomas aparentes) ou como um indivíduo doente (com sintomas), porém ambos são capazes de transmitir a doença.

Agente infeccioso: É um ser vivo capaz de reconhecer seu hospedeiro, nele penetrar, desenvolver-se, multiplicar-se e, mais tarde, sair para alcançar outros hospedeiros.

Meio ambiente: É o espaço constituído pelos fatores físicos, químicos e biológicos que influenciam o agente infeccioso e o hospedeiro. Tais fatores podem ser:

• físicos: temperatura, umidade, clima, luminosidade (luz solar);
• químicos: gases atmosféricos (ar), pH, teor de oxigênio, agentes tóxicos, presença de matéria orgânica;
• biológicos: água, nutrientes, seres vivos (plantas, animais).

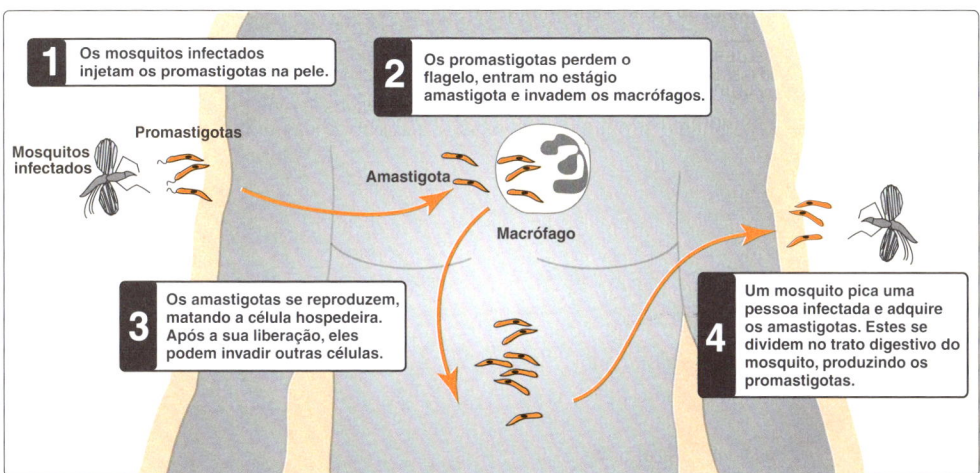

Figura 1.7 Ciclo de transmissão da leishmaniose.
Fonte: Harvey, Champe e Fisher (2008).

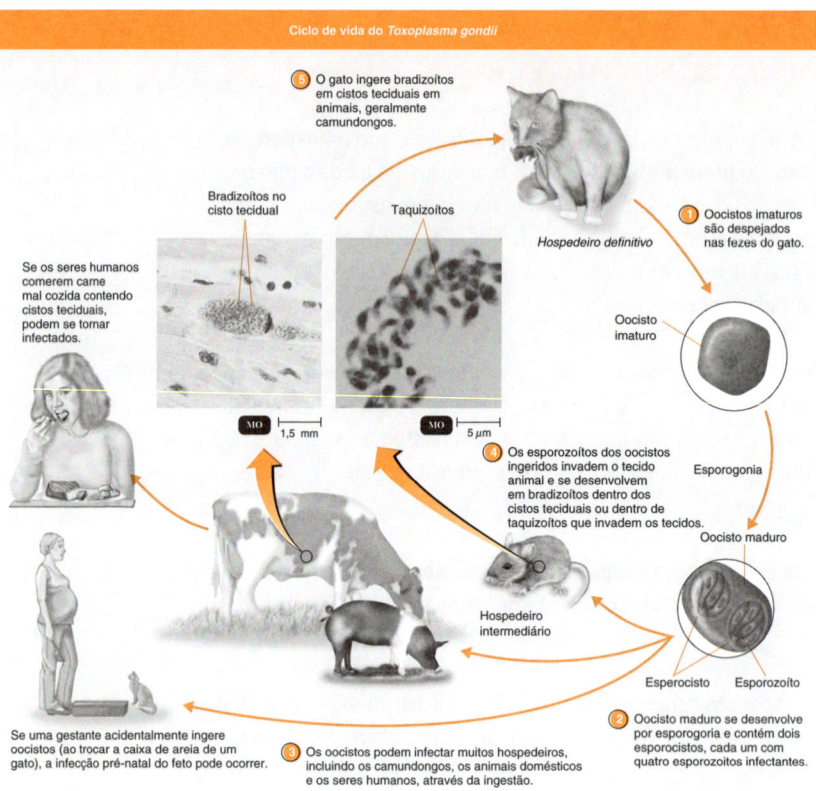

Figura 1.8 Ciclo de transmissão da toxoplasmose.
Fonte: Tortora, Funke e Case (2012).

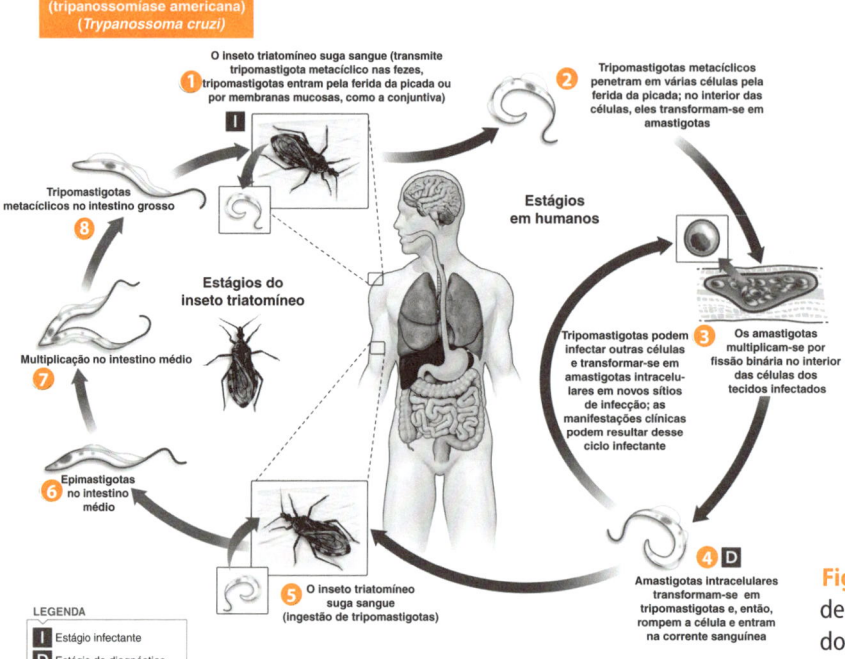

Figura 1.9 Ciclo de transmissão da doença de Chagas.
Fonte: Levinson (2010).

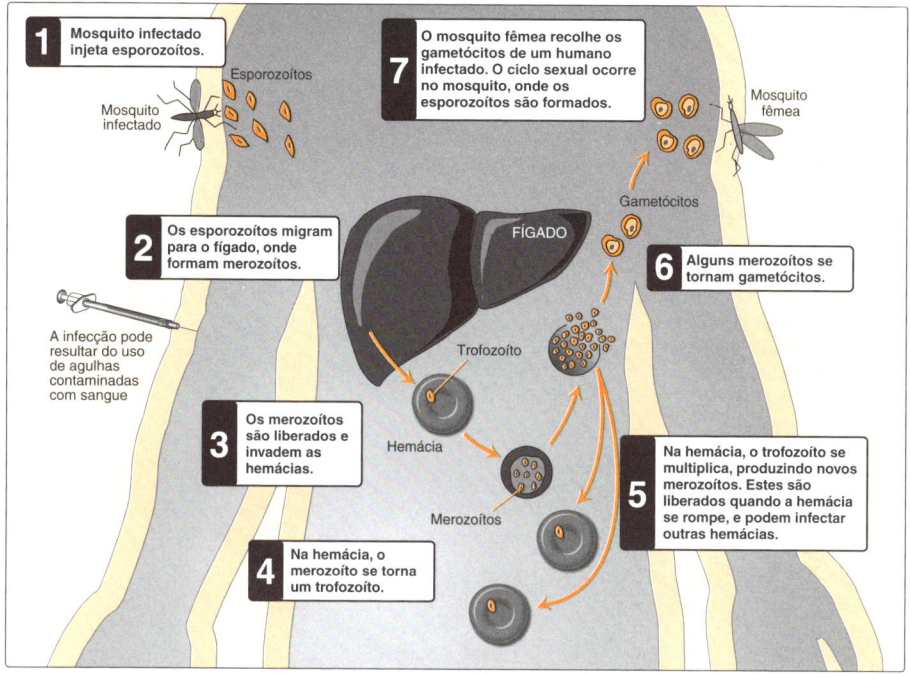

Figura 1.10 Ciclo de transmissão da malária.
Fonte: Harvey, Champe e Fischer (2008).

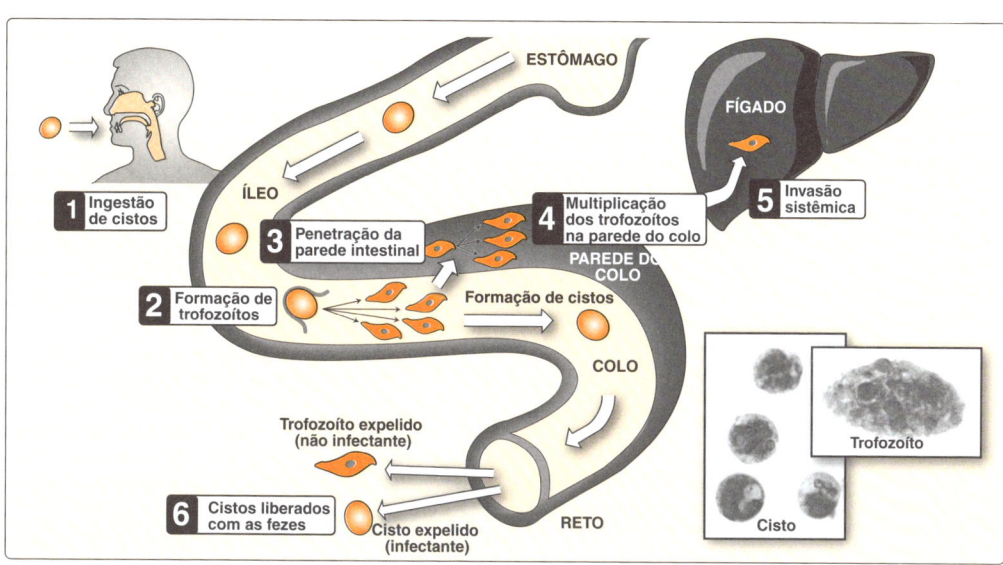

Figura 1.11 Ciclo de transmissão da amebíase.
Fonte: Harvey, Champe e Fisher (2008).

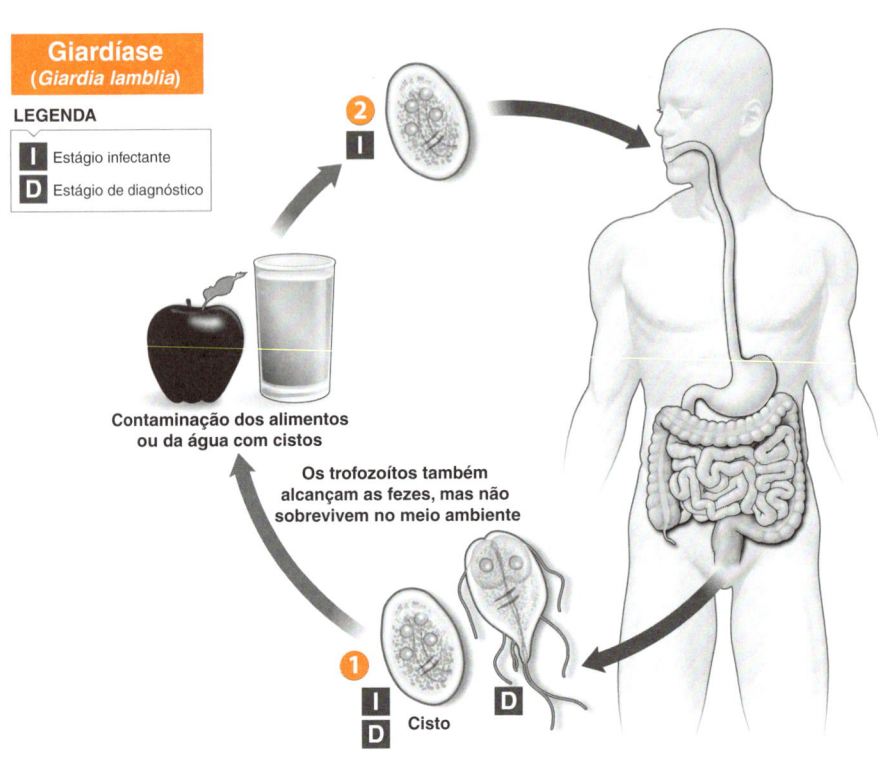

Figura 1.12 Ciclo de transmissão da giardíase.
Fonte: Levinson (2010).

Agora é a sua vez!

Durante a visita de um profissional do PSF (Programa de Saúde da Família) a um bairro distante do centro da cidade, encontramos a seguinte situação:

- 60% das casas não possuem água encanada ou esgoto canalizado;
- há proliferação de ratos e insetos pelas condições precárias de higiene e saneamento;
- a maioria das casas são de barro ou madeira, próximas a um córrego do qual os moradores obtêm água para as necessidades de higiene e alimentação.

Diante dessa realidade, que orientações são necessárias às famílias que residem naquele bairro, relativas à profilaxia de doenças causadas por protozoários?

❯❯ Fungos

> ❯❯ **PARA REFLETIR**
>
> Algumas espécies de fungos podem causar infecções em indivíduos cuja defesa imunológica esteja comprometida, seja por uma queda temporária no *status* imunológico, seja em decorrência da AIDS, por exemplo. Comparados com as bactérias e os vírus, os fungos são causas menos frequentes de doenças respiratórias, mas podem provocar diversas alergias. Os vírus também produzem várias toxinas, algumas das quais podem ser letais.

No Reino Fungi, encontramos os fungos, que são organismos eucariontes, aclorofilados, heterótrofos, uni ou pluricelulares. O fungo pluricelular contém por diversos filamentos, as **hifas**, que, em conjunto formam o **micélio**. As hifas são as estruturas vegetativas. As estruturas reprodutivas são chamadas **corpo de frutificação** (normalmente a estrutura visível do fungo), que é constituído por hifas especiais que crescem em agrupamentos compactados (Figura 1.13).

A parede celular da maioria dos fungos é formada por **quitina**, um polissacarídeo presente no exoesqueleto dos artrópodes, como insetos, crustáceos e aracnídeos. Muitas espécies obtêm os alimentos de que necessitam utilizando a matéria orgânica de organismos mortos.

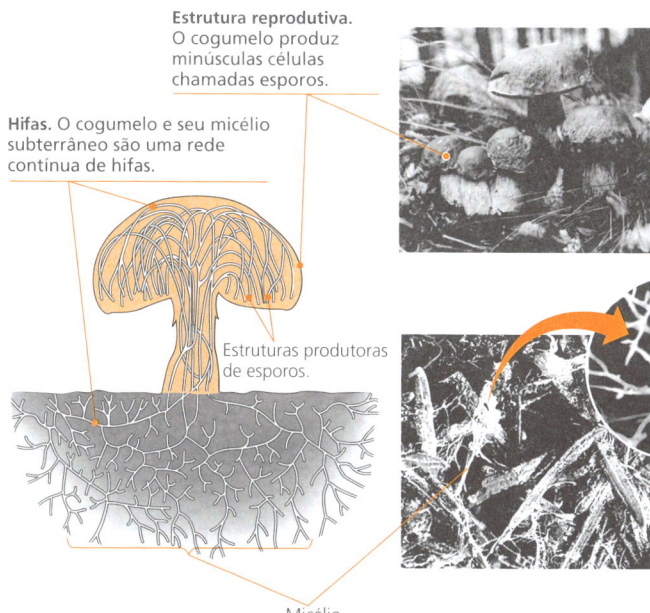

Figura 1.13
Estruturas vegetativas e reprodutivas de um fungo, utilizando um fungo basidiomiceto visível a olho nu.
Fonte: Campbell e Reece (2010).

» Tamanho, forma e classificação

O tamanho e a forma dos fungos variam de acordo com sua classificação (Figura 1.14). Os fungos do Reino Fungi, ditos "fungos verdadeiros", são divididos em cinco Filos, com base no tipo de estruturas vegetativas e reprodutivas, principalmente.

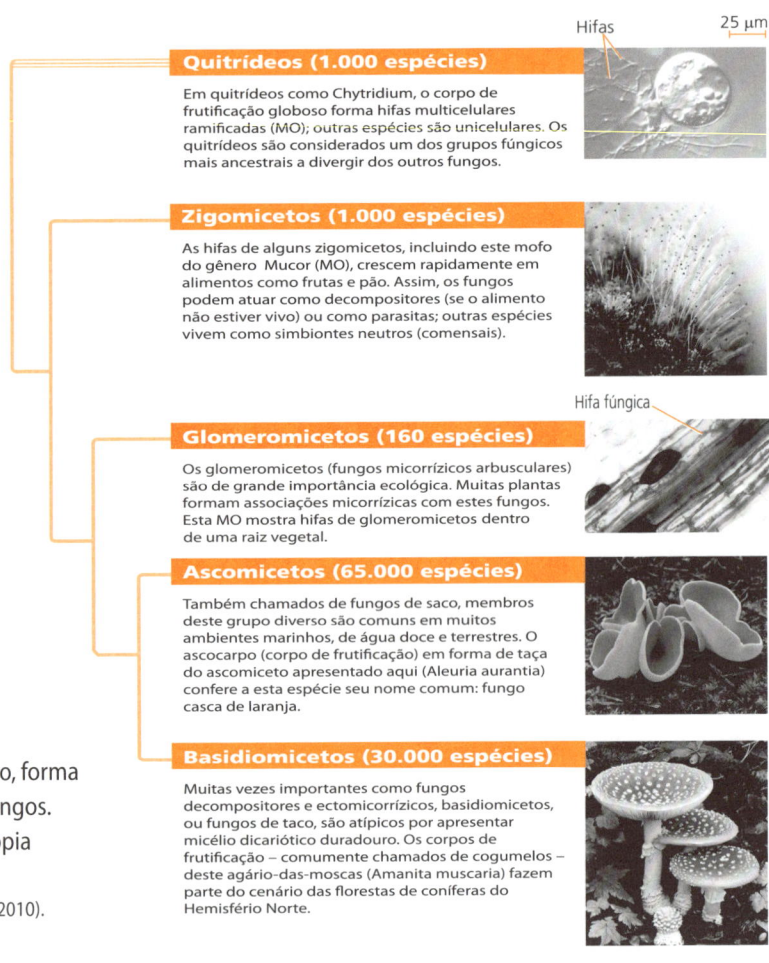

Figura 1.14 Tamanho, forma e classificação dos fungos. Imagem de microscopia óptica (MO).
Fonte: Campbell e Reece (2010).

Chytridiomycota: Reúnem fungos, em sua maioria aquáticos. A maioria é saprófita (Quadro 1.6), entretanto, há espécies parasitas de plantas.

Zygomycota: Reúnem fungos que não formam corpo de frutificação durante os processos sexuados. Algumas espécies podem causar doenças em seres humanos, as zigomicoses.

Glomeromycota: Grupo de fungos com significativa importância na ecologia.

Ascomycota: Representam metade das espécies descritas e formam esporos no processo sexuado. Algumas espécies formam corpo de frutificação. As leveduras, normalmente sob a forma unicelular, fazem parte deste Filo. A *Saccharomyces cerevisae* é utilizada no popular fermento de pão, ou fermento biológico, e a *S. cerevisae*, para a produção de bebidas alcoólicas. Algumas espécies podem causar doenças em seres humanos, como **micoses** e **candidíase** (Quadro 1.6).

Basidiomycota: Formam esporos no processo sexuado. Algumas espécies formam corpo de frutificação.

Quadro 1.6 » Importância dos fungos

Ecológica	Industrial e alimentícia	Médica
Os fungos participam da decomposição da matéria orgânica, assim como as bactérias, ou seja, os restos dos seres mortos são reduzidos a substâncias minerais mais simples. Atuam na reciclagem dos elementos químicos na natureza. Desse modo, elementos essenciais são devolvidos ao ambiente e reutilizados pelos seres vivos. Os microrganismos decompositores são chamados **sapróbios** ou **saprófitas** (do grego *sapros*, podre; *bios*, vida).	As leveduras realizam o processo de fermentação (**respiração anaeróbia**), logo, são empregadas na fabricação de bebidas alcoólicas, queijos (roquefort, gorgonzola) e na panificação. Alguns fungos são utilizados diretamente como alimento, champignons, shimeji e shitake.	Alguns fungos são importantes para a produção de antibióticos, como a penicilina.

» Reprodução dos fungos

A reprodução dos fungos tem início com o processo de **germinação**, no qual o revestimento resistente do esporo (estrutura de resistência do fungo) rompe-se e a célula se alonga, enquanto o núcleo se multiplica por mitose. Assim, a hifa (estrutura tubular) forma-se e alonga-se progressivamente e se ramifica, constituindo o micélio. A partir disso, os fungos podem se reproduzir de forma assexuada e sexuada.

De forma **assexuada**, os fungos se reproduzem por brotamento ou gemulação, fragmentação ou esporulação.

Brotamento ou gemulação: É o caso das leveduras. Os brotos ou gêmulas costumam se separar das células originais, mas eventualmente podem permanecer grudados, formando cadeias de células (Figura 1.15A).

Fragmentação: É a maneira mais simples de um fungo filamentoso se reproduzir. Uma hifa se fragmenta originando novas hifas e, consequentemente, novos micélios (Figura 1.15B).

> » **DEFINIÇÃO**
> **Germinação** é o processo de formação de uma hifa a partir de um **esporo**.

Esporulação: É a formação de células haploides, dotadas de paredes resistentes: os esporos (Figura 1.15C).

Já no processo de reprodução **sexuada**, há a fusão dos núcleos haploides (presentes nas hifas), com a formação de zigotos **diploides**. Estes se dividem por **meiose** para formar células haploides que se diferenciam em esporos. Tais esporos, por sua vez, são chamados "esporos sexuais", para indicar que tiveram origem da meiose de um zigoto diploide, diferenciando-se dos esporos que se formam assexuadamente (Figura 1.15D).

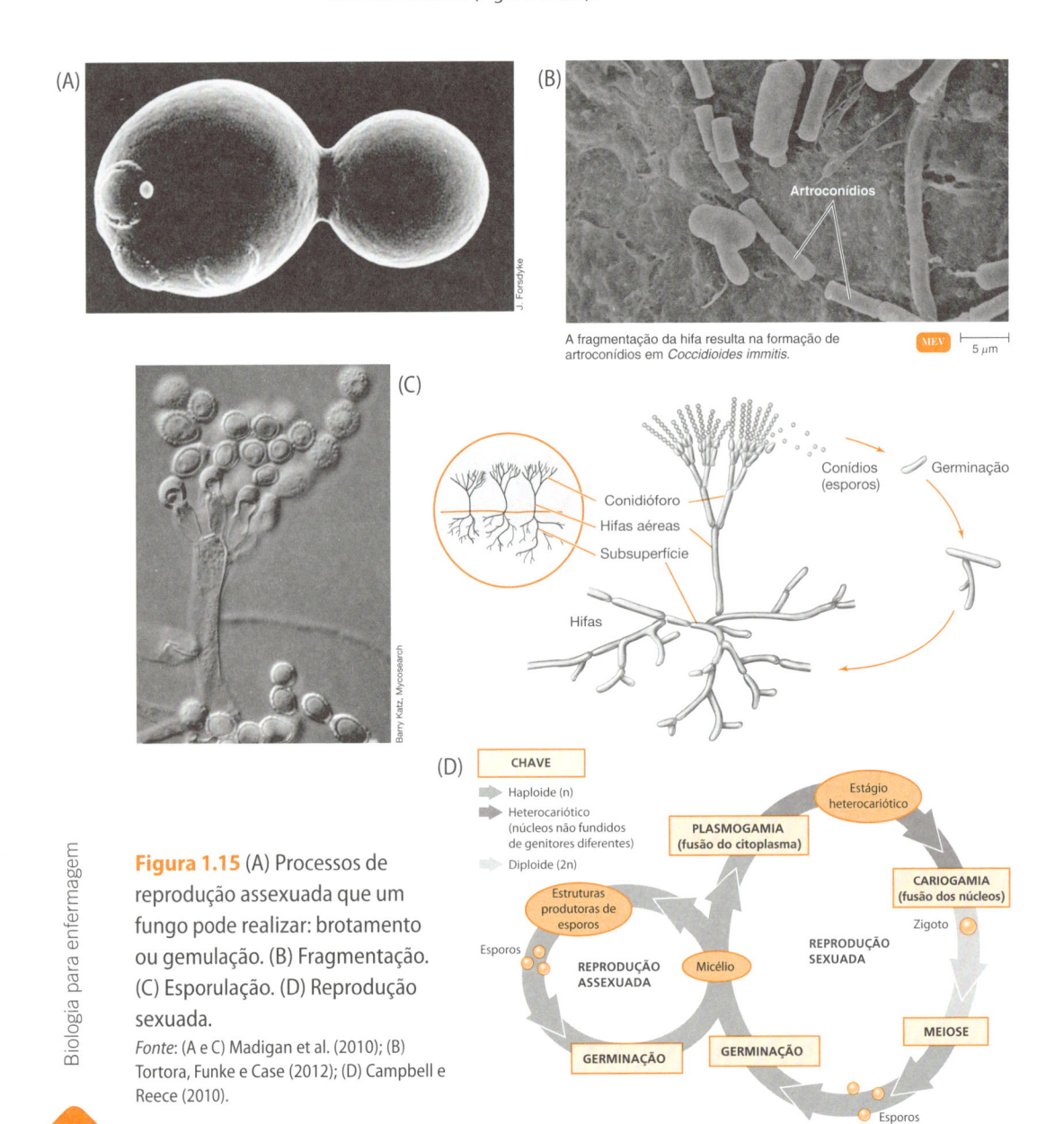

A fragmentação da hifa resulta na formação de artroconídios em *Coccidioides immitis*.

Figura 1.15 (A) Processos de reprodução assexuada que um fungo pode realizar: brotamento ou gemulação. (B) Fragmentação. (C) Esporulação. (D) Reprodução sexuada.
Fonte: (A e C) Madigan et al. (2010); (B) Tortora, Funke e Case (2012); (D) Campbell e Reece (2010).

» Infecções e intoxicações causadas por fungos

Muitos casos de **alergia** que afetam o sistema respiratório (asma, bronquites e rinites) são provocados pela exposição aos esporos de fungos dos gêneros *Penicillium* e *Aspergillus*. Esses esporos estão presentes na poeira e em restos de matéria orgânica acumulados em tapetes, carpetes, cortinas, brinquedos, livros, aparelhos de ar-condicionado, travesseiros, colchões, entre outros.

O fungos também podem causar infecções locais na pele, na vagina ou na cavidade oral, mas raramente causam maiores danos. Em alguns casos, determinadas variedades de fungos podem causar infecções graves nos pulmões, no fígado e no trato urinário. Os fungos tendem a causar infecções em indivíduos com um sistema imunológico deficiente.

As **micoses** nunca são perigosas, já que o fungo não está equipado para invadir o corpo. Ele alimenta-se apenas das células mortas queratinizadas da pele, das unhas ou dos pelos. Contudo, é de difícil resolução, porque o sistema imunológico não tem acesso a esses tecidos externos mortos.

> ### » PARA SABER MAIS
> Para saber mais sobre micoses, acesse o ambiente virtual de aprendizagem Tekne.

Os fungos produzem inúmeras toxinas (micotoxinas), que atingem os seres humanos por meio de alimentos contaminados por "mofos" ou "bolor". Os piores efeitos das micotoxinas no homem são os crônicos, de difícil associação com o consumo de alimentos contaminados. Os principais efeitos registrados são perda da coordenação muscular, tremores, perda de peso, indução ao câncer, lesão renal e depressão do sistema imune.

A ergotina é uma substância tóxica produzida pelo fungo *Claviceps purpurea*, que cresce parasitando o centeio e o trigo. Quando o fungo é colhido junto com o centeio e o trigo e incorporado a gêneros alimentícios, a toxina pode causar alucinações, febre alta, convulsões, gangrena das extremidades e, finalmente, levar à morte. A toxina derivada desse fungo pode ser utilizada na medicina, em doses pequenas, para controlar sangramentos nos partos, induzir abortos, tratar enxaquecas e baixar a pressão sanguínea.

O *Aspergillus flavus* e outros *Aspergillus* produzem substâncias tóxicas chamadas aflatoxinas. Sua presença em gêneros alimentícios, como o amendoim, pode causar câncer de fígado. As toxinas do cogumelo são encontradas principalmente em várias espécies de Amanita. Denominadas falotoxina e amatoxina, elas agem nas células do fígado e podem causar, em seres humanos, vômitos, diarreia e icterícia. O Quadro 1.7 cita algumas doenças causadas por fungos.

Quadro 1.7 » Algumas doenças causadas por fungos

Doença	Agente etiológico
"Tinhas" ou micose (pele, cabelo e unhas)	Dermatófitos
	Gêneros *Epidermophyton, Microsporum* e *Trichophyton*
Criptococose	*Filobasidiella neoformans*
Candidíase	*Candida albicans*

» NA HISTÓRIA

Os fungos são muito importantes para a prática médica, e um exemplo disso é a descoberta da penicilina. Em 1929, o cientista escocês Alexander Fleming (1881-1955), cultivava um tipo de bactéria patogênica em placas de vidro quando observou um fenômeno estranho. Uma das placas havia sido contaminada por um fungo e, ao seu redor, havia uma região clara na qual nenhuma bactéria crescia. Ele então pensou que talvez o fungo produzisse uma substância capaz de impedir o crescimento das bactérias. O fungo era uma espécie de *Penicillium*, e a substância produzida foi denominada penicilina. Surgia, assim, o primeiro antibiótico.

» Atividades

1. Cite cinco doenças causadas por fungos no homem e seus respectivos agentes etiológicos.
2. Fungos e bactérias têm sido considerados por muitos os vilões entre os seres vivos. Sabemos, entretanto, que ambos podem desempenhar funções ecológicas e ser benéficos ao homem. A conquista científica no combate às infecções só foi possível a partir da utilização de fungos. Justifique essa afirmação.
3. Pesquise outros aspectos positivos de bactérias e fungos na vida humana.

>> PARA SABER MAIS

Para saber mais sobre conceitos de infecção, técnicas de assepsia, DSTs e risco biológico, acesse o ambiente virtual de aprendizagem Tekne.

REFERÊNCIAS COMPLEMENTARES

BRASIL. Ministério da Saúde. Portaria nº 2616, de 12 de maio de 1998. *Diário Oficial [da] República Federativa do Brasil*, Poder Executivo, Brasília, 12 maio 1998.

CAMPBELL, N. A.; REECE, J. B. *Biologia*. 8. ed. Porto Alegre: Artmed, 2010.

FONSECA, K. *Protozoários*. [S.l.]: Brasil Escola, [20--?]. Disponível em: <http://brasilescola.com/biologia/protozoarios.htm>. Acesso em: 20 jul. 2013.

HARVEY, R. A.; CHAMPE, P. C.; FISHER, B. D. *Microbiologia ilustrada*. 2. ed. Porto Alegre: Artmed, 2008.

LEVINSON, W. *Microbiologia médica e imunologia* 10. ed. Porto Alegre: Artmed, 2010.

MADIGAN, M. T. et al. *Microbiologia do Brock*. 12. ed. Porto Alegre: Artmed, 2010.

SADAVA, D. et al. *Vida:* a ciência da biologia. 8. ed. Porto Alegre: Artmed, 2009.

TORTORA, G. J.; FUNKE, B. R.; CASE, C. L *Microbiologia*. 10. ed. Porto Alegre: Artmed, 2012.

LEITURAS RECOMENDADAS

AGÊNCIA NACIONAL DE VIGILÂNCIA SANITÁRIA. [Site]. Brasília: ANVISA, [20--?]a. Disponível em: <http://portal.anvisa.gov.br/wps/portal/anvisa/home>. Acesso em: 10 jun. 2014.

AGÊNCIA NACIONAL DE VIGILÂNCIA SANITÁRIA. *Higienização das mãos em serviços de saúde*. Brasília: ANVISA, [20--?]b. Disponível em: <http://www.anvisa.gov.br/hotsite/higienizacao_maos/higienizacao.htm>. Acesso em: 28 out. 2012.

AGÊNCIA NACIONAL DE VIGILÂNCIA SANITÁRIA. *Segurança do paciente:* higienização das mãos. Brasília: ANVISA, [20--?]c. Disponível em: <http://www.anvisa.gov.br/servicosaude/manuais/paciente_hig_maos.pdf>. Acesso em: 10 jun. 2014.

AS MICOTOXINAS. *Food Ingredients Brasil*, n. 7, 2009. Disponível em: < http://www.revista-fi.com/materias/90.pdf>. Acesso em: 28 jul. 2014.

BRASIL. Ministério do Trabalho e Emprego. *NR 32* – segurança e saúde no trabalho em serviços de saúde. Brasília: MTE, 2005.

FONSECA, K. *Doenças sexualmente transmissíveis*. [S.l.]: Brasil Escola, [20--?]. Disponível em: <http://www.brasilescola.com/doencas/doenca-sexualmente-transmissivel.htm>. Acesso em: 20 jul. 2013.

FUNDAÇÃO OSWALDO CRUZ. Instituto de Tecnologia em Imunobiológicos. *Poliomielite:* sintomas, transmissão e prevenção. Manguinhos: FIOCRUZ, 2010. Disponível em: <http://www.bio.fiocruz.br/index.php/poliomielite--sintomas-transmissao-e-prevencao>. Acesso em: 15 maio 2012.

PARA-SITA. *Infecção parasitária e a transmissão dos agentes infecciosos*. [S.l.]: Para-sita, 2010. Disponível em: <http://para-sita.blogspot.com/2010/09/infeccao-parasitaria-e-transmissao-dos.html#ixzz2AeN922d8>. Acesso em: 10 jun. 2014.

PAULINO, W. R. *Biologia*. 8. ed. São Paulo: Ática, 2002.

capítulo 2

Doenças parasitárias

Neste capítulo, você aprenderá sobre as principais doenças parasitárias causadas por platelmintos e nematódeos, observando como eles se comportam e qual é a sua relação com o homem. Também serão abordados aspectos relacionados às características básicas dos platelmintos e nematódeos.

Expectativas de aprendizagem	» Relacionar as condições do meio ambiente e a ocorrência de doenças parasitárias. » Identificar as doenças parasitárias prevalentes e as ações de prevenção e tratamento.
Bases tecnológicas	» Prevenção e controle de doenças parasitárias causadas por platelmintos e nematódeos.
Bases científicas	» Platelmintos » Nematódeos

>> Platelmintos

Nem todos os domicílios brasileiros dispõem de abastecimento de água, e muitas residências não estão ligadas à rede de esgoto ou não têm fossa séptica. Essa situação é uma ameaça à saúde das pessoas, pois muitas doenças são transmitidas por água contaminada. As condições de moradia e a falta de saneamento básico propiciam um ambiente favorável para o aparecimento de doenças, principalmente as parasitoses, relacionadas ao consumo de água e alimentos contaminados e às condições de higiene. O profissional de enfermagem deve orientar as formas de contaminação e prevenção das doenças parasitárias, daí a importância do estudo dos principais grupos de parasitas.

Pertencente ao Reino Animalia, o Filo Platyhelminthes (do grego *platys*, achatado; *helminthes*, verme) possui a forma de lâmina ou fita e apresenta o corpo alongado e achatado dorsoventralmente. Na evolução animal, os platelmintos formam o primeiro grupo a ter **simetria bilateral**, **cefalização** e **células-flamas** para a excreção; possuem **mesoderme**, por isso, são denominados **triblásticos**. Em um tecido embrionário, a mesoderme é responsável pela formação de órgãos internos e músculos, o que torna os platelmintos animais mais complexos.

>> Classificação

Os platelmintos são divididos em quatro classes, com base em aspectos anatômicos (adaptações aos mais diferentes ambientes) e tipos de nutrição, respiração e reprodução.

Tuberllaria (turbelários): são platelmintos que vivem livremente, ou seja, não são parasitas (p. ex., a planária).

Monogenea (monogêneos): parasitas marinhos e de água doce.

Trematoda (trematódeos): vermes **ectoparasitas** e **endoparasitas**.

Cestoda (cestódeos): vermes endoparasitas.

>> DEFINIÇÃO

Ectoparasita é o parasita capaz de viver fora do corpo de seu hospedeiro, porém, em contato com ele, obtendo assim o necessário para sobreviver (p. ex., carrapato).

Endoparasita é o parasita que necessita viver no interior do corpo de seu hospedeiro para conseguir o necessário para sobreviver (p. ex., Ascaridíase).

» Doenças causadas por platelmintos

Nas doenças parasitárias, os parasitas podem ser **monóxenos/monogenéticos** (com apenas um hospedeiro) ou **heteróxenos/digenéticos** (com mais de um hospedeiro). As principais doenças causadas por platelmintos são a esquistossomose, a teníase e a cisticercose.

» Esquistossomose

A esquistossomose (Quadro 2.1) é uma endemia mundial presente principalmente na América do Sul, na África, no Caribe e no Leste do Mediterrâneo. No Brasil, ocorre de forma endêmica e focal do Maranhão até Minas Gerais. Apresenta baixa letalidade, e as principais causas de óbito estão relacionadas às formas clínicas graves.

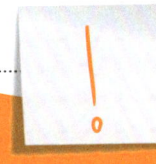

> » **IMPORTANTE**
> As doenças causadas por platelmintos são muito comuns no Brasil, e seu controle depende de obras de saneamento básico, da eliminação dos transmissores, de uma boa higienização e do cozimento dos alimentos.

Quadro 2.1 » Esquistossomose

Parasita	*Schistosoma mansoni* (trematoda - trematódeos) (Figura 2.1)
Doença e localização	Esquistossomose ou barriga d'água (aloja-se no sistema porta-hepático)
Sintomas	Distúrbios intestinais, hemorragias e disfunção do fígado e do baço (inchaço na barriga)
Transmissão*	Caramujo que vive em água doce (gênero *Biomphalaria* – hospedeiro intermediário)
Diagnóstico	Suspeito: indivíduo residente ou procedente de área endêmica, com quadro clínico sugestivo e história de exposição
	Confirmado: qualquer caso suspeito que apresente ovos viáveis de *S. mansoni* detectados no exame de fezes, ou comprovação mediante biopsia retal ou hepática
	Existem também exames indiretos que detectam a presença de anticorpos no sangue contra o *Schistosoma*
Complicações	Fibrose hepática, hipertensão portal, insuficiência hepática grave, hemorragia digestiva, cor pulmonale, comprometimento do sistema nervoso central e de outros órgãos, secundário ao depósito ectópico de ovos
Prevenção	Impedir que os ovos do esquistossomo contaminem rios, lagos e reservatórios de água; investir em saneamento básico; combater o caramujo transmissor; não nadar e não beber água de locais onde os caramujos sejam encontrados; e tratar as pessoas doentes

*Parasita heteróxeno/digenético.

A vigilância epidemiológica neste caso visa a evitar a ocorrência de formas graves, reduzir a prevalência da infecção e impedir a expansão da endemia. Não é uma doença de notificação compulsória nacional, mas as normas estaduais e municipais têm de ser observadas.

O ciclo de vida do *Schistossoma mansoni* e as condições socioambientais de uma localidade são fatores determinantes para a maior ou menor incidência dessa parasitose. O aumento da incidência se deve à presença de indivíduos infectados e de hospedeiros intermediários, bem como à deficiência de saneamento básico.

As medidas de controle da esquistossomose incluem:

- identificação e tratamento dos portadores de *S. mansoni*, visando impedir o aparecimento de formas graves pela redução da carga parasitária dos indivíduos;
- pesquisa e controle da água, para determinação do seu potencial de transmissão, e tratamento químico de criadouros de importância epidemiológica;
- educação em saúde, mobilização comunitária e saneamento ambiental nos focos de esquistossomose.

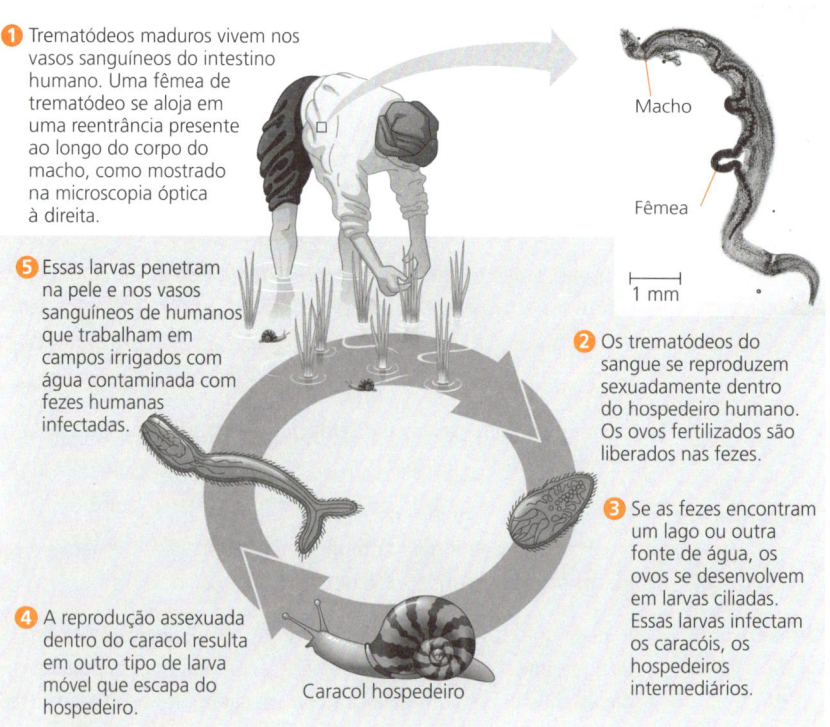

> » **IMPORTANTE**
> A erradicação da esquistossomose só é possível com medidas que visam interromper o ciclo evolutivo do parasita.

Figura 2.1 Ciclo de vida do platelminto *Schistosoma mansoni*.
Fonte: Campbell e Reece (2010).

» Agora é a sua vez!

1. No Brasil, há mais de 4 milhões de pessoas contaminadas pela esquistossomose. A doença, que no século passado era comum apenas nas zonas rurais do país, já atinge mais de 80% das áreas urbanas, sendo considerada pela Organização Mundial da Saúde uma das doenças mais negligenciadas no mundo. A esquistossomose é causada pelo *Schistosoma mansoni*.
   a) Considerando o ciclo evolutivo do *Schistosoma mansoni*, descreva como ocorre a infestação do homem.
   b) O *Schistosoma mansoni* pertence ao Filo Platyhelminthes, assim como os parasitas *Taenia saginata* e *Taenia solium*. Indique duas características que relacionam esses parasitas ao endoparasitismo.

2. Um adolescente morador da zona rural tem hábitos de andar descalço e nadar nas lagoas de sua região. Nos últimos 20 dias, vem queixando-se para sua mãe de coceiras pelo corpo, falta de apetite, náuseas, diarreia, emagrecimento, tosse e febre. Sua mãe resolve levá-lo ao médico. Durante a consulta, o médico diz que o adolescente possivelmente está com esquistossomose.
   a) Quais exames poderão confirmar esse diagnóstico?
   b) Por que o médico suspeitou de esquistossomose?
   c) Como profissional de enfermagem, que orientações você daria para a mãe sobre as medidas preventivas?

3. Considerando o ciclo evolutivo da esquistossomose apresentado na Figura 2.1, o que deve ser feito para evitar a transmissão dessa parasitose?

4. No Brasil, a espécie *Schistosoma mansoni* é muito comum, especialmente no Leste e no Nordeste.
   a) Quais são os tipos de larvas encontradas no ciclo evolutivo do *Schistosoma mansoni*?
   b) Qual é o destino dessas larvas?
   c) Explique por que essa parasitose é popularmente conhecida como barriga d'água.

Teníase e cisticercose

A América Latina tem sido apontada como uma área de prevalência elevada de neurocisticercose (Quadro 2.2 e 2.3), e a situação dessa doença nas Américas não está bem documentada. O abate clandestino de suínos, sem inspeção e controle sanitário, é muito elevado na maioria dos países da América Latina e Caribe, e tem como causa fundamental a falta de **notificação compulsória**.

No Brasil, a cisticercose tem sido cada vez mais diagnosticada, principalmente nas regiões Sul e Sudeste, tanto em serviços de neurologia e neurocirurgia, quanto em estudos anatomopatológicos. A baixa ocorrência de cisticercose em algumas áreas do Brasil, como nas regiões Norte e Nordeste, pode ser explicada pela falta de notificação ou porque o tratamento é realizado em grandes centros, como São

> » **DEFINIÇÃO**
> Notificação compulsória é um registro que obriga e universaliza as notificações, visando ao rápido controle de eventos que requerem pronta intervenção.

Paulo, Curitiba, Brasília e Rio de Janeiro, o que dificulta a identificação da procedência do local da infecção. Até o momento, não existem dados disponíveis a fim de definir a letalidade do agravo.

Quadro 2.2 » Teníase

Parasita	*Taenia solium* e *Taenia saginata* (cestoda – cestódeos) (Figura 2.2)
Doença e localização	Teníase ou solitária (aloja-se no intestino humano)
Sintomas	Insônia, irritabilidade, diarreia, cólicas abdominais, náuseas, apatia e fraqueza
Transmissão*	Carne de porco e de vaca, respectivamente, contendo cistos – "canjiquinha"
Diagnóstico	Presença de **proglote** nas fezes, exame protoparasitológico de fezes
Complicações	Obstrução do apêndice, do colédoco e do ducto pancreático.
Prevenção	Saneamento básico, fiscalização de carne nos abatedouros e açougues e cozimento da carne

*Parasita heteróxeno/digenético

> **» DEFINIÇÃO**
> Proglote é um longo feixe de unidades localizadas posteriormente ao escólex. Nas proglotes estão as estruturas reprodutivas da *Taenia*.

Quadro 2.3 » Cisticercose

Parasita	*Taenia solium* (cestoda - cestódeos) (Figura 2.3)
Doença	Cisticercose
Sintomas	Larvas instaladas no cérebro humano podem causar cefaleia, convulsões, alterações visuais e até a morte.
Transmissão*	Ingestão de ovos da *Taenia solium*
Diagnóstico	Raio X, tomografia computadorizada, ressonância magnética e exame de líquido cerebrospinal
Prevenção	Saneamento básico, fiscalização de carne nos abatedouros e açougues e cozimento da carne (não ingerir carne crua ou mal passada)
Tratamento	Intervenção cirúrgica

* Parasita monóxeno/monogenético

A teníase e a cisticercose não são doenças de notificação compulsória. Entretanto, os casos diagnosticados devem ser informados aos serviços de saúde, visando mapear as áreas afetadas a fim de que medidas sanitárias indicadas sejam adotadas.

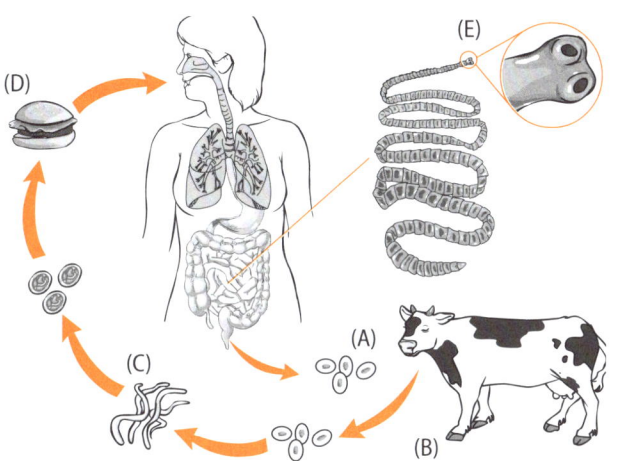

> **» DEFINIÇÃO**
> A vigilância epidemiológica visa manter permanente articulação entre a vigilância sanitária do setor saúde e das secretarias de agricultura, buscando a adoção de medidas sanitárias preventivas.

Figura 2.2 Ciclo da vida do platelminto *Taenia saginata*, causador da teníase. (A) Ovos e proglótes presentes nas fezes contaminam o ambiente. (B) Ingestão de água e alimentos contaminados. (C) Ovos eclodem no intestino espalhando-se pelo organismo e infectando os músculos. (D) Humanos são infectados comendo a carne malpassada contendo larvas. (E) Adultos no intestino humano.
Fonte: Hakan Corbaci/Hemera/Thinkstock.

Cisticercose (*Taenia solium*)

I — Oncosferas desenvolvem-se em cisticercos nos músculos de porcos ou humanos

Na cisticercose, os humanos adquirem a infecção ao ingerir ovos em fezes humanas; os cisticercos podem desenvolver-se em qualquer órgão, mas são mais comuns no encéfalo, nos olhos e na pele

❶ Humanos adquirem a infecção ao ingerir carne malcozida de um porco infectado

❻ Oncosferas eclodem, penetram na parede do intestino e circulam para a musculatura de porcos ou humanos

❺ Ovos embrionados ou proglótides grávidas ingeridos pelos porcos; ovos embrionados ingeridos por humanos

❷ Escólice liga-se ao intestino

❸ Adultos no intestino delgado

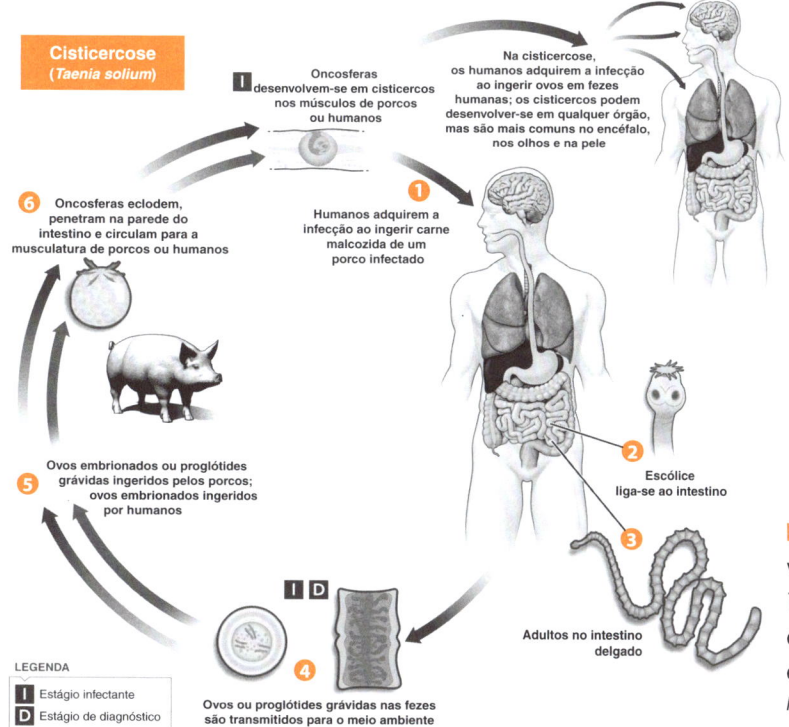

❹ Ovos ou proglótides grávidas nas fezes são transmitidos para o meio ambiente

LEGENDA
I Estágio infectante
D Estágio de diagnóstico

Figura 2.3 Ciclo de vida do platelminto *Taenia solium*, causador da cisticercose.
Fonte: Levinson (2010).

As medidas de controle da teníase e da cisticercose incluem:

- realizar trabalho educativo nas escolas e nas comunidades sobre a aplicação prática dos princípios básicos de higiene pessoal e os principais meios de contaminação;
- realizar o controle e o bloqueio dos casos suspeitos e/ou confirmados de teníase ou cisticercose;
- fiscalizar a carne para reduzir ao menor nível possível a comercialização ou o consumo de carne contaminada por cisticercose e orientar os produtores sobre medidas de aproveitamento da carcaça (salga ou congelamento, conforme a intensidade da infecção), reduzindo perdas financeiras e dando segurança para o consumidor;
- evitar a irrigação de hortas e pomares com água de rios e córregos que recebam esgoto ou outras fontes de águas contaminadas, por meio de fiscalização, impedindo a comercialização ou o uso de vegetais contaminados por ovos de *Taenia*;
- proibir o acesso do suíno às fezes humanas e a alimentos e água contaminados com material fecal;
- proporcionar à população boas condições de saneamento básico.

» Agora é a sua vez!

1. Maria, dona de casa de 45 anos, recebeu o diagnóstico de neurocisticercose, doença cerebral fácil de ser erradicada, mas que, na fase crônica, é praticamente incurável. Ela manifesta interesse em saber mais sobre a doença, pois não entendeu muito bem o que o médico lhe explicou. Ela dirige-se então a um técnico em enfermagem do serviço de saúde no qual estava sendo atendida e pergunta a ele como adquiriu essa doença, que consequências mais graves ela pode trazer e de que forma teria sido evitada. Elabore uma resposta que atenda às expectativas de Maria e esclareça suas dúvidas.

2. Ao cuidar de uma criança de 3 anos internada na pediatria de um grande hospital, um técnico em enfermagem identificou a presença de uma estrutura esbranquiçada em suas fezes, similar a pedaços de macarrão, cujo nome técnico é proglote.
   a) Que parasita essa criança apresenta e a que Filo ele pertence?
   b) Descreva as orientações que a mãe dessa criança deve receber a respeito dessa parasitose (formas de contaminação e medidas preventivas).

3. O ovo da *Taenia solium* pode atingir o cérebro do homem causando a neurocisticercose, que apresenta sintomas como cefaleia intensa e convulsões.
   a) Como é o ciclo de vida desse parasita e a que Filo ele pertence?
   b) Como é feito o diagnóstico e a prevenção dessa parasitose?
   c) Como o parasita que provoca a neurocisticercose infesta o organismo humano?

Acesse o ambiente virtual de aprendizagem para mais exercícios.

Nematódeos

As condições sanitárias em muitas localidades no Brasil são precárias, o que favorece a ocorrência de muitas verminoses, que contribuem para que as pessoas tenham baixa produtividade. Nesse contexto, aparece a figura do Jeca Tatu, personagem idealizado por Monteiro Lobato. Trata-se de um homem do campo, vítima de ancilostomose, sempre pálido, magro, desanimado e fraco para o trabalho. Até hoje é comum encontrarmos em diversas regiões do país pessoas com essas características, acometidas pela mesma doença.

Pertencentes ao Reino Animalia, o Filo Nematoda (do grego *nematos*, fio) constitui um grupo de vermes que possuem o corpo liso, cilíndrico e alongado. Eles são encontrados em diversos *habitats* (água doce, mares, solo úmido, areia, água parada e praias), e a maioria possui vida livre. Apresentam um **pseudoceloma**, cavidade que separa as vísceras da parede do corpo, e um sistema digestório completo, com início na boca e término no ânus.

Doenças causadas por nematódeos

As doenças causadas por nematódeos são muito comuns no Brasil, e sua ocorrência depende de obras de saneamento básico, da eliminação dos transmissores e de uma boa higienização. Por isso, é indispensável que o problema do saneamento básico e ações educativas sejam encarados com seriedade e que os recursos financeiros necessários sejam de fato destinados para esse setor.

Ascaridíase

O *Ascaris* é o parasita que infecta o homem com mais frequência, estando presente em países de clima tropical, subtropical e temperado. As más condições de higiene e saneamento básico e a utilização de fezes como fertilizantes contribuem para a prevalência da ascaridíase (Quadro 2.4) nos países do Terceiro Mundo.

Não são desenvolvidas ações específicas de vigilância epidemiológica. Entretanto, deve-se fazer o tratamento como forma de evitar complicações e diminuir as possibilidades de reinfecções. A ascaridíase não é uma doença de notificação compulsória.

CURIOSIDADE

Uma das características dos vermes parasitas é a produção de uma grande quantidade de ovos. Uma fêmea de *Ascaris* produz em torno de 200 mil ovos por dia, os quais são eliminados com as fezes do hospedeiro.

Quadro 2.4 » Ascaridíase

Parasita	*Ascaris lumbricoides* (Figura 2.4)
Doença e localização	Ascaridíase ou lombriga ou "bicha" (intestino delgado humano)
Sintomas	Manchas esbranquiçadas na pele, cólicas abdominais, náuseas e obstrução intestinal
Transmissão*	Ingestão dos ovos infectantes do parasita, procedentes do solo, da água ou de alimentos contaminados com fezes humanas
Complicações	Obstrução intestinal, perfuração intestinal, colecistite, colelitíase, pancreatite aguda e abscesso hepático
Prevenção	Tratamento da água, saneamento básico, lavagem de alimentos crus com água tratada, higiene pessoal e tratamento dos doentes
Tratamento	Medicamentos específicos

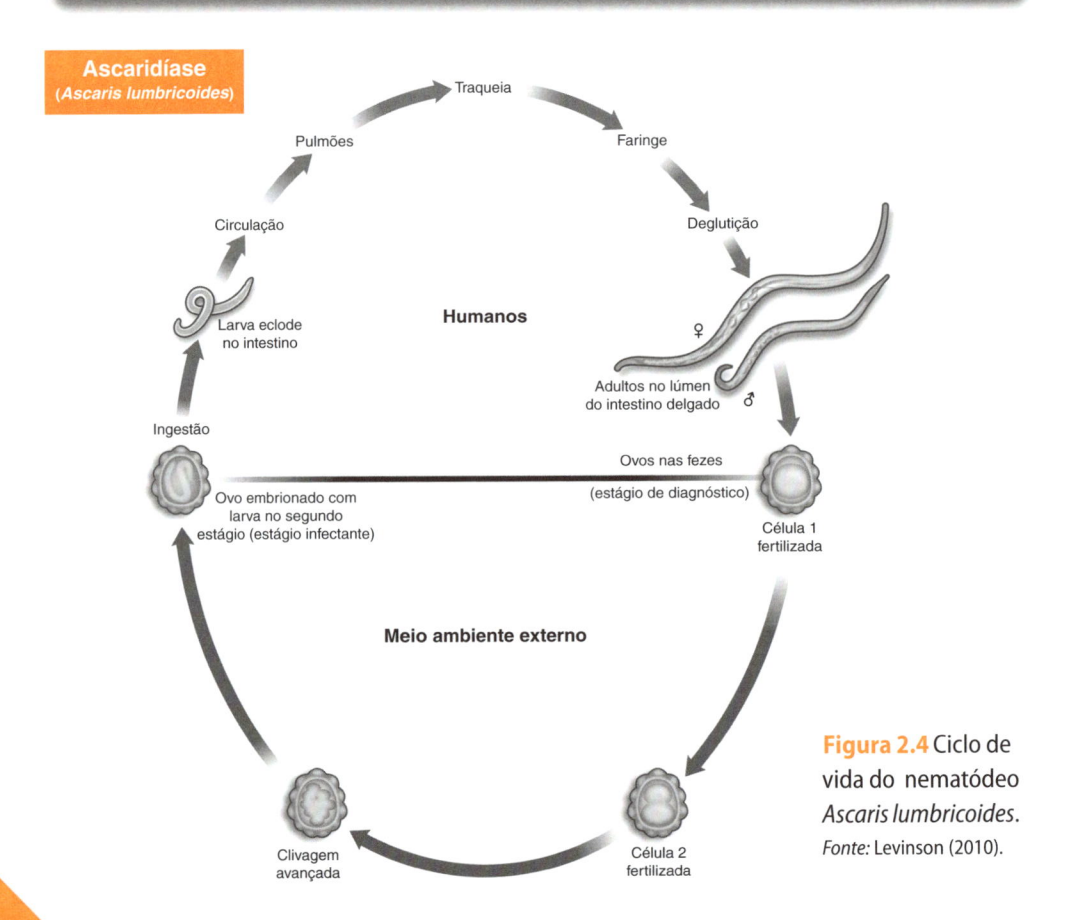

* Parasita monóxeno/monogenético

Figura 2.4 Ciclo de vida do nematódeo *Ascaris lumbricoides*.
Fonte: Levinson (2010).

As medidas de controle da ascaridíase incluem:

- evitar as possíveis fontes de infecção;
- ingerir vegetais cozidos e não crus;
- manter uma boa higiene pessoal;
- fornecer saneamento básico adequado.

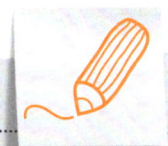

Agora é a sua vez!

1. Uma criança, depois de passar férias em uma fazenda, foi levada a uma Unidade Básica de Saúde com quadro sugestivo de pneumonia. Os resultados dos exames descartaram pneumonia por vírus ou bactéria. Após alguns dias, a doença regrediu espontaneamente e, algumas semanas depois, um exame de fezes de rotina revelou parasitismo por *Ascaris lumbricoides*. A mãe foi informada de que o verme poderia ter causado a pneumonia.
a) Explique por que o *Ascaris lumbricoides* poderia ter causado a pneumonia.
b) Identifique quais medidas profiláticas deveriam ter sido adotadas para que a criança não tivesse adquirido essa verminose.
2. A ascaridíase atinge cerca de 60% da população brasileira. No passado, era considerada uma endemia rural, mas cada vez mais passa a ser um problema das grandes cidades. Diante desse contexto, responda as questões a seguir.
a) Uma mãe levou seu filho de 6 anos ao pronto-socorro e relatou que, ao tossir, ele expeliu com a expectoração algumas larvas de lombriga. Descreva o caminho percorrido por esses vermes, desde sua entrada no organismo da criança até sua liberação com a tosse.
b) Considerando o ciclo de vida do *Ascaris lumbricoides*, descreva dois fatores que justificam a necessidade desses parasitas de eliminar cerca de 200 mil ovos por dia para o meio externo.

Larva *migrans* cutânea

Causada pelo parasita *Ancylostoma braziliensis* e *Ancylostoma caninum*, a larva *migrans* cutânea (Quadro 2.5) pode ocorrer em surtos em creches e escolas, mas é mais comum em praias frequentadas por cães e gatos. Não é objeto de vigilância epidemiológica e também não é uma doença de notificação compulsória.

As medidas de controle da larva *migrans* cutânea incluem:

- proibir cães e gatos em praias;
- evitar áreas arenosas, sombreadas e úmidas (p. ex., nas escolas e creches, as areias para diversão devem ser protegidas contra os dejetos de cães e gatos).

Quadro 2.5 » Larva *migrans* cutânea

Parasita	*Ancylostoma braziliensis* e *Ancylostoma caninum*
Doença	"Bicho geográfico" ou "bicho das praias"
Sintomas	Intensa coceira (dermatite serpiginosa) e linhas avermelhadas sobre a pele
Transmissão*	Fezes de cães e gatos
Diagnóstico	Clínico e epidemiológico
Prevenção	Impedir o acesso de animais, principalmente cães e gatos, a reservatórios de areia; andar calçado na praia e em outros locais que contenham areia; e evitar o contato direto da pele com a areia
Tratamento	Medicamentos específicos

* Parasita monóxeno/monogenético

» CURIOSIDADE

A larva *migrans* cutânea (conhecida popularmente como bicho geográfico), parasita intestinal de cães e gatos, penetra na pele humana e migra para o tecido subcutâneo. Ali, ao se locomoverem, deixam rastros semelhantes ao desenho de um mapa. Esta característica acabou dando origem ao nome pelo qual a doença é mais conhecida.

» Agora é a sua vez!

1. Após passar 10 dias de férias na praia, Joana procurou atendimento médico com queixa de dermatite caracterizada por irritação local e prurido e manchas típicas na pele que lembram mapas. A hipótese diagnóstica do médico foi "bicho geográfico".
   a) Qual é o parasita que causa a doença conhecida como bicho geográfico?
   b) Considerando a história Joana, o que justifica essa hipótese diagnóstica?

2. Em uma escola de educação infantil, as crianças desenvolvem atividades recreativas que incluem uma caixa de areia. Uma manhã, quando fazia a limpeza da área externa da escola, Dona Maria encontrou fezes de gatos na caixa de areia e comunicou a direção da escola, que ficou de tomar as providências necessárias.
   a) Diante dessa situação, que tipo de verminose as crianças desta escola estão sujeitas a adquirir? Como isso ocorre?
   b) Explique como se dá a infestação por essa verminose.
   c) Que medidas a direção da escola deve adotar para que as crianças não fiquem expostas a esse risco?

Ancilostomose (amarelão)

A distribuição da ancilostomose (Quadro 2.6) é mundial. No Brasil, essa doença predomina nas áreas rurais, estando muito associada a áreas sem saneamento nas quais a população tem o hábito de andar descalça.

> **» CURIOSIDADE**
>
> As pessoas acometidas pela ancilostomose são pálidas, com a pele amarelada, pois os vermes vivem no intestino delgado e rasgam as paredes intestinais com suas placas cortantes ou dentes, sugando o sangue e provocando hemorragias e anemia.

Quadro 2.6 » Ancilostomose (amarelão)

Parasita	*Ancylostoma duodenale* ou *Necator americanus* (Figura 2.5)
Doença e localização	Ancilostomose ou necatorose ou amarelão (intestino delgado humano)
Sintomas	Anemia, diarreia, palidez, fraqueza, úlceras intestinais e geofagia (vontade de comer terra)
Transmissão*	Larva que se contra no solo após eclosão do ovo
Complicações	Anemia, hipoproteinemia, podendo ocorrer insuficiência cardíaca e anasarca
	A migração da larva através dos pulmões pode causar hemorragia e pneumonia
Diagnóstico	Exame laboratorial parasitológico para pesquisa de ovos do verme nas fezes
Prevenção	Saneamento básico e utilização de calçados
Tratamento	Helmínticos e antianêmicos

*Parasita monóxeno/monogenético

A vigilância epidemiológica tem como objetivo diagnosticar e tratar precocemente todos os casos, evitando, assim, as possíveis complicações. A ancilostomose não é uma doença de notificação compulsória.

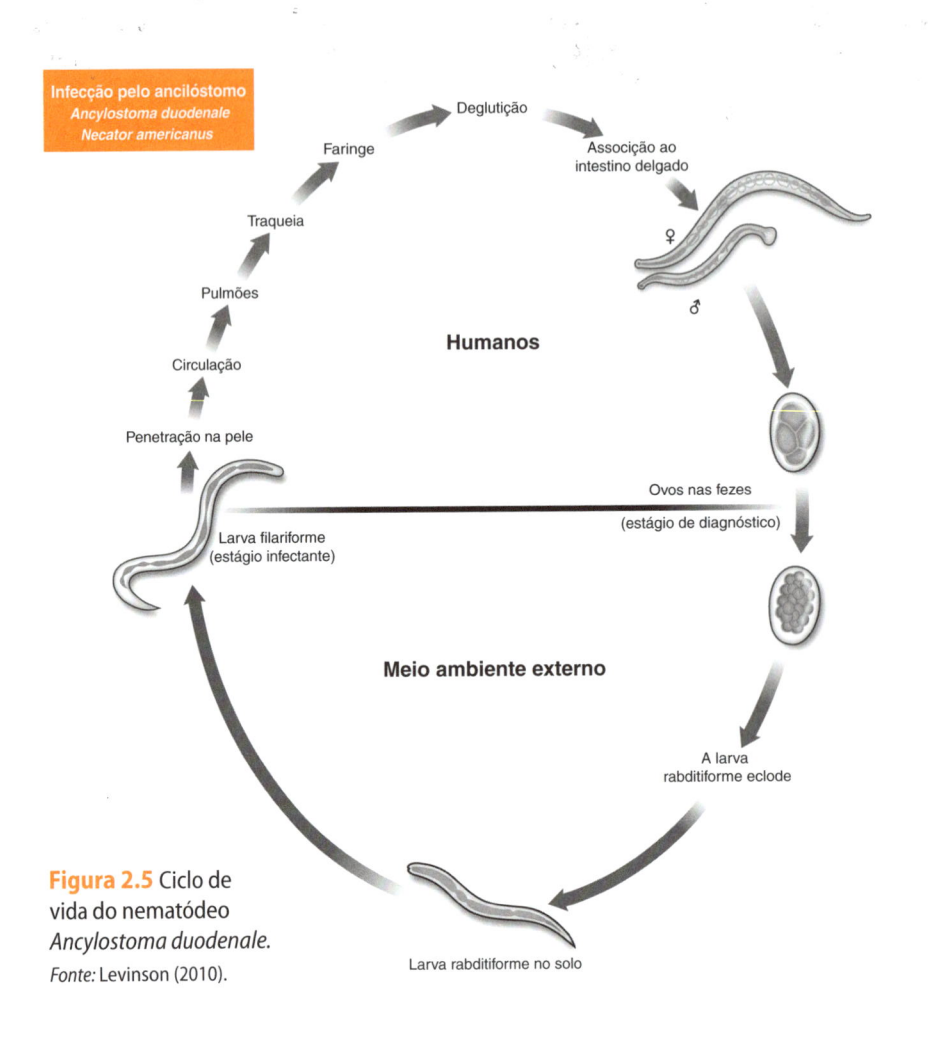

Figura 2.5 Ciclo de vida do nematódeo *Ancylostoma duodenale*.
Fonte: Levinson (2010).

As medidas de controle da ancilostomose incluem:

- desenvolvimento de atividades de educação em saúde em massa, particularmente com relação a hábitos pessoais de higiene, como lavar as mãos antes das refeições e andar calçado;
- construção de moradias dotadas de água tratada e instalações sanitárias adequadas;
- instalação de sistemas sanitários para eliminação das fezes, evitando a contaminação do solo, especialmente nas zonas rurais (saneamento básico);
- alimentação balanceada, rica em proteínas, sais minerais e carboidratos;
- tratamento das pessoas infectadas, a fim de impedir que continuem a disseminar os ovos.

>> Agora é a sua vez!

1. No início do século, o Jeca Tatu, personagem criado por Monteiro Lobato, representava o brasileiro da zona rural: aparecia sempre descalço, malvestido, magro, pálido e indisposto. Essas características eram decorrentes da parasitose que ele apresentava.
   a) Qual é o verme responsável pela parasitose do Jeca Tatu?
   b) Considerando que até hoje essa parasitose ainda é muito frequente no Brasil, explique o que as pessoas devem fazer para não adquiri-la.

2. Considerando o ciclo evolutivo do *Ancylostoma duodenale*, responda:
   a) Como ocorre a infestação pelo homem?
   b) Existe hospedeiro intermediário?
   c) Quais órgãos o parasita percorre no organismo humano?
   d) A que Filo esse verme pertence?

Filariose

A filariose linfática, ou elefantíase (Quadro 2.7), como é popularmente conhecida, tem grande ocorrência na África. Foi uma doença prevalente no Brasil, mas hoje se encontra restrita a alguns focos persistentes nos Estados do Pará, de Pernambuco e de Alagoas.

Quadro 2.7 » Filariose (elefantíase)

Parasita	*Wucheria bancrofti* (Figura 2.6)
Doença	Filariose ou elefantíase
Sintomas	Inchaços (edemas linfáticos) nos órgãos afetados
Transmissão*	Picada do mosquito (Gênero *Culex*)
Diagnóstico	Pesquisa da microfilária no sangue periférico pelo método da gota espessa
	Pode-se ainda pesquisar microfilária no líquido ascítico, pleural, sinovial, cerebrospinal, na urina, na expectoração, no pus ou nos gânglios
	Sorologia – teste ELISA
	Exame de imagem: nos homens, é indicada a ultrassonografia da bolsa escrotal; nas mulheres, a ultrassonografia da mama e da região inguinal e axilar
Complicações	Hidrocele, linfocele, elefantíase, quilúria
Prevenção	Combate ao inseto vetor e tratamento das pessoas doentes
Tratamento	Medicamentos específicos

* Parasita monóxeno/monogenético

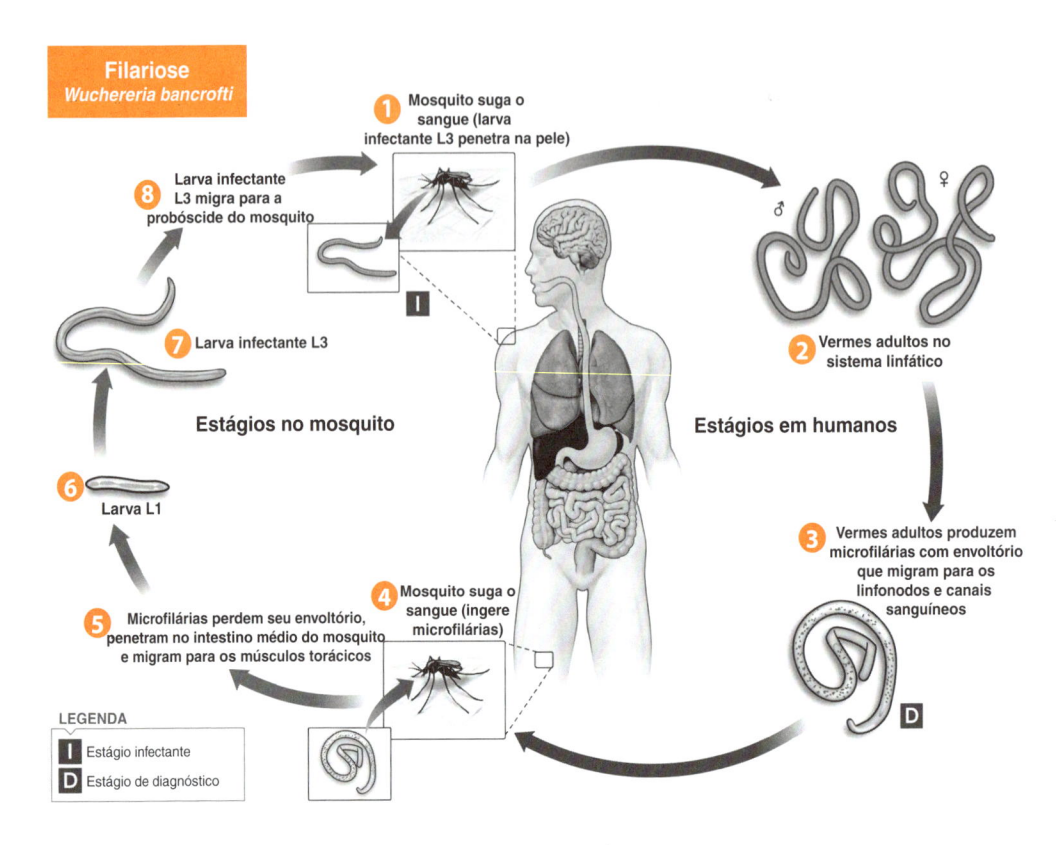

Figura 2.6 Ciclo de vida do nematódeo *Wucheria bancrofti*.
Fonte: Levinson (2010).

O objetivo da vigilância epidemiológica é desenvolver estratégias para a delimitação das áreas de maior prevalência dentro dos poucos focos existentes, visando à adoção de medidas de controle do mosquito transmissor e ao tratamento em massa dos casos diagnosticados. De acordo com a Organização Mundial da Saúde (OMS), essa doença é passível de erradicação, o que está sendo objeto de discussão, atualmente, no Brasil (BRASIL, 2009).

A filariose é uma doença de notificação compulsória nos Estados que permanecem com foco. Em situações de detecção de novos focos, deve-se notificar como agravo inusitado, de acordo com a normatização do Ministério da Saúde (BRASIL, 2008).

As medidas de controle da filariose incluem:

- redução da densidade populacional do vetor, limitando os criadouros específicos urbanos (latrinas e fossas);

» NO SITE
Acesse o ambiente virtual de aprendizagem para saber mais sobre a notificação compulsória.

- uso de mosquiteiros ou cortinas impregnadas com inseticidas para limitar o contato entre o vetor e o homem;
- uso de inseticidas com efeito residual nos domicílios, contra as formas adultas do *Culex*;
- educação em saúde para informar as comunidades das áreas afetadas sobre a doença e as medidas a serem adotadas para sua redução e/ou eliminação;
- identificação de criadouros potenciais nos domicílios e ao redor deles, estimulando sua redução pela própria comunidade;
- tratamento específico para as populações humanas que residem nos focos.

Oxiurose

A oxiurose (Quadro 2.8), doença de distribuição mundial que afeta pessoas de todas as classes sociais, é uma das verminoses mais comuns na infância, inclusive em países desenvolvidos, sendo mais incidente na idade escolar. Não provoca quadros graves nem óbitos, porém, gera alterações no estado de humor das pessoas infectadas em razão da irritabilidade provocada pelo prurido, o que explica o baixo rendimento de escolares.

» Agora é a sua vez!

1. A filariose ou elefantíase, como é conhecida, é uma parasitose endêmica na região amazônica. A profilaxia pode ser feita por meio do combate ao inseto vetor e do isolamento das pessoas doentes. Quais são o agente causador e o hospedeiro intermediário dessa parasitose?
2. O hospedeiro intermediário da filariose pertence ao Filo Arthropoda. Considerando o ciclo evolutivo dessa parasitose, responda as seguintes questões:
   a) Como ocorre a infestação pelo homem?
   b) No homem, onde os parasitas ficam alojados e quais são as complicações que eles provocam?
3. Quais são as medidas preventivas que devem ser adotadas para evitar a propagação da filariose?

> » **IMPORTANTE**
> É comum que a oxiurose afete mais de um membro da mesma família. Isso tem repercussões no seu controle, que deve ser dirigido a pessoas que vivem no mesmo domicílio.

A vigilância epidemiológica tem como objetivo diagnosticar e tratar os indivíduos infectados para combater a irritabilidade e o baixo rendimento escolar. O tratamento deve ser feito para toda a família ou pessoas que coabitam o mesmo domicílio, visando a evitar reinfestações.

Quadro 2.8 » Oxiurose

Parasita	*Enterobius vermiculares*
Doença	Oxiurose ou enterobióse
Sintomas	Prurido e coceira na região anal
Transmissão*	Ovos eliminados nas fezes
Diagnóstico	Exame parasitológico de fezes e análise em microscópio de material coletado na região anal do paciente, nas primeiras horas do dia, utilizando fita adesiva transparente, buscando dos ovos e fêmeas, para confirmação da presença do parasita
Complicações	Lesões na mucosa, dermatite e infecções secundárias na região anal. As mulheres podem ter vaginites e, em casos mais graves, os vermes se deslocam até as trompas e as bloqueiam, o que provoca esterilidade
Prevenção	Beber água potável, tratada ou fervida; investir em saneamento básico; lavar alimentos crus com água tratada; fazer higiene pessoal e de roupas e lençóis; e realizar o tratamento dos doentes
Tratamento	Lavagem da região anal com água morna e/ou medicamentos

* Parasita monóxeno/monogenético

» **NA MÍDIA**
Acesse o ambiente virtual de aprendizagem para uma discussão sobre saneamento básico.

As medidas de controle da oxiurose incluem:

- orientar a população sobre hábitos de higiene pessoal, particularmente o de lavar as mãos antes das refeições, após o uso do sanitário, após o ato de se coçar e antes de manipular alimentos;
- manter as unhas aparadas de forma rente ao dedo para evitar o acúmulo de material contaminado;
- não coçar a região anal desnuda e não levar as mãos à boca;
- eliminar as fontes de infecção por meio do tratamento do paciente e de todos os membros da família;
- trocar as roupas de cama, a roupa íntima e as toalhas de banho diariamente para evitar a aquisição de novas infestações pelos ovos depositados nos tecidos;
- manter limpas as instalações sanitárias.

Atividades

1. A professora do Pedrinho percebeu que ele andava muito inquieto e desatento durante as aulas, comportamento que não era comum a ele. Como esse fato interferiu em seu desempenho escolar, a professora comunicou a mãe de Pedrinho. Ele disse que estava mesmo muito irritado e inquieto em razão de uma coceira na região anal que o incomodava muito. Diante disso, sua mãe procurou atendimento médico. Durante a consulta, o médico disse que possivelmente se tratava de enterobíase, mas solicitou exames para confirmar o diagnóstico. Responda:
   a) Por que o médico suspeitou de enterobíase?
   b) Que exame confirma a ocorrência de enterobíase?
      Como ele é realizado?
   c) Qual é o agente causador da enterobíase?

2. Descreva as medidas preventivas que devem ser adotadas pela mãe de Pedrinho para evitar a propagação da enterobíase em sua casa. O que poderia ser feito no município?

3. Discuta com seus colegas e professor e registre qual é o papel do técnico em enfermagem na prevenção e no controle das doenças parasitárias.

4. A ancilostomose pode ser causada tanto pelo *Ancylostoma duodenale* como pelo *Necatur americanus*. A pessoa se contagia ao manter contato com o solo contaminado por dejetos. Você, técnico em enfermagem, participando de um grupo de orientações para a prevenção de doenças parasitárias em um bairro, deve abordar quais aspectos para a prevenção dessa verminose?

5. As verminoses representam um grande problema de saúde, principalmente nos países subdesenvolvidos. A falta de redes de água e de esgoto, de campanhas de esclarecimento público, de higiene pessoal e de programas de combate aos transmissores leva ao aparecimento de milhares de novos casos na população brasileira. Dentre as verminoses humanas, cite três causadas por nematódeos.

6. A Figura 2.2 está relacionada a uma doença humana causada por um verme platelminto cujo ciclo vital envolve um tipo de hospedeiro intermediário (porco ou boi), e no hospedeiro definitivo são produzidas as proglotes.
   a) Cite qual é a verminose em questão.
   b) Explique como ocorre a infestação pelo homem.

7. João, de 62 anos, é morador de um sítio. Em uma consulta de rotina em uma Unidade Básica de Saúde de sua região, o médico solicitou um exame parasitológico de fezes. O resultado do exame apontou a presença de ovos de *Taenia solium*, de *Ascaris lumbricoides* e de *Enterobius vermiculare*.
   a) Isso significa que João é portador de quais parasitoses?
   b) Quais orientações João deve receber na UBS da equipe de enfermagem para evitar essas parasitoses?

8. Associe o nome da doença à sua característica.
Acesse o ambiente virtual de aprendizagem para realizar este exercício.

9. Preencha o quadro a seguir indicando qual parasitose está relacionada com a medida profilática citada.
Acesse o ambiente virtual de aprendizagem para realizar este exercício.

(Continua)

Atividades *(Continuação)*

10. José é técnico em enfermagem que trabalha em uma Unidade de Saúde da Família (USF) de uma comunidade carente. Ele conhece as condições sanitárias precárias com as quais as crianças da comunidade convivem e frequentemente atende casos de verminose. Preocupado com essa situação, ele conversou com a enfermeira responsável pela USF e juntos resolveram elaborar algumas ações educativas para melhorar a saúde dessas crianças, considerando os limites de atuação daquela USF. Para ajudar o José, descreva quais ações eles poderiam implementar na USF para diminuir a ocorrência de verminoses entre as crianças daquela comunidade.

11. A Organização Mundial da Saúde recomenda que os Estados desenvolvam políticas públicas de prevenção e tratamento das parasitoses. Dentre essas políticas, a fiscalização sanitária em abatedouros e açougues promove uma medida de prevenção contra qual parasitose? Justifique sua resposta.

12. O secretário de saúde de um município do interior do Nordeste estava discutindo com representantes das comunidades carentes que ações poderiam prevenir novos casos de esquistossomose, filariose e ascaridíase. As seguintes propostas foram apresentadas:
    a) Promover uma campanha de vacinação, atualizando as carteiras de vacinação das crianças menores de 5 anos.
    b) Promover uma campanha de educação da população com relação a noções básicas de higiene, incluindo fervura da água.
    c) Construir uma rede de saneamento básico.
    d) Melhorar as condições das moradias e estimular o uso de telas nas portas e janelas das casas e mosquiteiros de filó.
    e) Realizar campanhas de esclarecimento sobre os perigos de nadar em lagoas.
    f) Aconselhar o uso controlado de inseticidas.
    g) Drenar e aterrar as lagoas do município.

    Como técnico de enfermagem, quais dessas propostas seriam mais eficazes para combater as respectivas doenças?

13. Dos itens anteriores, para o controle da ascaridíase, escolha a proposta que trará melhores benefícios à população e justifique sua resposta.

Acesse o ambiente virtual de aprendizagem para mais exercícios.

REFERÊNCIAS COMPLEMENTARES

BRASIL. Ministério da Saúde. Secretaria de Vigilância em Saúde. Departamento de Vigilância Epidemiológica. *Filariose linfática:* manual de coleta de amostras biológicas para diagnóstico de filariose linfática por wuchereria bancrofti. Brasília: Ministério da Saúde, 2008. Disponível em: <http://bvsms.saude.gov.br/bvs/publicacoes/filariose_linfatica_manual.pdf>.Acesso em: 08 dez. 2013.

BRASIL. Ministério da Saúde. Secretaria de Vigilância em Saúde. Departamento de Vigilância Epidemiológica. *Guia de vigilância epidemiológica e eliminação da filariose linfática*. Brasília: Ministério da Saúde, 2009. Disponível em: <http://bvsms.saude.gov.br/bvs/publicacoes/guia_vigilancia_filariose_linfatica.pdf>. Acesso em: 23 jun. 2014.

CAMPBELL, N. A.; REECE, J. B. *Biologia*. 8. ed. Porto Alegre: Artmed, 2010.

LEVINSON, W. *Microbiologia médica e imunologia* 10. ed. Porto Alegre: Artmed, 2010.

LEITURAS RECOMENDADAS

ARAGUAIA, M. *Oxiurose*. [S.l.]: Brasil Escola, [20--?]. Disponível em: <http://www.brasilescola.com/doencas/oxiurose.htm>. Acesso em: 14 nov. 2012.

BRASIL. Ministério da Saúde. Fundação Nacional da Saúde. [Site]. Brasília: FUNASA, [20--?]. Disponível em: <http://www.funasa.gov.br>. Acesso em: 10 dez. 2013.

FRANÇA, N. B. M. *Endemia, epidemia e pandemia*. [S.l.]: InfoEscola, [20--?]. Disponível em: <http://www.infoescola.com/doencas/endemia-epidemia-e-pandemia/>. Acesso em: 14 nov. 2012.

MEDICINANET. [Site]. Porto Alegre: Medicinanet, [20--?]. Disponível em: <http://medicinanet.com.br>. Acesso em: 09 dez. 2013.

PAULINO, W. R. Reino animália: nematóides e anelídios. In: PAULINO, W. R. *Biologia*. 8. ed. São Paulo: Ática, 2002a. p. 206-209.

PAULINO, W. R. Reino animália: platelmintos. In: PAULINO, W. R. *Biologia*. 8. ed. São Paulo: Ática, 2002b. p. 202-205.

VASCONCELOS, E. M. Educação popular como instrumento de reorientação das estratégias de controle das doenças infecciosas e parasitárias. *Cadernos de Saúde Pública*, v. 14, n. 2, p. 39-57, 1998.

capítulo 3

Imunologia

Este capítulo abordará a importância do sistema imunológico para a proteção do organismo contra agentes invasores. Na enfermagem, presenciamos situações que colocam as pessoas em contato direto ou indireto com os microrganismos, o que proporciona o desenvolvimento dos mecanismos de defesa. Além disso, orientamos a população em geral na prevenção de doenças e atuamos na sala de vacinação das unidades de saúde.

Expectativas de aprendizagem
- Identificar os componentes do sistema imunológico.
- Descrever as funções do sistema imunológico.
- Identificar os tipos de imunidade.
- Conhecer o calendário básico de vacinação.
- Identificar as técnicas de manuseio dos imunobiológicos, conservando-os de acordo com as recomendações do Ministério da Saúde.

Bases tecnológicas
- Aspectos básicos de imunologia
- Programa Nacional de Imunização

Bases científicas
- Imunologia

Quando entramos em contato com microrganismos por meio de gotículas de saliva ou de alimentos contaminados, nosso organismo se defende e nem sempre ficamos doentes. A capacidade de defesa do organismo varia de pessoa para pessoa e está relacionada ao sistema imunológico. O leite materno (principalmente na fase do colostro), o contato com microrganismos patógenos e as vacinas são exemplos de como o organismo consegue se prevenir contra as doenças. Pessoas vacinadas, em comparação com as não vacinadas, apresentam diferentes respostas à exposição a determinadas doenças.

A **imunologia** é o estudo das respostas do organismo que fornecem imunidade, ou seja, proteção contra as doenças. O organismo humano desenvolveu diversos mecanismos de defesa, especialmente contra inúmeros microrganismos parasitas que atingem as superfícies expostas ao meio (pele e mucosa) e mesmo os órgãos internos. Os mecanismos mais simples são as barreiras mecânicas, como a pele e suas secreções protetoras. O trabalho do sistema imunológico, bem mais complexo, nos protege de diferentes agentes infecciosos pela ação de **células fagocitárias** e pela produção de anticorpos, que se distribuem pelo corpo por meio do sangue e da linfa.

>> NA HISTÓRIA

A imunologia como ciência teve início com os trabalhos desenvolvidos por Edward Jenner, em 1798. Ele observou que os pacientes que sobreviviam à varíola não contraíam mais a doença.

O sistema imunológico baseia-se nas relações antígeno-anticorpo. Os **anticorpos** ligam-se especificamente aos **antígenos** e, assim, promovem efeitos secundários. Enquanto uma parte da molécula do anticorpo se liga ao antígeno, outras regiões interagem com outros elementos do sistema imunológico, como os fagócitos ou uma das moléculas do complemento.

>> DEFINIÇÃO

Anticorpo: proteína específica que ajuda a destruir microrganismos ou corpos estranhos que invadem o organismo.

Antígeno: microrganismo ou corpo estranho que invade o organismo e estimula a produção de anticorpos.

O reconhecimento do antígeno é a base de todas as respostas imunes adaptativas. O ponto essencial com relação ao antígeno é que a estrutura é a força iniciadora e condutora de todas as respostas imunes. O sistema imunológico evoluiu com a finalidade de reconhecer os antígenos e destruir e eliminar a sua fonte. Quando o antígeno é eliminado, o sistema imunológico é desligado.

A seleção clonal envolve a proliferação de células que reconhecem um antígeno específico. Quando um antígeno se liga às poucas células que podem reconhecê-lo, estas são rapidamente induzidas a proliferar e, em poucos dias, existirá uma quantidade suficiente delas para elaborar uma resposta imune adequada.

>> CURIOSIDADE

O termo imunidade é derivado do latim *immunitas*, que se referia às isenções de taxas oferecidas aos senadores romanos.

A resposta imune reconhece e relembra diferentes antígenos. A imunidade específica é caracterizada por três propriedades: reconhecimento, especificidade e memória.

Reconhecimento: Refere-se à habilidade do sistema imune de reconhecer diferenças em um número muito grande de antígenos e distingui-los.

Especificidade: Refere-se à habilidade de dirigir uma resposta a um antígeno específico.

Memória: Refere-se à habilidade do sistema imunológico de lembrar um antígeno muito tempo depois de um contato inicial.

>> Imunoglobulinas

As imunoglobulinas (Igs) são proteínas produzidas por células plasmáticas e secretadas no organismo em resposta à exposição ao antígeno. O Quadro 3.1 apresenta a classificação das imunoglobulinas.

Quadro 3.1 » Classificação das imunoglobulinas

IgA	Imunoglobulina predominante nas lágrimas, na saliva, no leite materno, nas secreções respiratórias e no trato gastrintestinal, fornece proteção contra os organismos que invadem essas áreas.
IgG	Classe em maior concentração no organismo, também chamada gamaglobulina. Fornece imunidade a longo prazo e é a única que atravessa a placenta e proporciona ao recém-nascido a imunidade que durará vários meses.
IgM	Segunda mais abundante, é a primeira imunoglobulina produzida em resposta a um antígeno, mas não fornece imunidade a longo prazo.
IgE	Envolvida nas reações alérgicas e nas infecções parasitárias.

» Sistema imunológico

O sistema imunológico de um indivíduo começa a se formar na fase intrauterina, quando também recebe anticorpos da mãe via placenta. Após o nascimento, durante os primeiros meses de vida, o leite materno passa a ser a principal fonte de anticorpos da criança, até que ela produza seus próprios anticorpos em resposta à administração de vacinas ou mesmo após entrar em contato com agentes infecciosos.

Ao contrário dos outros sistemas, que são conjuntos de órgãos interligados, o sistema imune reúne células livres (**leucócitos**), **tecido hematopoiético** (medula óssea vermelha) e órgãos, como os **linfonodos** (que se encontram dispersos por todo o organismo), o **timo** e o **baço** (Figura 3.1). Essa localização difusa permite que sua ação protetora contra agentes estranhos ocorra prontamente no interior de todos os tecidos, em qualquer parte do corpo.

Figura 3.1 Estruturas que compõem o sistema imunológico humano.
Fonte: Murphy, Travers e Walport (2010).

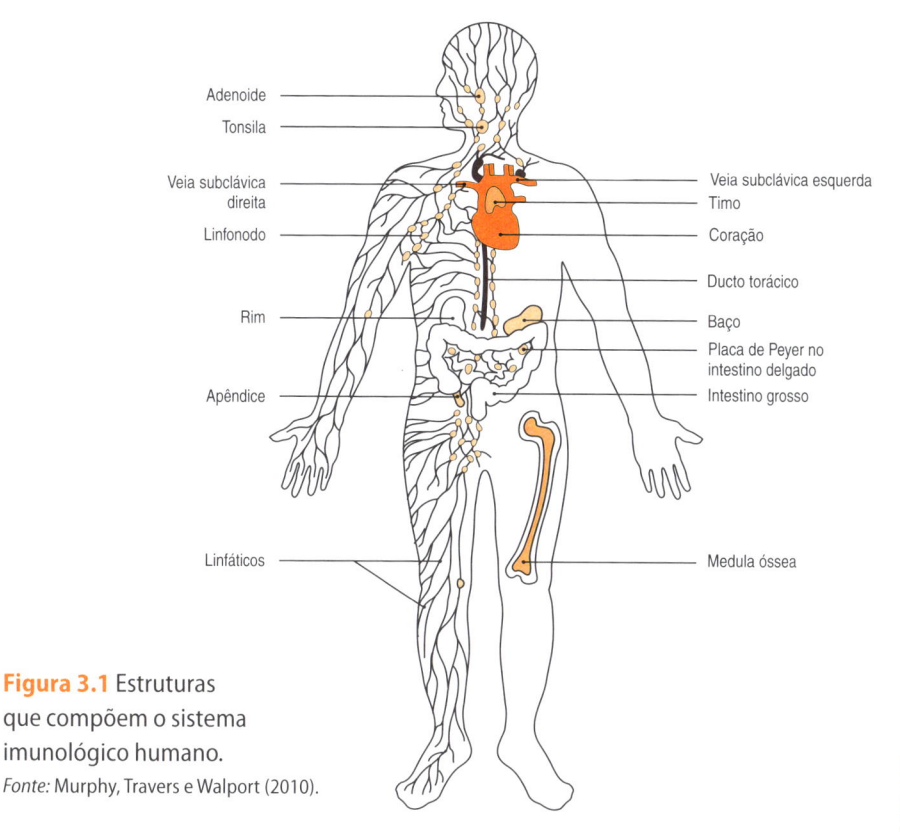

Os **leucócitos** (glóbulos brancos) têm a função específica de defesa do organismo. Os glóbulos brancos são atraídos para os locais infectados graças à **quimiotaxia**, provocando neles uma resposta migratória (realizada por movimento ameboide).

Os **monócitos** são um tipo específico de leucócito que pode fixar residência em diferentes tecidos, transformando-se em **macrófagos** e exercendo seu papel na defesa do organismo. Os macrófagos recebem nomes específicos conforme os tecidos em que se alojam (Quadro 3.2).

> » **DEFINIÇÃO**
> Quimiotaxia é o processo pelo qual substâncias produzidas pelas bactérias e pelo próprio tecido infectado atraem os leucócitos.

Quadro 3.2 » Exemplos de macrófagos e sua localização

Macrófagos	Localização
Células de Kupfer	Fígado
Macrófagos alveolares ou células de poeira	Pulmões
Osteoclastos	Tecido ósseo
Micróglias	Sistema nervoso

>> PARA SABER MAIS

Encontre mais informações sobre leucócitos e outras células e tecidos do corpo humano consultando o Capítulo 4 deste livro.

>> DEFINIÇÃO

Diapedese é o processo pelo qual os glóbulos brancos abandonam os capilares sanguíneos, passam por entre as células que formam a parede celular do capilar e chegam até os locais onde se encontram os microrganismos invasores.

Os **granulócitos** (neutrófilos, basófilos e eosinófilos) e os monócitos são produzidos na medula óssea e nela completam o seu amadurecimento. Em seguida, passam para a corrente sanguínea por **diapedese** através dos capilares que irrigam a medula.

Os linfócitos são inicialmente produzidos na medula óssea vermelha. Após sua formação, os linfócitos são levados pela corrente sanguínea até os órgãos linfáticos (linfonodos, baço e timo), onde se proliferam e completam sua maturação.

A complexa relação funcional entre os linfócitos (**B e T**) e outras células constitui o sistema imunológico humano (Tabela 3.1).

Tabela 3.1 >> Os linfócitos e sua função

Células	Maturação	Diferenciação	Função
Monócitos	–	–	Migram para os tecidos, onde se fixam e se desenvolvem, transformando-se em macrófagos, que são grandes células fagocitárias.
Células *natural killer* (NK)	–	–	Atacam principalmente células tumorais, infectadas e de transplantes.
Linfócitos T	Timo	Células de memória*	Reconhecem os antígenos em uma segunda apresentação, garantindo uma resposta imune mais rápida e de maior amplitude.
Linfócitos T	Timo	Linfócitos T citotóxicos *	Atacam células estranhas ao organismo, como no caso de enxertos.
Linfócitos T	Timo	Linfócitos T *helper* (auxiliares)*	Liberam substâncias que auxiliam no desenvolvimento de outras células do sistema imune (linfócitos B).
Linfócitos B	Medula óssea	Plasmócito	Ao serem estimulados por antígenos, diferenciam-se em plasmócitos, que passam a produzir anticorpos, liberando-os no plasma sanguíneo. São responsáveis pela **imunidade humoral**.

* Todas estas células são responsáveis pela imunidade celular.

> **CURIOSIDADE**
>
> Os líquidos corporais (plasma, fluidos intercelulares e várias secreções corporais, como lágrimas e saliva) eram chamados, na medicina antiga, de "humores".

Desses locais (citados na Tabela 3.1), passam novamente para a corrente sanguínea e podem permanecer ali ou penetrar no tecido conectivo, realizando a defesa do organismo. Os diferentes tipos de imunidade são descritos na Tabela 3.2.

Tabela 3.2 » **Tipos de imunidade**

Imunidade			Descrição
Inata ou natural (não é específica e não muda de intensidade com a exposição ao agente invasor)	–	–	Ao nascermos, já temos alguma imunidade, que nos protege contra determinados agentes patogênicos presentes no meio exterior; depende da produção de certas substâncias protetoras, como ácidos e enzimas (p. ex., lisozimas da lágrima), e ainda da ação de células fagocitárias.
Adquirida ou adaptativa (é específica e tem resposta variável)	**Ativa** (organismo produz anticorpos)	**Natural** (por exposição a agentes infecciosos)	Quando o organismo toma parte no processo, produzindo anticorpos que vão reagir contra determinado antígeno. É o que acontece quando nosso corpo entra em contato com microrganismos patógenos, como vírus, bactérias, fungos ou protozoários.
		Artificial (vacinas)	Consiste na introdução de pequenas doses de antígenos atenuados, o que desencadeia uma resposta imune sem, no entanto, provocar a doença.
	Passiva (organismo recebe anticorpos já prontos)	**Natural** (anticorpos maternos)	Ocorre de forma natural durante a gestação e também mais tarde durante a amamentação.
		Artificial (soros terapêuticos)	Promovem o combate imediato aos antígenos que possam estar presentes no organismo (p. ex., soro antiofídico e soro antitetânico).

» DEFINIÇÃO
Imunodeficiência congênita corresponde a um estado de comprometimento do sistema imunológico verificado desde o nascimento do indivíduo.

A **imunodeficiência adquirida** ou **imunodepressão** acontece quando um indivíduo até então imunocompetente passa a apresentar deficiências variadas em seu sistema de defesa. Esse processo pode se dar por diversos fatores, tais como:

- infecção pelo vírus HIV;
- comprometimento do estado nutricional do indivíduo;
- exposição excessiva à radiação ultravioleta;
- certas disfunções orgânicas, como o diabetes;
- desenvolvimento de certas doenças malignas (como linfomas e leucemias);
- infecções como a malária;
- administração de certos medicamentos (principalmente as chamadas drogas imunossupressoras, como a ciclosporina e o tacrolimo, utilizadas em alguns casos de transplante de órgãos).

» Doenças autoimunes

» NO SITE
Acesse o ambiente virtual de aprendizagem Tekne (www.grupoa.com.br/tekne) para obter mais informações sobre o sistema imunológico.

As doenças autoimunes consistem, como o próprio nome indica, em casos nos quais ocorrem falhas no sistema imunológico, levando a respostas que se voltam contra o próprio organismo. A seguir são descritas algumas das doenças autoimunes.

Lupus eritematoso sistêmico: Doença crônica marcada por dores musculares e nas articulações e inflamação (a resposta imune anormal também pode envolver os ataques sobre os rins e outros órgãos).

Artrite reumatoide juvenil: Doença na qual o sistema imunológico age como se certas partes do corpo (como as articulações dos joelhos, mãos e pés) fossem tecidos estranhos e os ataca.

Esclerodermia: Doença crônica autoimune que pode causar inflamação e danos na pele, nas articulações e nos órgãos internos.

Espondilite anquilosante: Doença que envolve a inflamação da coluna vertebral e das articulações, causando dor e rigidez.

Diabetes melito tipo I: Doença que resulta em destruição das células beta do pâncreas, as quais produzem insulina.

» Janela imunológica

Janela imunológica é o intervalo de tempo entre a infecção pelo vírus da AIDS e a produção de anticorpos anti-HIV no sangue. Esses anticorpos são produzidos pelo sistema de defesa do organismo em resposta ao HIV, e os exames vão detectar a presença dos anticorpos, o que confirmará a infecção pelo vírus.

O período de identificação do contágio pelo vírus depende do tipo de exame (quanto à sensibilidade e especificidade) e da reação do organismo do indivíduo. Na maioria dos casos, a sorologia positiva é constatada de 30 a 60 dias após a exposição ao HIV. Porém, existem casos em que esse tempo é maior: o teste realizado 120 dias após a relação de risco serve apenas para detectar os casos raros de soroconversão, quando há mudança no resultado.

Se um teste de HIV é feito durante o período da janela imunológica, há a possibilidade de um resultado falso-negativo. Portanto, é recomendado esperar mais 30 dias e fazer o teste novamente.

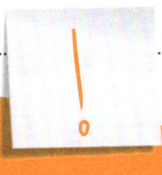

> **» IMPORTANTE**
> No período de janela imunológica, se o indivíduo estiver realmente infectado, já poderá transmitir o HIV para outras pessoas. Portanto, é imprescindível ter cuidados, como praticar sexo seguro (com uso de preservativo) e não compartilhar seringas.

» PARA SABER MAIS

Para mais informações sobre a infecção pelo vírus HIV, consulte o Capítulo 1 deste livro.

» Agora é a sua vez!

1. Existe uma relação direta entre a esplenectomia (retirada do baço) e a maior suscetibilidade a doenças. Além do baço, quais são os órgãos que estão diretamente ligados à imunidade?

2. De maneira geral, a administração de drogas imunossupressoras é necessária para garantir a permanência de um órgão transplantado, evitando a rejeição. No entanto, além dos problemas de toxicidade, principalmente sobre os rins e o sistema nervoso, esses medicamentos têm outras consequências sobre a vida da pessoa que recebeu o transplante. Você consegue citar uma consequência mais direta?

Inflamação

O **processo inflamatório** é uma resposta imune não específica que ocorre em resposta a uma lesão nos tecidos e cujo propósito é nos defender rapidamente contra a invasão de agentes patogênicos através dessa lesão. Uma inflamação pode ser causada por infecções virais e bacterianas ou por agentes físicos (p. ex., lesão traumática, exposição aos raios ultravioletas, queimaduras).

As principais características do processo inflamatório são: **rubor** (decorrente da dilatação dos vasos sanguíneos adjacentes à área lesada); **calor** (resultado do aumento da circulação sanguínea na área da lesão); **tumor** (inchaço que resulta de um edema local pelo acúmulo de fluido no espaço extravascular); e **dor** (provocada pela distensão e distorção dos tecidos ao redor da lesão, o que acontece devido ao edema). Todo esse mecanismo busca facilitar a destruição dos eventuais agentes patogênicos invasores da lesão, assim como preparar a área lesada para sua rápida regeneração.

Alergias

É crescente o uso de novas substâncias sintetizadas pelo ser humano para as mais diversas finalidades. É o caso de medicamentos, pesticidas, produtos de limpeza, substâncias adicionadas aos alimentos industrializados (aditivos), entre outras. Há ainda o inevitável contato das pessoas com picadas de insetos, poeira, pelo de animais, pólen, bolores e substâncias voláteis de certas plantas. Quando esses materiais desencadeiam reações alérgicas, são chamados **alérgenos**.

Responsáveis por muitos casos de rinite e asma, os microscópicos ácaros (artrópodes do grupo dos aracnídeos) infestam carpetes e cortinas, ocorrendo em grande número na poeira das casas, nos sistemas de ar-condicionado e em armazéns de estocagem de cereais.

Ao se ligar a um tipo especial de imunoglobulina, localizada na membrana dos mastócitos, os alérgenos ativam essas células do tecido conectivo, que não só liberam histamina nelas armazenadas, como também sintetizam e expelem outras substâncias responsáveis pela **anafilaxia**. São comuns os casos de anafilaxia causados pelo veneno de animais, como vespas, abelhas e águas-vivas, ou por medicamentos, como a penicilina.

> » **DEFINIÇÃO**
> Anafilaxia é uma reação imunológica excessiva caracterizada por urticária, prurido e, nos casos mais graves, por um quadro de choque que ocorre em indivíduos já sensibilizados para um determinado antígeno (alérgeno).

> » **DEFINIÇÃO**
> O choque anafilático é caracterizado por graves complicações circulatórias (edemas, lesões em vasos), respiratórias (dificuldade para respirar) e gastrintestinais (cólicas e diarreias) que podem levar à morte em questão de minutos.

> **›› IMPORTANTE**
>
> As reações alérgicas mais brandas podem ser tratadas com anti-histamínicos orais contidos em medicamentos comuns que, no entanto, não são eficazes nos casos de anafilaxia. Reações alérgicas agudas que causam edema da glote e muitas vezes são fatais podem ocorrer durante cirurgias quando a pessoa tem alergia a um determinado anestésico. Por isso, as equipes médicas tomam cuidados especiais quando o paciente é submetido pela primeira vez a uma cirurgia.

›› Vacinas

As vacinas são preparadas a partir de vírus ou bactérias inativadas, como organismos inteiros ou seus produtos, ou microrganismos inteiros vivos, porém atenuados. Após receber a vacina, o indivíduo desenvolverá uma resposta imune adequada, da qual participarão células do sistema, em especial células B, células T e células de memória, bem como serão produzidos anticorpos, o que se torna um meio de adquirir imunidade ativa.

O princípio da vacinação baseia-se em dois elementos fundamentais da resposta imune adaptativa: a memória e a especificidade. O objetivo do desenvolvimento da vacina é alterar o patógeno ou as suas toxinas de tal modo que eles se tornem inócuos sem perderem a antigenicidade.

›› Classificação das vacinas

Vacinas vivo-atenuadas

A atenuação é um processo pelo qual a virulência (patogenicidade) do agente infeccioso é reduzida de forma segura para não causar a doença, mas, ao mesmo tempo, estimular a resposta imune. O agente patogênico é enfraquecido por meio de passagens por um hospedeiro não natural ou por um meio que lhe seja desfavorável. Portanto, quando inoculado em um indivíduo, o agente multiplica-se sem causar a doença, mas estimulando o sistema imunológico.

Contudo, existe um pequeno risco de que o agente atenuado possa reverter para formas infecciosas perigosas. Normalmente, essas vacinas são eficazes apenas com uma dose (com exceção das orais). As vacinas para febre amarela, sarampo, caxumba, pólio (Sabin), rubéola e varicela zoster (catapora) são virais; entre as vacinas bacterianas, destaca-se a BCG (tuberculose).

Vacinas inativadas ou inertes

Nas **vacinas inativadas inteiras**, o agente infeccioso é inativado, por exemplo, com formaldeído e torna-se incapaz de se multiplicar, mas apresenta sua estrutura e seus componentes, preservando a capacidade de estimular o sistema imunológico. São exemplos desse tipo as vacinas virais para pólio (Salk), raiva e hepatite A, e as vacinas bacterianas para coqueluche, febre tifoide, antraz e cólera.

Já nas **vacinas de subunidades ou frações do agente** infeccioso, podem ser utilizadas partículas do agente infeccioso fracionadas, toxinas naturais com atividade anulada ou porções capsulares. A vantagem desse tipo de vacina é sua segurança, pois não há possibilidade de causar a doença. Contudo, são necessárias de três a cinco doses e reforços para induzir uma resposta imunológica adequada. São exemplos desse tipo as vacinas bacterianas para difteria, tétano, meningite (meningococo) e pneumonia (pneumococo) e a vacina viral contra a influenza tipo B.

Recombinantes

As vacinas recombinantes são produzidas por recombinação genética, por meio de engenharia genética e de técnicas de biologia molecular. A vacina contra a hepatite B é um exemplo de vacina recombinante.

» Conservação das vacinas

Todos os agentes imunizantes devem ser mantidos em temperatura adequada, de acordo com as especificações do seu produtor. As vacinas, as imunoglobulinas e os soros têm de ser conservados em geladeira, em temperaturas entre 2 e 8 °C. Alguns produtos não podem ser submetidos a temperaturas que levem ao congelamento, como a vacina contra a hepatite B.

>> Eventos adversos pós-imunização

As vacinas são constituídas por diversos componentes biológicos e químicos que, ainda hoje, apesar de aprimorados processos de produção e purificação, produzem efeitos indesejáveis. A incidência desses eventos varia conforme características do produto, da pessoa a ser vacinada e do modo de administração.

Algumas manifestações são esperadas após o emprego de determinadas vacinas. Em geral, essas reações são benignas e têm evolução autolimitada (p. ex., febre após a vacinação contra o sarampo, dor e edema no local da aplicação). Raramente, porém, ocorrem formas mais graves que talvez levem ao comprometimento, temporário ou permanente, de uma função local, neurológica ou sistêmica, capaz de motivar sequelas e até mesmo o óbito.

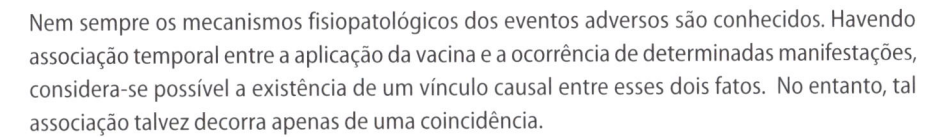

> ## >> IMPORTANTE
>
> Nem sempre os mecanismos fisiopatológicos dos eventos adversos são conhecidos. Havendo associação temporal entre a aplicação da vacina e a ocorrência de determinadas manifestações, considera-se possível a existência de um vínculo causal entre esses dois fatos. No entanto, tal associação talvez decorra apenas de uma coincidência.

>> Calendário básico de vacinação

O calendário básico de vacinação é definido pelo Programa Nacional de Imunizações (PNI) e corresponde ao conjunto de vacinas consideradas de interesse prioritário à saúde pública do país. Atualmente, é constituído por vários produtos recomendados à população desde o nascimento até a terceira idade, e distribuídos gratuitamente nos postos de vacinação da rede pública.

> **>> NO SITE**
> Acesse o ambiente virtual de aprendizagem Tekne para consultar o calendário de vacinação atualizado.

>> Agora é a sua vez!

1. Cite dois fatores importantíssimos que justificam as campanhas de vacinação desenvolvidas pelos programas de imunização infantil no Brasil e no mundo.

2. Classifique as seguintes vacinas em inativadas, vivo-atenuadas, frações, inteiras ou recombinantes: hepatite B, difteria, tétano, pólio (Salk), pólio (Sabin), BCG, meningite (meningococo), hepatite A, pneumonia (pneumococo), febre amarela, sarampo, caxumba, coqueluche, febre tifoide, rubéola, varicela e influenza tipo A.

3. A gripe A, causada pelo vírus H1N1, atinge, na grande maioria, pessoas mais idosas e gestantes. Por esse motivo, o governo brasileiro distribuiu vacinas para esses grupos, considerados suscetíveis. Explique como a vacina atua na prevenção dessa doença.

4. O Programa Nacional de Imunização (PNI) busca manter erradicadas doenças como a varíola e promover o controle do sarampo, da tuberculose, da difteria, da coqueluche e da poliomielite. Pesquise o número de doses e as vias de administração dessas vacinas. Organize-as em uma tabela.

5. Um idoso procurou o serviço de saúde para tomar a vacina contra a influenza tipo A e referiu que já estava imunizado, pois tomou a vacina em 2013. Que orientações você, como técnico em enfermagem, daria a ele?

6. Como explicar a necessidade de vacinação da criança durante o primeiro ano de vida, se a mãe transfere imunidade natural durante a gravidez e na amamentação?

>> Soros

> **DEFINIÇÃO**
> A soroterapia consiste na aplicação no cliente de um soro contendo um concentrado de anticorpos.

No final do século XIX, a descoberta dos agentes causadores de doenças infecciosas representou um passo fundamental no avanço da medicina experimental, com o desenvolvimento de métodos de diagnóstico e tratamento de doenças como a difteria, o tétano e a cólera. Um dos principais aspectos desse avanço foi a soroterapia, que tem a finalidade de combater uma doença específica (no caso de moléstias infecciosas) ou um agente tóxico específico (venenos ou toxinas).

Os soros servem para tratar intoxicações provocadas pelo veneno de animais peçonhentos ou por toxinas de agentes infecciosos, como os causadores da difteria, do botulismo e do tétano. A primeira etapa da produção de soros antipeçonhentos (Quadro 3.3) é a extração do veneno – também chamado peçonha – de animais como serpentes, escorpiões, aranhas e taturanas. Após a extração, a peçonha é submetida a um processo chamado liofilização, que desidrata e cristaliza o veneno. O veneno liofilizado (antígeno) é então diluído e injetado em um cavalo, em doses adequadas, para a produção de anticorpos.

Quadro 3.3 » Soros antipeçonhentos produzidos pelo Instituto Butantan

Soro	Acidente com animal peçonhento
Antibotrópico	Jararaca, jararacuçu, urutu, caiçaca, cotiara
Anticrotálico	Cascavel
Antilaquético	Surucucu
Antielapídico	Cobra coral
Antibotrópico-laquético	Jararaca, jararacuçu, urutu, caiçaca, cotiara ou surucucu
Antiaracnídico	Aranhas do gênero *Phoneutria* (armadeira), *Loxosceles* (aranha marrom) e escorpiões brasileiros do gênero *Tityus*
Antiescorpiônico	Escorpiões brasileiros do gênero *Tityus*
Antilonomia	Taturanas do gênero *Lonomia*

Fonte: São Paulo (c2014).

Além dos soros antipeçonhentos, o Instituto Butantan produz soros para o tratamento de infecções e a prevenção de rejeição de órgãos (Quadro 3.4). A maior parte desses soros é obtida pelo mesmo processo dos soros antipeçonhentos. A única diferença está no tipo de substância injetada no animal para induzir a formação de anticorpos. No caso dos soros contra difteria, botulismo e tétano, é empregado um toxoide preparado com materiais das próprias bactérias. Para a produção do soro antirrábico, é usado o vírus rábico inativado.

Quadro 3.4 » Soros produzidos pelo Instituto Butantan para o tratamento de infecções e a prevenção de rejeição de órgãos

Soro	Tratamento
Antitetânico	Tétano
Antirrábico	Raiva
Antidiftérico	Difteria
Antibotulínico A	Botulismo do tipo A
Antibotulínico B	Botulismo do tipo B
Antibotulínico ABE	Botulismo dos tipos A, B e E
Antitimocitário	Redução da possibilidade de rejeição de órgãos transplantados

Fonte: São Paulo (c2014).

» IMPORTANTE

Na medicina, os soros são de grande importância, pois a ação imediata dos anticorpos permite salvar vidas! Para mais informações sobre a produção de soros, acesse o ambiente virtual de aprendizagem Tekne.

» Agora é a sua vez!

1. Um morador da zona rural chega ao pronto-socorro e diz que foi picado por uma cobra cascavel. O médico prescreve a administração imediata de soro anticrotálico.
   a) Justifique por que ele prescreveu esse soro.
   b) Qual é a diferença entre soro e vacina?
2. A administração de soros deve ser realizada em unidades especializadas, equipadas com material de urgência, pois sua aplicação requer cuidados especiais. Pesquise os cuidados de enfermagem na administração de soros.

Atividades

1. Na administração de vacinas, o profissional de saúde deve atentar para a qualidade da vacina, o prazo de validade e a refrigeração adequada. Qual é a temperatura correta para a conservação das vacinas?

2. É recomendado pelo Ministério da Saúde o armazenamento apropriado das vacinas nas prateleiras, para que recebam refrigeração adequada e fiquem de forma organizada. Como as vacinas devem estar dispostas na geladeira?

3. No inverno, aumentam os casos de internação por doenças do aparelho respiratório, principalmente em crianças e idosos. O Ministério da Saúde recomenda, para maiores de 60 anos, a aplicação de qual vacina administrada na rede pública?

4. A vacina Pneumo 10 valente conjugada é constituída por 10 sorotipos de pneumococos que previnem a pneumonia. Essa vacina é administrada inicialmente na criança em qual idade?

5. A imunização pode atuar no ser humano de forma passiva ou ativa. Dê exemplos de formas de imunização ativa e passiva.

6. Ao nascer, o bebê recebe duas vacinas, caso não haja contraindicações.
    a) Quais vacinas são aplicadas ao nascer?
    b) Quais são as contraindicações de vacina para o recém-nascido?

7. Para que ocorra a imunidade eficaz da mãe e, consequentemente, do recém-nascido, faz-se necessária a administração de quantas doses de vacina antitetânica?

8. Uma mãe procura o Serviço de Saúde relatando que seu filho de 2 meses apresenta febre de 38,5 °C, choro persistente e "perninhas amolecidas" após 24 horas da aplicação das vacinas Penta, VOP e rotavírus. Como proceder? Esses sintomas podem estar relacionados à vacinação? Justifique.

9. Os trabalhadores de saúde que lidam com sangue e outros fluidos corporais devem ser vacinados, rigorosamente, com quais vacinas?

10. Uma pessoa que vai viajar para áreas endêmicas, ao procurar uma Unidade de Saúde, deverá ser orientada a tomar preventivamente quais vacinas?

11. De acordo com o PNI, as imunizações seguem um calendário. Quais são as vacinas que coincidem em doses no 2º, 4º, 6º e 15º mês?

12. Ao ser picado por uma cobra, J.R. foi levado por familiares a um pronto-socorro. Nesse caso, a imunização deverá ser passiva ou ativa?

13. Um técnico em enfermagem explica para uma mãe que as vacinas são importantes porque contêm anticorpos que protegerão a criança contra as doenças. Essa afirmativa está correta? Por quê?

REFERÊNCIAS COMPLEMENTARES

MURPHY, K.; TRAVERS, P.; WALPORT, M. *Imunologia de Janeway*. 7. ed. Porto Alegre: Artmed, 2010.

SÃO PAULO (Estado). Secretaria da Saúde. Instituto Butantan. [Site]. Butantan: IB, [c2014]. Disponível em: <http://www.butantan.gov.br/home/>. Acesso em: 11 jun. 2014.

LEITURAS RECOMENDADAS

ASSOCIAÇÃO BRASILEIRA DE ALERGIA E IMUNOPATOLOGIA. [Site]. São Paulo: ASBAI, [20--?]. Disponível em: <http://www.sbai.org.br>. Acesso em: 11 jun. 2014.

BRASIL. Ministério da Saúde. Departamento de DST, AIDS e Hepatites Virais. *O que é sistema imunológico*. Brasília: Ministério da Saúde, [20--?]. Disponível em: <http://www.aids.gov.br/pagina/o-que-e-sistema-imunologico>. Acesso em: 11 jun. 2014.

CREPE, C. A. *Introduzindo a imunologia*: vacinas. Apucarana: Universidade Estadual de Londrina, 2009. Disponível em: <http://www.diaadiaeducacao.pr.gov.br/portals/pde/arquivos/1816-6.pdf>. Acesso em: 11 jun. 2014.

CUIDADOS SAÚDE. *Sistema imunológico do nosso corpo*: como funciona. [S.l.]: Cuidados Saúde, 2010. Disponível em: <http://cuidadossaude.com/2010/06/sistema-imunologico-corpo-como-funciona/#ixzz2nM41EJ1g>. Acesso em: 11 jun. 2014.

FUNDAÇÃO OSWALDO CRUZ. [Site]. Manguinhos: FIOCRUZ, [20--?]. Disponível em: <http://portal.fiocruz.br/pt-br/content/home>. Acesso em: 11 jun. 2014.

JORNAL DA CIÊNCIA. *JC e-mail 3800, de 08 de julho de 2009*. [S.l.: s.n.], [20--?]. Disponível em: <http://www.jornaldaciencia.org.br/Detalhe.jsp?id=64587>. Acesso em: 11 jun. 2014.

PESQUISA FAPESP. [Site]. São Paulo: Pesquisa FAPESP, [20--?]. Disponível em: <http://www.revistapesquisa.fapesp.br/index.php?art=5533&bd=2&pg=1&lg=>. Acesso em: 11 jun. 2014.

PORTAL EDUCAÇÃO. *O que é Imunologia?* Campo Grande: Portal da Educação, [20--?]. Disponível em: <http://www.portaleducacao.com.br/biologia/artigos/1495/o-que-e-imunologia#ixzz2nM2r7iOe>. Acesso em: 11 jun. 2014.

REDE SIMBIÓTICA DE BIOLOGIA E CONSERVAÇÃO DA NATUREZA. *Imunidade*. [S.l.]: Simbiótica, [20--?]. Disponível em: <http://www.simbiotica.org/imunidade.htm>. Acesso em: 11 jun. 2014.

SOCIEDADE BRASILEIRA DE IMUNIZAÇÕES. *Vacinação*. São Paulo: SBIM, [20--?]. Disponível em: <http://www.sbim.org.br/vacinacao/>. Acesso em: 11 jun. 2014.

capítulo 4

Células e tecidos

Neste capítulo, serão abordados os tecidos que constituem o organismo humano e as células que os compõem, com destaque aos aspectos que relacionam esses temas com a prática de enfermagem. Os profissionais de enfermagem atuam em situações que envolvem o comprometimento tecidual decorrente de diferentes tipos de lesões e devem promover ações que favoreçam o processo de cicatrização e a recuperação do tecido lesado, motivo pelo qual esse tema tem grande importância para a prática da enfermagem.

Expectativas de aprendizagem
- » Reconhecer a estrutura das células e os mecanismos de transporte celular.
- » Identificar os diferentes tipos de tecidos.
- » Relacionar o processo de divisão celular à evolução dos tumores.
- » Relacionar o processo de cicatrização nos diferentes tipos de lesões.

Bases tecnológicas
- » Oncogênese
- » Fraturas, luxações e entorses
- » Úlceras por pressão
- » Ferimentos e curativos
- » Queimadura
- » Transfusão sanguínea

Bases científicas
- » Fronteiras da célula
- » Núcleo e cromossomos
- » Tecido epitelial
- » Tecido muscular
- » Citoplasma e suas organelas
- » Divisão celular
- » Tecido conectivo
- » Tecido nervoso

Unidade básica dos seres vivos, a **célula** é a estrutura mais simples capaz de desempenhar todas as atividades típicas de um organismo vivo: crescer, desenvolver-se, reproduzir-se e interagir com o meio que a cerca, extraindo dele nutrientes e energia e devolvendo-lhe produtos de seu metabolismo.

Os organismos mais complexos, como os animais, são todos **pluricelulares** ou **multicelulares**, ou seja, são constituídos por muitas células. Isso também é verdadeiro para determinadas espécies de fungos. Por sua vez, muitos dos menores organismos, como as bactérias, os protozoários e certos fungos, são **unicelulares** e desempenham todas as funções vitais com essa única célula.

Dependendo do tipo de estrutura celular que apresentam, os seres vivos são divididos em procariontes e eucariontes. Os **procariontes** (*proto*, primitivo, e *cario*, núcleo) são unicelulares e têm a estrutura celular mais simples, sem núcleo individualizado. Na célula procariótica, o material genético não está envolvido nem separado do citoplasma pela membrana nuclear, ou carioteca (*teca*, invólucro).

A estrutura celular dos **eucariontes** (*eu*, verdadeiro) é mais complexa (Figura 4.1). A célula eucariótica apresenta núcleo (material genético separado do citoplasma por uma membrana nuclear) e outras estruturas que não aparecem nos procariontes. São representados pelos Protistas e pelo Reino Animallia (animal, inclui os seres humanos – pluricelulares, eucariontes e heterótrofos), podendo ser unicelulares ou pluricelulares.

A forma das células está associada à sua **função**. Assim, a especialização das células ocorre para que certos grupos celulares desempenhem funções distintas de outros grupos. Na espécie humana, por exemplo, existem numerosas funções a serem exercidas pelo organismo: locomoção, digestão, respiração, excreção, audição, reprodução, entre outros. Logo, o conjunto de células que atuam de maneira integrada no desempenho de determinadas funções formam os **tecidos**, que são abordados detalhadamente mais adiante neste capítulo.

>> PARA SABER MAIS

O Capítulo 1 deste livro traz informações mais detalhadas sobre organismos procariontes e eucariontes.

>> CURIOSIDADE

A maioria das células mede de 10 a 100 micrômetros (μm), ou seja, entre 0,01 e 0,1 mm (1 μm = 0,001 mm). Apesar do tamanho reduzido, é fácil perceber a existência de células das mais variadas formas: cúbicas, cilíndricas, prismáticas, esféricas, fusiformes, estreladas, entre outras.

Citoplasma   Membrana Plasmática   Núcleo

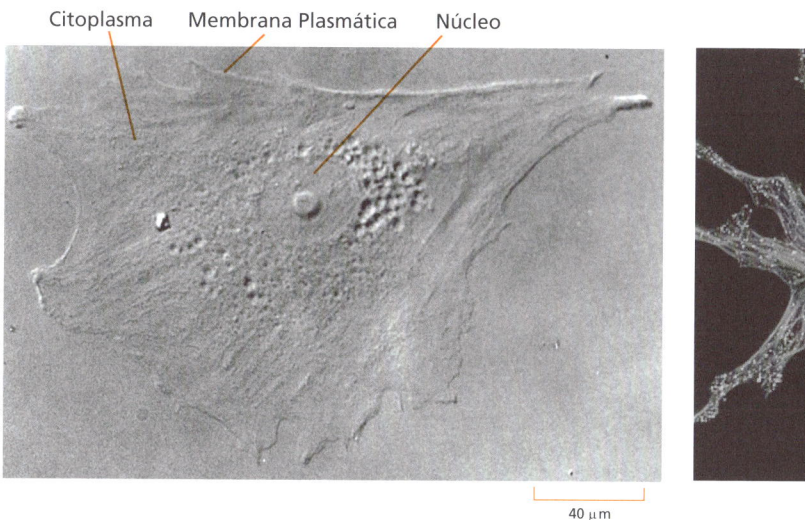

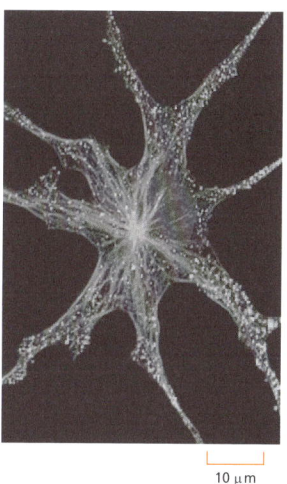

40 μm   10 μm

Figura 4.1 Esquema geral de uma célula humana.
Fonte: Alberts et al. (2011).

>> Fronteiras da célula

Como explicar que, quando respiramos, o oxigênio entra pelo nariz e o gás carbônico é eliminado? Durante a respiração, ocorre a hematose (troca de gases). Por meio do processo de difusão, há a troca gasosa entre os alvéolos e o sangue venoso presente nos capilares. A membrana plasmática dos alvéolos permite a passagem dos gases – oxigênio (O_2) e gás carbônico (CO_2) –, e, desse modo, o oxigênio é absorvido e distribuído pelo sangue arterial para todo o organismo, enquanto o gás carbônico é eliminado com a expiração. Quando os alvéolos ficam comprometidos em um estado patológico (p. ex., pneumomia), a hematose fica prejudicada e, consequentemente, a oxigenação do sangue pode não ser adequada para suprir as necessidades de todo o organismo.

Todas as células possuem uma **membrana plasmática**, película limitante que, entre outras funções, mantém a célula separada do ambiente externo, controlando a entrada e a saída de substâncias. Medindo cerca de 8 nm, a membrana plasmática é formada por lipídeos, proteínas e carboidratos (glicídeos).

Os **lipídeos** compõem uma camada dupla, e a maioria das **proteínas** encontra-se mergulhada nessa camada. Algumas proteínas atuam no transporte de substâncias para dentro e para fora da célula, enquanto outras são moléculas receptoras que se ligam a substâncias extracelulares e desencadeiam algumas atividades celulares.

Os **glicídeos** aparecem apenas na face externa, ligados aos **lipídeos** (glicolipídeos) ou às proteínas (glicoproteínas). Com as proteínas, eles permitem que uma célula identifique outra do mesmo tecido e promovem a adesão entre elas. Além disso, os glicídeos participam da identificação de uma célula estranha.

Como as proteínas estão em constante deslocamento lateral, o que dá um caráter dinâmico à estrutura da membrana, esse modelo é chamado **modelo de mosaico fluido** (mosaico de proteínas em um fluido, os lipídeos) (Figura 4.2).

> » **IMPORTANTE**
> Ao administrar um medicamento, o técnico em enfermagem deve compreender como o princípio ativo da droga irá atingir a corrente sanguínea para a ação desejada.
>
> Administração do medicamento por via oral → Absorção → Biotransformação (no fígado) → eliminação.

MET de uma membrana plasmática.
A membrana plasmática de um eritrócito aparece como um par de faixas escuras separadas por uma faixa clara.

Exterior da célula
Interior da célula
0,1 µm

Cadeia lateral de carboidrato
Região hidrofílica
Região hidrofóbica
Região hidrofílica
Fosfolipídeo
Proteínas

Estrutura da membrana plasmática.

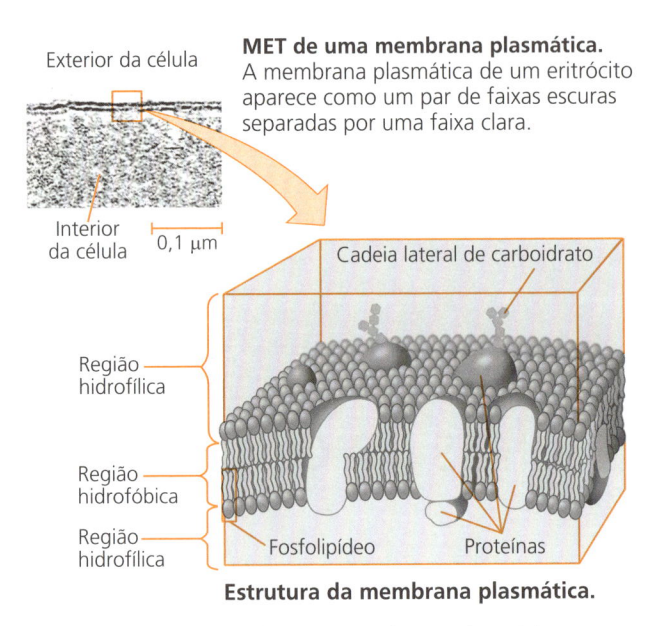

Figura 4.2 Modelo de mosaico fluido – membrana plasmática.
Fonte: Campbell e Reece (2010).

A membrana plasmática possui permeabilidade seletiva, ou seja, apenas certas substâncias conseguem entrar na célula ou sair dela. Moléculas que se dissolvem em gorduras e moléculas muito pequenas (água, gás carbônico e oxigênio) passam pelas regiões que contêm apenas lipídeos. Glicose, aminoácidos, nucleotídeos e sais minerais passam pelas proteínas da membrana (Tabela 4.1, Figura 4.3).

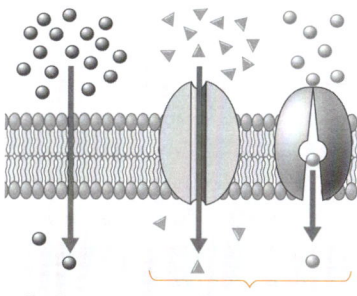

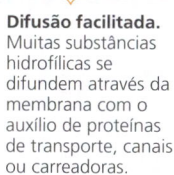

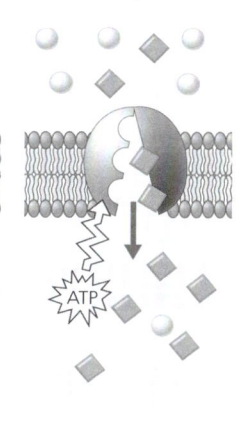

Transporte passivo. Substâncias se difundem espontaneamente em direção ao gradiente de menor concentração, atravessando a membrana sem gasto de energia pela célula. A taxa de difusão pode ser grandemente aumentada pelas proteínas de transporte da membrana.

Transporte ativo. Algumas proteínas de transporte atuam como bombas, movendo as substâncias através da membrana contra seus gradientes de concentração (ou eletroquímico). A energia para esse trabalho é normalmente suprida pelo ATP.

> » **DEFINIÇÃO**
> Absorção é a passagem do fármaco do meio externo para a corrente sanguínea pela difusão através das membranas celulares.

Difusão. Moléculas hidrofóbicas (em baixas taxas) e moléculas polares muito pequenas sem carga podem difundir-se pela bicamada lipídica.

Difusão facilitada. Muitas substâncias hidrofílicas se difundem através da membrana com o auxílio de proteínas de transporte, canais ou carreadoras.

Figura 4.3 Esquema geral dos diferentes tipos de transporte de substâncias pela membrana plasmática.
Fonte: Campbell e Reece (2010).

Tabela 4.1 » **Tipos de transporte de substâncias pela membrana plasmática**

Transporte	Tipo	Descrição	Exemplo
Passivo (ocorre sem gasto de energia, a favor do gradiente de concentração)	Difusão simples	Capacidade que moléculas de gases e moléculas dissolvidas em líquidos têm de se espalhar uniformemente por todo o espaço disponível.	Entrada e saída de oxigênio na célula (mais concentrado no lado de fora) e saída de gás carbônico (mais concentrado do lado de dentro). À medida que o oxigênio é consumido na respiração celular, esse gás entra na célula. Com o gás carbônico, ocorre o inverso.
	Difusão facilitada	Passagem de substâncias não lipossolúveis pela membrana da célula com a ajuda de proteínas.	Glicose e íons que, por causa da carga elétrica, atravessam com dificuldade a camada lipídica.
Ativo (ocorre com gasto de energia (ATP), contra o gradiente de concentração)	–	Esse transporte depende de proteínas especiais que, com grande consumo de energia, se combinam com a substância de um lado da membrana e a soltam do outro lado.	Bomba de sódio (Na^+) e potássio (K^+) cria uma diferença de cargas elétricas entre os dois lados da membrana, fenômeno que ocorre nas células nervosas e musculares.

> **DEFINIÇÃO**
> Pressão osmótica é aquela que equilibra a entrada ou a saída de água da célula e é proporcional à concentração da solução.

Osmose é a passagem de água (solvente) de uma solução para outra através de uma membrana semipermeável (deixa passar apenas o solvente). Acontece do meio **hipotônico**, em que a concentração do soluto é menor, para o meio **hipertônico**, em que a concentração do soluto é mais elevada. A água passa para o meio de maior concentração na tentativa de diluí-lo, para que os meios fiquem **isotônicos**, ou seja, com as mesmas concentrações intra e extracelulares.

Um exemplo de osmose ocorre com os glóbulos vermelhos (hemácias) do sangue humano (Figura 4.4). Quando a hemácia é colocada em uma solução hipertônica, ela perde água e fica enrugada (fenômeno chamado **crenação**). Se a solução for hipotônica, a hemácia absorverá água e poderá arrebentar (fenômeno chamado **hemólise**, ou plasmoptise, se for outro tipo de célula). Uma solução isotônica em relação à hemácia (que não altera a sua forma) pode ser obtida com a dissolução de cerca de 9 g de cloreto de sódio (Na^+Cl^-) em um litro de água destilada. Essa solução é chamada **soro fisiológico** (solução a 0,9% de Na^+Cl^-).

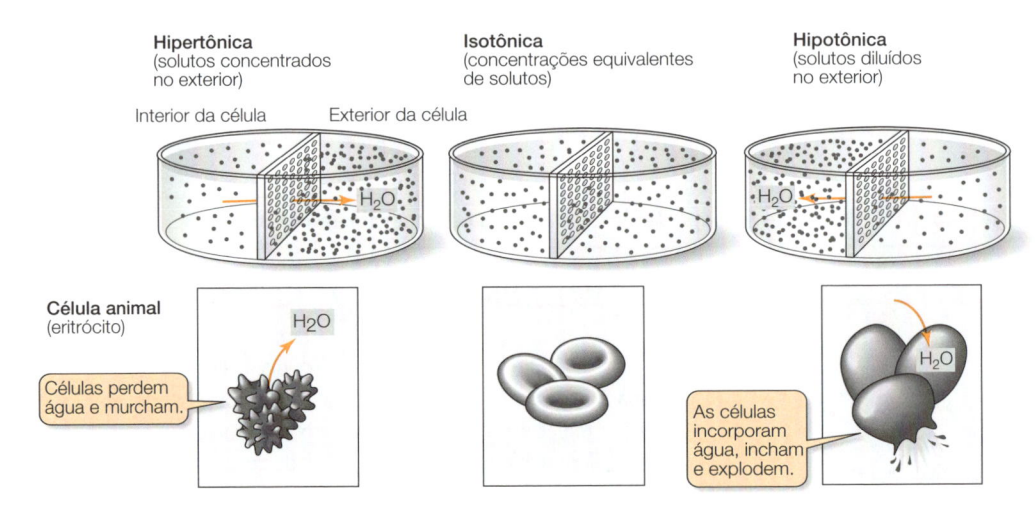

Figura 4.4 Alterações na forma da hemácia por causa da osmose.
Fonte: Sadava et al. (2009).

> **» CURIOSIDADE**
>
> **O que pode acontecer se um grande volume de água destilada for administrado por via endovenosa em um cliente no lugar de soro fisiológico?** Em contato com soluções hipotônicas, como a água, as hemácias incham e podem ser quebradas. Isso ocorre porque a concentração de soluto da água, é menor que a da hemácia, assim, a água é arrastada para o interior da hemácia, difundindo-se por todo o seu interior, até rompê-la, causando hemólise.

Outra situação que exemplifica o transporte através da membrana é a purificação do sangue pelos rins. A função dos rins é filtrar o sangue removendo os resíduos tóxicos produzidos nos tecidos do corpo, como a ureia, a creatinina, os sais e outras substâncias que estejam presentes em quantidades excessivas. Eles também removem o excesso de água e mantêm o equilíbrio de eletrólitos no organismo, como sódio, potássio, cálcio, magnésio, fósforo, bicarbonato, hidrogênio, cloro e outros.

Portanto, a tarefa dos rins é manter o balanço adequado de líquidos, evitando edemas. Esse processo ocorre no néfron, unidade funcional dos rins, por meio da filtração glomerular determinada pela diferença das **pressões hidrostática** e **coloidosmótica** através da membrana capilar e pelo coefiente de filtração capilar. Se houvesse apenas a pressão hidrostática, haveria um grande e contínuo edema, com perda constante de líquido para o interstício. O equilíbrio entre as pressões hidrostática e coloidosmótica tende a evitar o acúmulo de líquido no interstício.

Quando uma pessoa desenvolve insuficiência renal, é necessário um tratamento para substituir as funções normais do órgão comprometido, pois os produtos tóxicos (sódio, potássio, ureia, creatinina) permanecem no sangue, causando sérios transtornos para o organismo. A insuficiência renal aguda ou crônica pode levar à morte, pois os rins deixam de filtrar o sangue e formar a urina.

Nos casos mais graves, o tratamento da insuficiência renal é realizado por meio de **diálise peritoneal** ou de **hemodiálise.** O transporte de solutos no processo dialítico ocorre por três mecanismos, descritos a seguir.

Difusão: Fluxo de soluto de acordo com o gradiente de concentração, sendo transferida massa de um local de maior concentração para um de menor concentração. Depende do peso molecular e das características da membrana.

Ultrafiltração: Remoção de líquido através de um gradiente de pressão hidrostática (como ocorre na hemodiálise) ou pressão osmótica (diálise peritoneal).

Convecção: Perda de solutos durante a ultrafiltração; ocorre o arraste de solutos na mesma direção do fluxo de líquidos através da membrana.

>> **DEFINIÇÃO**
Pressão hidrostática é o conjunto de forças que tende a promover a passagem de líquido da luz do vaso para o interstício, ou seja, é a pressão exercida pela presença física de líquido (sangue) e se encontra maior na luz do vaso.

>> **DEFINIÇÃO**
Pressão coloidosmótica é a força de atração da água exercida pelas proteínas de fora para dentro dos vasos, à medida que há extravasamento de líquido (plasma).

>> **DEFINIÇÃO**

Diálise é o processo pelo qual duas soluções de concentrações diferentes são separadas por uma membrana semipermeável, a fim de igualar as concentrações. Na diálise peritoneal, o peritônio (membrana que envolve os órgãos abdominais) atua como filtro do sangue, removendo o excesso de água e toxinas do corpo.

Hemodiálise é a transferência de substâncias que ocorre entre o sangue e o líquido de diálise através de uma membrana semipermeável artificial (o filtro de hemodiálise ou capilar).

Agora é a sua vez!

João tem 64 anos e é diabético e hipertenso. Procurou atendimento médico no pronto-socorro de seu bairro com queixa de mal-estar geral e fadiga, prurido generalizado, cefaleia, falta de apetite, náuseas, dor óssea, sede excessiva, edema principalmente nos membros inferiores e superiores e diminuição no volume urinário. Considerando seu estado geral, o médico decidiu interná-lo e solicitou vários exames, que resultaram no diagnóstico de insuficiência renal, pois os níveis de ureia e creatinina estavam muito alterados. O tratamento inicial indicado foi hemodiálise, o que exigiu a inserção de um cateter venoso central. Como técnico em enfermagem que irá prestar assistência a João, você deve conhecer os procedimentos que envolvem esse tratamento. Desse modo, responda:

1. O que é hemodiálise?
2. Qual é o princípio de ação da hemodiálise?
3. Quais são as vias de acesso para a realização da hemodiálise?

Se João evoluir para o diagnóstico de insuficiência renal crônica e necessitar de diálise para sempre, ele pode ser incluído no programa de diálise peritoneal.

1. Qual é a diferença entre diálise peritoneal e hemodiálise?
2. Qual é o princípio de ação da diálise peritoneal?
3. Qual é a via de acesso para a realização da diálise peritoneal?

>> PARA SABER MAIS

Acesse o ambiente virtual de aprendizagem Tekne para obter mais informações sobre complicações durante a hemodiálise.

>> **NO SITE**
No ambiente virtual de aprendizagem Tekne, você encontra mais exercícios sobre aspectos relacionados à doença renal crônica.

Moléculas orgânicas grandes, como proteínas e polissacarídeos, não conseguem atravessar a membrana plasmática, motivo pelo qual não podem ser absorvidas nem eliminadas pelos processos de diálise e hemodiálise. A entrada dessas substâncias ou partículas na célula é feita pelo processo chamado **endocitose**, e a saída, por **exocitose** (Quadro 4.1, Figura 4.5).

Quadro 4.1 » Processo de entrada e saída de moléculas orgânicas grandes das células

Endocitose

Fagocitose

A célula ingere partículas insolúveis, como microrganismos e resíduos celulares. O citoplasma forma pseudópodes (*pseudo* = falso; *podos* = pé), expansões que envolvem o corpo estranho e o colocam em uma cavidade no interior da célula, na qual ocorrerá a digestão e a absorção dos produtos obtidos.

Esse processo é utilizado por algumas células, como os macrófagos, para defender o organismo contra a entrada de corpos estranhos e para destruir as células velhas do corpo.

Pinocitose

É a captura de líquidos ou macromoléculas dissolvidas em água através de invaginações da membrana, que formam pequenas vesículas. É assim que as células intestinais capturam gotículas de gordura do tubo digestório.

Exocitose

Produtos a serem eliminados da célula estão no interior de vesículas, que são desfeitas na superfície da membrana (mecanismo contrário ao da endocitose). É por esse processo que as células do pâncreas e de outras glândulas eliminam seus produtos.

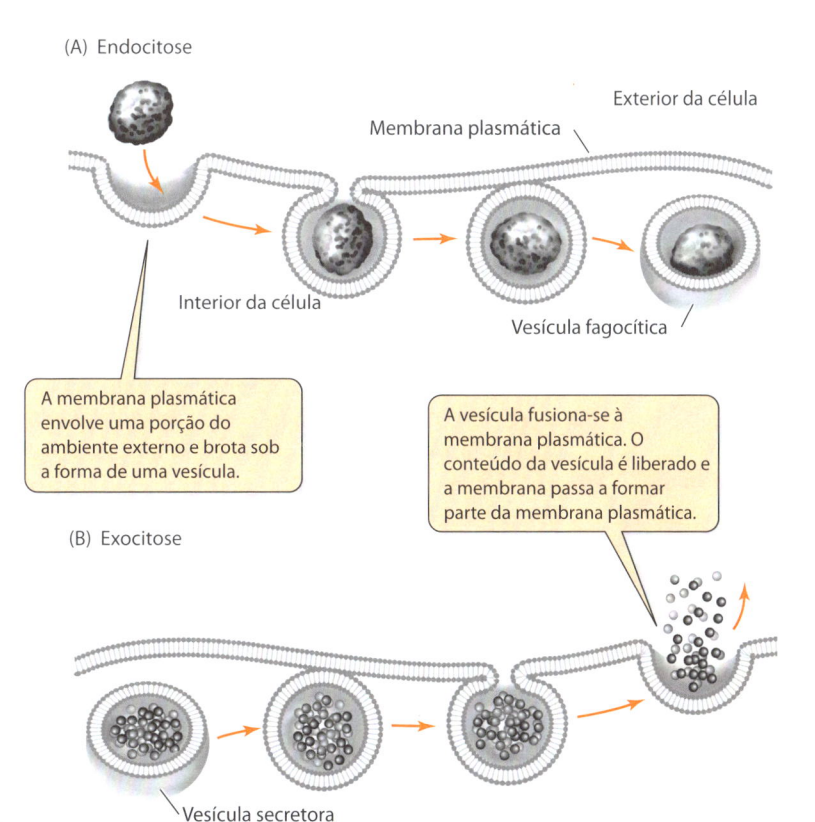

Figura 4.5
(A) Endocitose (fagocitose e pinocitose).
(B) Exocitose.
Fonte: Sadava et al. (2009).

Qual é o papel da fagocitose no combate a infecções em organismos multicelulares? Conforme já descrito no Capítulo 1, as infecções são causadas por bactérias, vírus, entre outros. Assim, os macrófagos presentes na corrente sanguínea são atraídos até o local da infecção e fagocitam as bactérias ou outros agentes causadores da infecção. Os macrófagos englobam (engolem) os causadores, que são destruídos em seu interior.

» Agora é a sua vez!

1. Quando ocorre um ferimento superficial, bactérias presentes na pele podem penetrar e causar infecção local.
a) Quais são as células que se dirigem primeiramente ao local para combater as bactérias invasoras?
b) Explique o processo fisiológico pelo qual as bactérias serão eliminadas do ferimento.

» Citoplasma e suas organelas

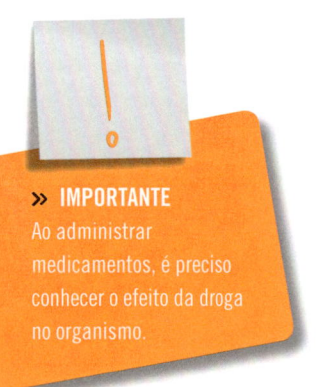

Uma vez que as drogas agem sobre algumas células e não sobre outras, elas devem exercer seus efeitos em algum sítio ou sistema específico, o qual está relacionado com a resposta. Esse componente celular, denominado **receptor**, é definido como o sítio onde a droga se liga para exercer sua ação seletiva. Muitas drogas ficam acumuladas no interior das células (citoplasma), isto é, sua concentração intracelular é maior do que a concentração no plasma ou no líquido extracelular.

O **citoplasma**, região entre a membrana plasmática e o núcleo, é composto por material gelatinoso formado por íons e moléculas orgânicas e inorgânicas dissolvidas em água, e várias organelas. Nele, realizam-se diversas reações químicas do metabolismo, como a fase inicial da respiração celular e a síntese de várias substâncias. Já as **organelas** são estruturas celulares que desempenham funções específicas na célula (Tabela 4.2, Figura 4.6).

> » **IMPORTANTE**
> Ao administrar medicamentos, é preciso conhecer o efeito da droga no organismo.

Tabela 4.2 » Organelas e suas funções

Organela	Descrição	Função
Citoesqueleto	Emaranhado de tubos ocos compostos por microtúbulos (proteínas esféricas, as tubulinas) e microfilamentos (proteínas contráteis, a actina)	Dispersos no citoplasma próximo à membrana plasmática, esses tubos formam uma espécie de esqueleto celular, que ajuda a manter a forma da célula, serve de sustentação às estruturas celulares e participa de diversos movimentos celulares
Centríolos	Pequenos cilindros	Participa da formação de cílios e flagelos e, no centrossomo (região próxima ao núcleo), organiza o fuso acromático durante a divisão celular
Cílios	Curtos e numerosos	Movimentação (presentes nas células da traqueia)
Flagelos	Longos e em pequeno número	Locomoção (presente no espermatozoide)
Ribossomos	Grãos formados por ácido ribonucleico (RNA ribossomial)	Síntese de proteínas por meio da união de aminoácidos
Retículo endoplasmático rugoso	Canais e cavidades achatadas, delimitadas por membranas, com vários ribossomos na parte externa (daí o nome rugoso)	Sintetizam proteínas (em função dos ribossomos)
Retículo endoplasmático liso	Cavidades em forma de tubo delimitadas por membranas sem ribossomo (daí o nome liso)	Sintetizam diversos tipos de lipídeos
Complexo golgiense	Pilhas de sacos achatados e pequenas vesículas esféricas	Recebe proteínas e lipídeos do retículo endoplasmático e os concentra em pequenas vesículas, que podem ser levadas para outras organelas, para a membrana plasmática ou para fora da célula
Mitocôndria	É revestida por uma dupla membrana, uma externa, lisa e contínua, e uma interna, com dobras chamadas cristas mitocondriais, entre as quais fica a matriz mitocondrial (solução gelatinosa de aspecto semelhante ao citoplasma)	Produção de energia pelo processo de respiração celular aeróbia
Lisossomos	Pequenas bolsas originárias das vesículas do complexo golgiense	Contêm enzimas digestivas que removem organelas ou estruturas não mais necessárias às células

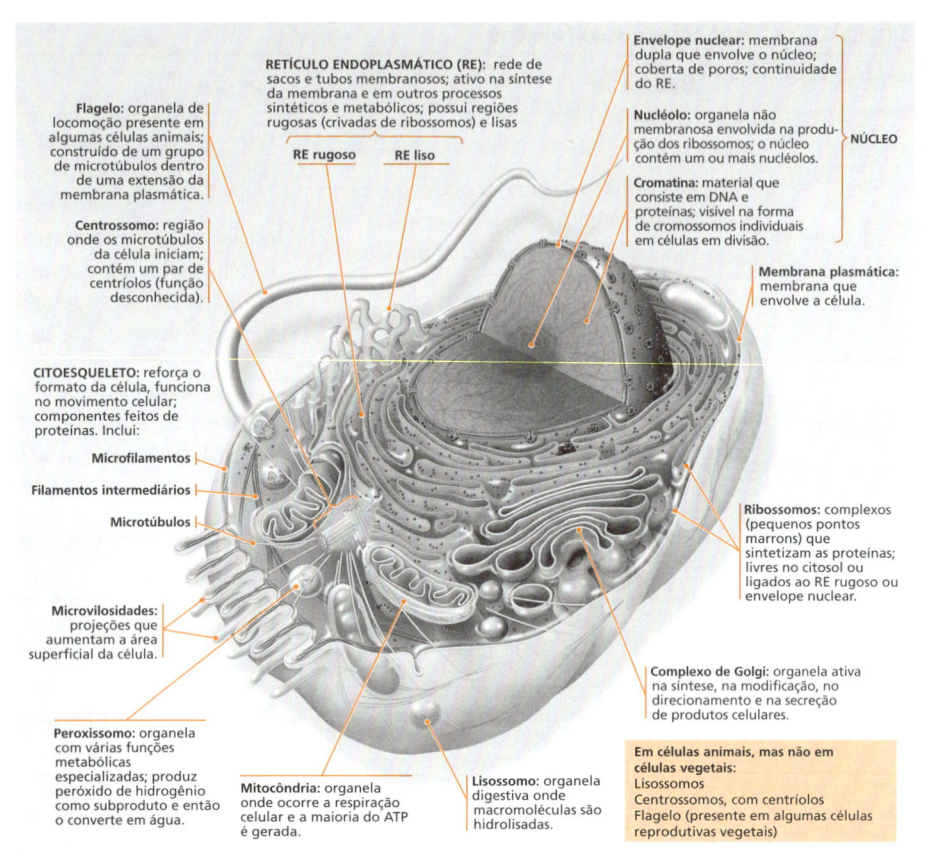

Figura 4.6 Citoplasma celular e suas organelas.
Fonte: Campbell e Reece (2010).

❯❯ Núcleo e cromossomos

O núcleo, estrutura característica dos eucariontes, é o centro de controle das atividades celulares, local em que o DNA mantém sua atividade genética, sintetizando RNAs que serão mais tarde traduzidos em proteínas para manter as atividades celulares e do organismo. O núcleo também é o responsável pelas características hereditárias dos organismos. Esta estrutura característica é observada no momento em que a célula não está se dividindo, a **intérfase** (fase em que a célula está mais ativa). Portanto, o núcleo interfásico é formado por **carioteca**, **nucleoplasma**, **nucléolo** e **cromatina** (Figura 4.7).

Durante a divisão celular, o núcleo passa por intensas modificações, perdendo a sua individualidade logo no início do processo e se reorganizando ao final da divisão. Geralmente encontramos um núcleo por célula, com aspecto esférico e localização central. Porém, seu número, sua forma e sua localização celular podem sofrer variações. Células como as dos músculos estriados esqueléticos possuem vários núcleos perifé-

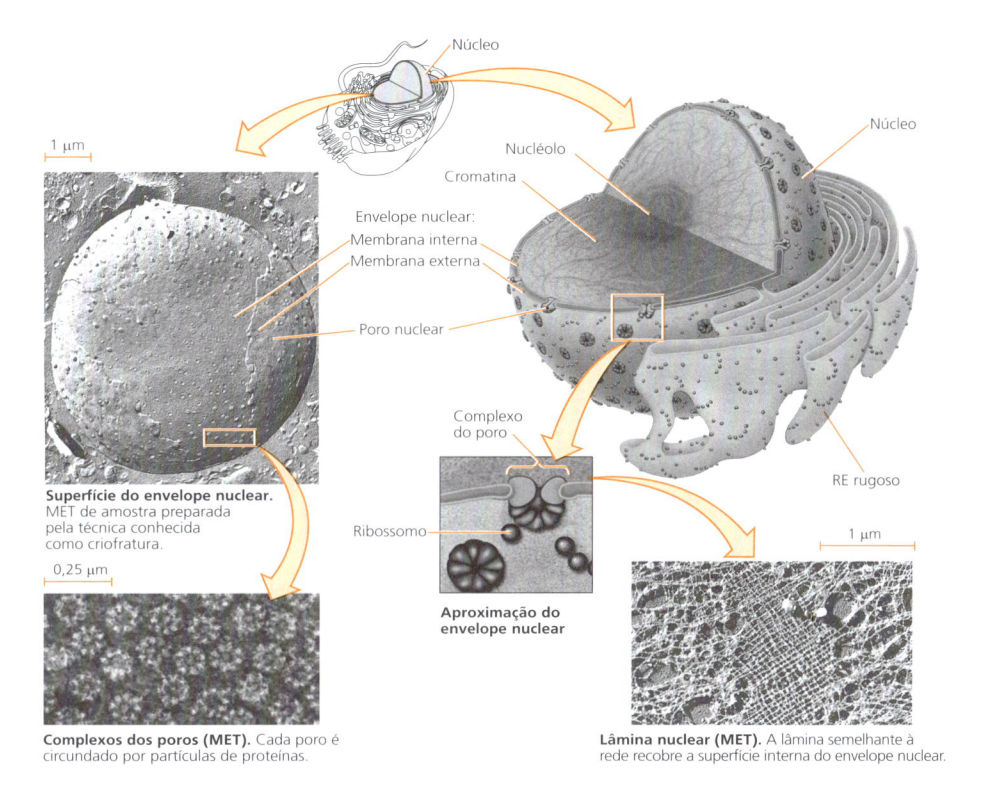

Figura 4.7 Estrutura esquemática do núcleo celular.
Fonte: Campbell e Reece (2010).

ricos e alongados, enquanto as hemácias, justamente por não apresentarem núcleo, não conseguem se reproduzir e duram pouco mais de 100 dias.

A **carioteca**, também conhecida como envelope nuclear ou membrana nuclear, é uma membrana dupla que envolve o conteúdo do núcleo celular. As membranas interna e externa são compostas por lipoproteínas (semelhantes às da membrana plasmática) e separadas por um espaço, o **espaço perinuclear**. Apesar de separar o material nuclear do citoplasma, esse espaço possui diversos poros que permitem a passagem controlada de certas moléculas entre o núcleo e o citoplasma. A membrana externa comunica-se diretamente com as membranas do retículo endoplasmático e pode apresentar ribossomos aderidos à sua face externa.

O **nucleoplasma**, também chamado carioplasma ou cariolinfa, é toda a massa fluida limitada pela membrana interna da carioteca, na qual se situam o nucléolo e a cromatina. É formada por água, proteínas, sais e outras substâncias, e nela ocorrem reações bioquímicas, como a duplicação ou replicação do DNA e a síntese de RNA.

O **nucléolo** é a estrutura na qual o RNA (ácido ribonucleico) que forma o ribossomo (RNA ribossômico ou RNAr) é sintetizado sob o comando do DNA (ácido desoxirribonucleico). Esse RNA se junta a proteínas que vêm do citoplasma e forma as subunidades precursoras dos ribossomos, que serão exportadas para o citoplasma.

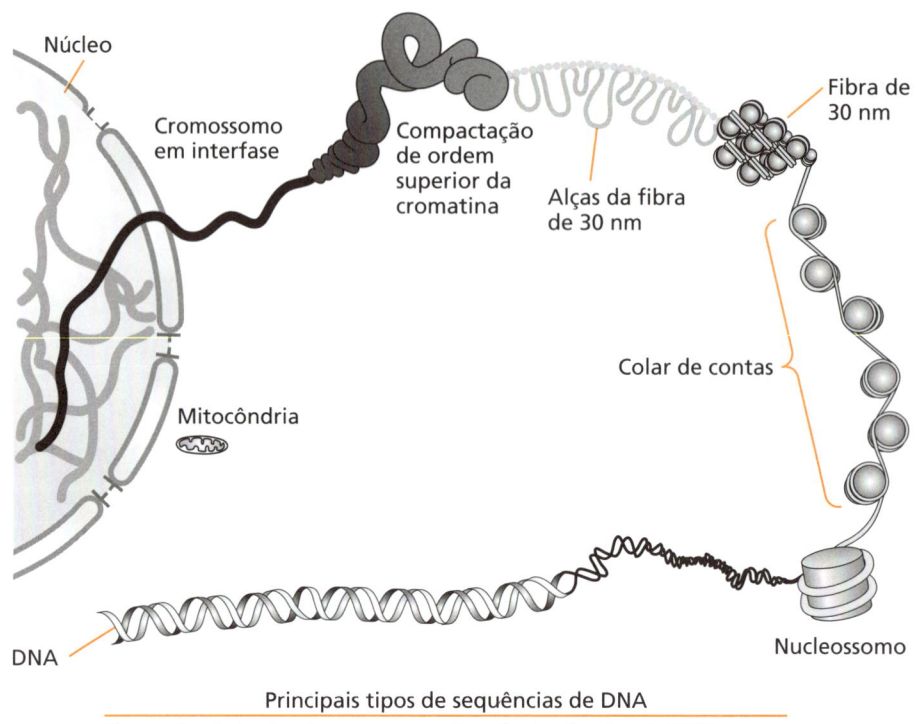

Figura 4.8 Filamento de cromatina.
Fonte: Sadava et al. (2009).

Principais tipos de sequências de DNA

Genes de cópia simples	Sequência simples de DNA
Famílias de genes	Elementos de DNA transponíveis
Genes repetidos consecutivos	DNA espaçador
Íntrons	

Cromatina é o nome dado ao material genético encontrado no núcleo durante a intérfase. É formada por longos filamentos de DNA associados a proteínas especiais chamadas **histonas**, responsáveis pelo intenso enrolamento do DNA (Figura 4.8). A disposição e o grau de compactação ou condensação da cromatina variam de acordo com o tipo de célula. A cromatina mais condensada durante a intérfase é chamada **heterocromatina** (geneticamente inativa), enquanto a cromatina que se encontra desespiralizada é a **eucromatina** (geneticamente ativa).

O exemplo mais conhecido de heterocromatina é o de um dos cromossomos X nas mulheres (XX), que não se desenrola durante a intérfase e permanece visível ao microscópio óptico e constitui a **cromatina sexual** ou **corpúsculo de Barr** (Figura 4.9). Nesse caso, o exame para a cromatina sexual é positivo. Nos homens normais (XY), há apenas um cromossomo X, que se desenrola e não fica visível ao microscópio óptico. Por isso, nos homens, o exame para cromatina sexual é negativo.

Durante a divisão celular, o mesmo material se condensa e passa a ser chamado **cromossomo**, entretanto, erros podem ocorrer neste processo.

O corpúsculo de Barr trata-se do membro inativo condensado de um par de cromossomos X na célula. O outro X não é condensado e é ativo.

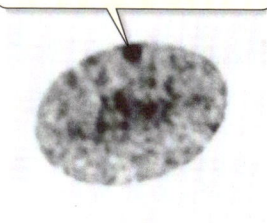

Figura 4.9 Microscopia óptica mostrando a cromatina sexual.
Fonte: Sadava et al. (2009).

Divisão celular

As células normais se dividem de acordo com a necessidade do organismo em processo que ocorre de forma contínua. Em algumas situações, as células não respondem aos mecanismos de controle que fazem iniciar e parar a divisão, passando a se dividir por conta própria. Quando essa condição ocorre, essas células são chamadas de malignas ou cancerosas.

Existem genes que estimulam a divisão celular quando ativados, chamados **oncogenes** (onco = tumor), e outros que inibem a duplicação celular, chamados **genes supressores de tumor**. Juntos, eles mantêm o equilíbrio do processo de divisão celular no organismo. Oncogenes ou genes supressores de tumores são estimulados indiretamente por alterações genéticas ocorridas nos genes de reparo de DNA. Dessa forma, eles falham em exercer suas funções normais de reparo, causando cortes anormais do DNA acumulado, alguns dos quais são determinantes para o crescimento celular desordenado.

Mas, o que transforma uma célula normal em uma célula cancerosa? O câncer se desenvolve a partir de mutações que ativam um oncogene ou suprimem ou inativam um gene supressor da divisão celular. A transição de células com crescimento normal controlado para células de neoplasias malignas requer diversas mutações. O acúmulo de mutações espontâneas acontece de modo lento, mas frequentes fatores de risco externos aceleram a taxa de acumulação. Assim, o desenvolvimento de um tumor maligno pode ser oriundo de:

- eventos genéticos espontâneos;
- estímulos externos – biológicos (vírus, parasitas, hormônios), físicos (raios ultravioleta, trauma, radiação) e químicos;
- eventos genéticos hereditários.

Mudanças genéticas podem ocorrer em células de linhagem germinativa e, dessa forma, estar presentes em todas as células do corpo ao nascimento ou, muito mais comumente, suceder espontaneamente em células somáticas como parte do processo de envelhecimento.

Como as células cancerosas se multiplicam desordenadamente e em uma velocidade bem maior do que as células dos tecidos normais, elas invadem os tecidos adjacentes substituindo as células normais por células malignas que não desempenham a função característica do tecido invadido. Além disso, podem se desprender do tumor e migrar para outras partes do corpo pela linfa ou corrente sanguínea, processo chamado **metástase**, interferindo no funcionamento normal do órgão invadido.

No organismo humano, ocorrem dois tipos de divisão celular: a **mitose**, que forma células com o mesmo número de cromossomos e as mesmas informações genéticas da célula-mãe (**células diploides – 2n**); e a **meiose**, que reduz esse número à metade (**células haploides – n**) e será estudada no Capítulo 6 (Figura 4.10).

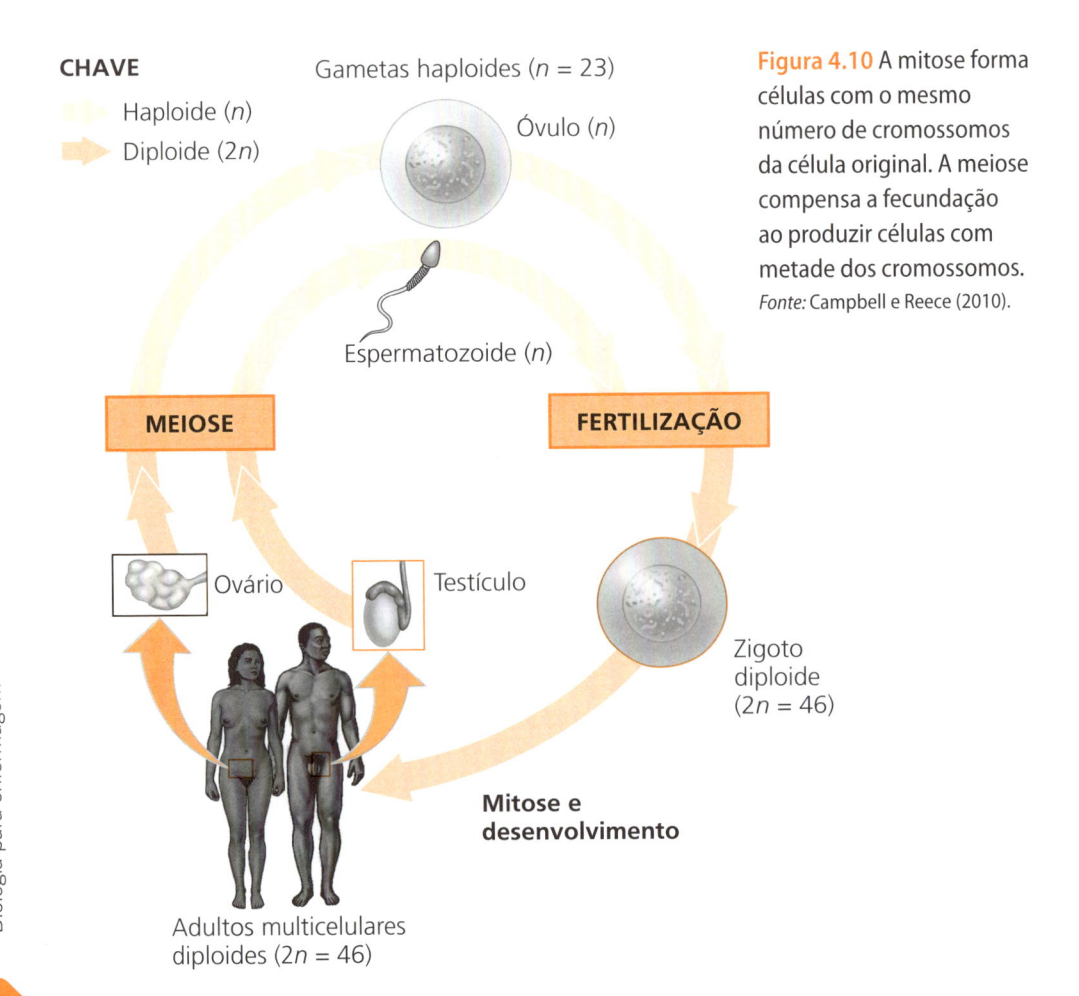

CHAVE
- Haploide (n)
- Diploide ($2n$)

Gametas haploides ($n = 23$)
Óvulo (n)
Espermatozoide (n)

MEIOSE

FERTILIZAÇÃO

Ovário
Testículo

Zigoto diploide ($2n = 46$)

Mitose e desenvolvimento

Adultos multicelulares diploides ($2n = 46$)

Figura 4.10 A mitose forma células com o mesmo número de cromossomos da célula original. A meiose compensa a fecundação ao produzir células com metade dos cromossomos.
Fonte: Campbell e Reece (2010).

A mitose garante a distribuição de coleções idênticas de genes para as células formadas. O período entre o início de uma mitose e o de outra é chamado **ciclo celular** (Figura 4.11). Nele, a célula cresce, prepara-se para a divisão e se divide. Esse ciclo inclui uma fase em que a célula não está se dividindo, a **intérfase**, e outras quatro fases de divisão propriamente: **prófase**, **metáfase**, **anáfase** e **telófase** (Quadro 4.2). O processo de divisão é contínuo, e a separação em quatro etapas é apenas didática.

Na intérfase, os filamentos de cromatina se duplicam. Portanto, no início da divisão, quando esses filamentos aparecem condensados na forma de cromossomos, já estão duplicados. A região dos centrômeros demora um pouco mais para se duplicar. Dessa forma, os cromossomos permanecem algum tempo presos pelo centrômero e, nessa situação, cada filamento é chamado cromátide. O conjunto das duas cromátides é chamado cromossomo duplicado. A intérfase pode ser dividida em três períodos, descritos a seguir.

G_1 (**G, do inglês** *gap* = **intervalo**): Compreende a fase anterior à duplicação do DNA. A célula cresce e realiza seu metabolismo normal, sintetizando RNA e proteínas, incluindo um grupo de proteínas que dá o sinal para a divisão celular começar.

Quadro 4.2 » Etapas da mitose

Prófase (*pro* = antes)	Os filamentos de cromatina começam a se enrolar, ficando visíveis, e formam os cromossomos. As cromátides estão unidas pelo centrômero. Duplicados, os centríolos migram para os polos, rodeados por um conjunto de filamentos que crescem gradativamente e iniciam a formação do fuso acromático. A membrana nuclear começa a se fragmentar (incorpora-se ao retículo) e os nucléolos desaparecem (seus grãos se espalham pelo citoplasma e originam os ribossomos).
Metáfase (*meta* = metade)	Os centríolos ocupam polos opostos da célula. Cada cromátide está presa às fibras do fuso pelo cinetócoro. Os cromossomos ocupam a região mediana da célula, formando a placa equatorial ou metafásica, e estão com a condensação máxima, o que torna bem visíveis as cromátides. As cromátides-irmãs voltam-se para os polos opostos da célula.
Anáfase (*ana* = movimento)	As cromátides separam-se e passam a ser chamadas cromossomos-irmãos, e são levadas para os polos opostos da célula pelo encurtamento dos filamentos do fuso. A posição que as cromátides-irmãs ocupavam na metáfase garante uma distribuição idêntica do material genético para os dois polos e, depois, para as duas células-filhas.
Telófase (*telo* = final)	Os cromossomos chegam aos polos da célula, e começam a se desenrolar e adquirem de novo o aspecto de filamento de cromatina. A membrana nuclear e o nucléolo voltam a se formar.

S (síntese): Ocorre a duplicação do DNA, a síntese de histonas (proteínas que fazem parte dos cromossomos) e a duplicação dos centríolos.

G_2: Intervalo entre a duplicação do DNA e o início da divisão celular. Ocorre a síntese de proteínas e de moléculas necessárias à divisão, como os componentes dos microtúbulos, que formarão o fuso acromático.

Em sentido restrito, a mitose termina com a divisão do núcleo. Na maioria dos casos, após a divisão do núcleo, ocorre a do citoplasma, chamada **citocinese** (*cinese* = movimento). A membrana plasmática sofre uma invaginação no fim da mitose, provocada por um anel contrátil de filamentos de actina e miosina.

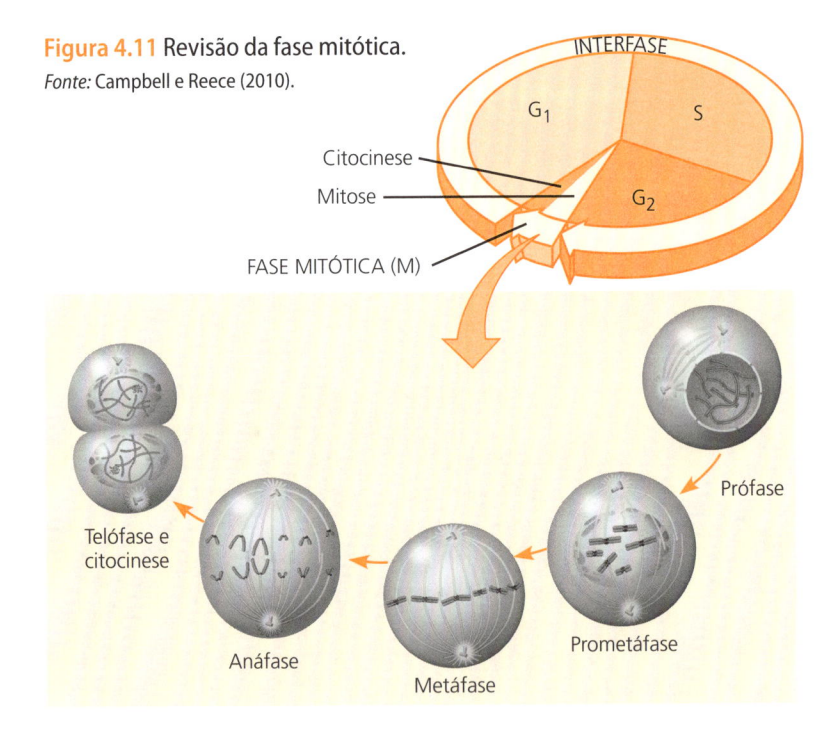

Figura 4.11 Revisão da fase mitótica.
Fonte: Campbell e Reece (2010).

Quadro 4.3 » Características gerais da mitose

- Divisão equacional
- Ocorrência em células somáticas (*soma* = corpo) nos eucariontes
- Objetivo de crescimento de pluricelulares e reposição de células mortas
- Manutenção do número de cromossomos
- Formação de duas células-filhas idênticas à célula-mãe no final

As técnicas de diagnóstico do câncer estão cada vez mais precisas e incluem:

- radiografias e outros exames de imagem;
- biópsias (extração de parte de tecidos para exame ao microscópio);
- papanicolau (exame que acusa a presença de células malignas no colo do útero);
- mamografia (radiografia da mama); punção (agulhas finíssimas retiram células dos órgãos);
- testes genéticos que identificam a presença de oncogenes específicos para certos tipos de câncer;
- marcadores tumorais que acusam a presença de substâncias produzidas pelas células cancerosas, indicando o grau de evolução do tumor.

Muitos casos podem ser evitados adotando hábitos saudáveis, como:

- Evitar o cigarro (principal responsável pelo câncer de pulmão) e o álcool (fator para o desenvolvimento do câncer de boca);
- Usar filtro solar (os raios ultravioleta podem causar câncer de pele), evitando o sol, principalmente entre 10 e 15 horas (mesmo com o filtro solar);
- Evitar o sedentarismo e adotar uma alimentação adequada;
- Usar preservativo nas relações sexuais (alguns tipos de vírus sexualmente transmissíveis, como o HPV, podem causar câncer no útero);
- Realizar exames médicos periódicos, como o papanicolau e a mamografia para as mulheres, e o exame da próstata para os homens;
- Evitar alimentos gordurosos, muito condimentados, enlatados, defumados, com agrotóxicos e frituras.

> » **ATENÇÃO**
> Detectar o câncer ainda no início é fundamental. Quanto mais precoce o diagnóstico, maior a chance de cura.

> » **NO SITE**
> No ambiente virtual de aprendizagem Tekne você encontra mais exercícios relativos ao câncer.

» Agora é a sua vez!

Um dos tratamentos mais utilizados contra o câncer é a quimioterapia, cujo princípio é bloquear a mitose das células cancerosas em alguma fase do ciclo celular, desde que ela não esteja em repouso. Alguns medicamentos utilizados na quimioterapia, como a adriamicina, têm como efeito colateral a queda de cabelos. Por que isso acontece?

> **PARA SABER MAIS**

Acesse o ambiente virtual de aprendizagem Tekne para saber mais sobre ações de enfermagem para o controle do câncer.

>> Tecidos

Tecido são grupos de células semelhantes que trabalham em conjunto para realizar uma função específica. As células que fazem parte dos tecidos são todas originadas a partir de uma célula primordial formada no momento da fecundação, o **zigoto**, que, por sucessivas mitoses, gera outras células semelhantes, chamadas **células-tronco** ou **embrionárias**. Essas células passam por um processo de diferenciação ou especialização, assumindo formas e funções específicas nos diferentes tipos de tecidos humanos.

Os tecidos humanos (epitelial, conectivo ou conjuntivo, muscular e nervoso) são constituídos por células e uma **substância intercelular** ou **intersticial**. Essa substância, também chamada matriz extracelular, é uma estrutura extremamente dinâmica e necessária para a vida da célula, com aspecto coloidal ou gelatinoso, tendo basicamente líquidos oriundos do plasma sanguíneo, proteínas e fibras (elástica, colágena e reticular). A matriz é formada por células chamadas **fibroblastos** e envolve a estrutura celular, permitindo que esta faça contato com as outras células do tecido, além de influenciar a sua diferenciação e o desenvolvimento celular.

> **IMPORTANTE**

Os tecidos podem sofrer diversos tipos de agressões que resultam em diferentes tipos de ferimentos. Tais ferimentos necessitam de uma atenção especial por parte da equipe de enfermagem, para que o processo de regeneração tecidual (cicatrização) ocorra sem complicações. As intervenções de enfermagem incluem medidas preventivas e curativas. O objetivo final do tratamento de qualquer tipo de lesão ou ferida é promover, no menor tempo possível, sua cicatrização sem causar deformidades ou perda de função da área comprometida.

» Tecido epitelial

O tecido epitelial caracteriza-se por apresentar pequena quantidade de matriz extracelular. Suas células estão bem próximas umas das outras e geralmente estão ligadas por estruturas proteicas (**desmossomos**) que têm a função de unir as células vizinhas. Existem dois tipos básicos de tecidos epiteliais:

- tecido epitelial de revestimento, ou epitélio, cobre as superfícies externas e internas do corpo (Figura 4.12A);
- tecido epitelial glandular ou de secreção, que tem origem no próprio epitélio, e forma as glândulas (Figura 4.12B).

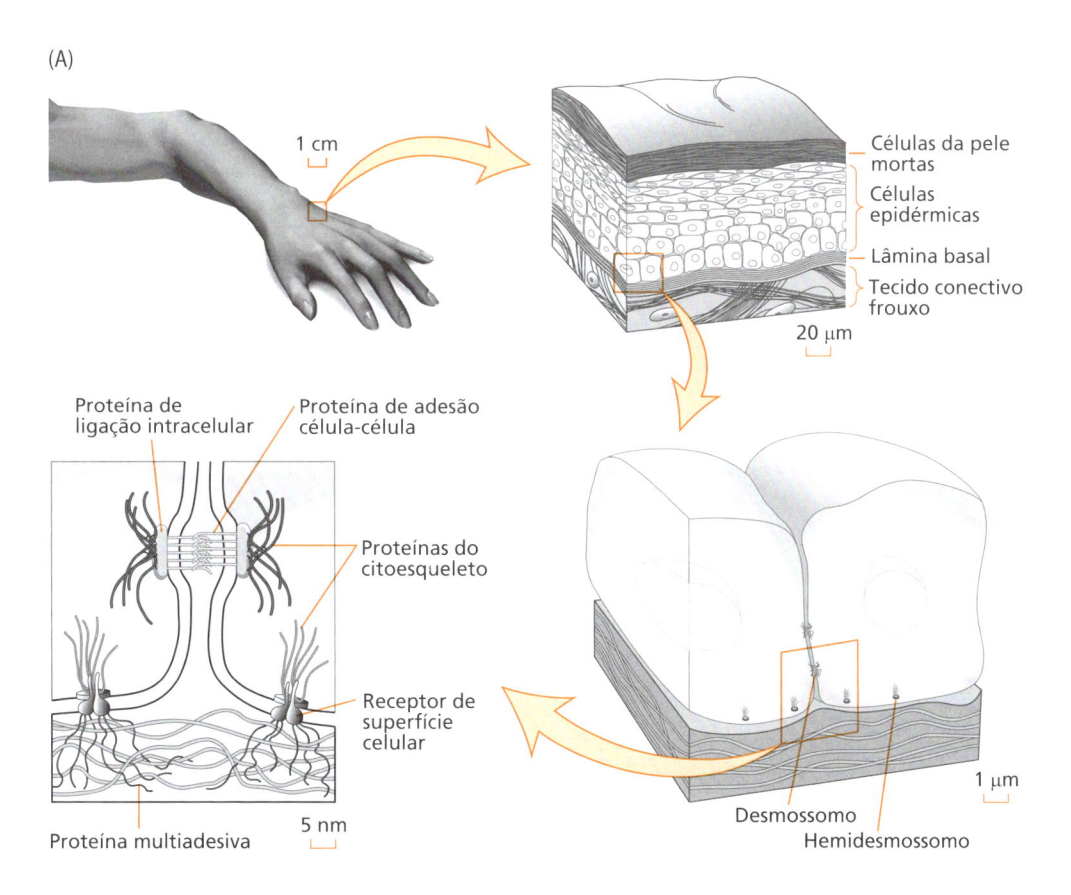

Figura 4.12 (A) Tecido epitelial glandular. (B) Tecido epitelial de revestimento.
Fonte: (A) Lodish et al. (2014); (B) Silverthorn (2010).

(continua)

(B)

Durante o desenvolvimento, a região do epitélio destinada a se tornar tecido glandular cresce em direção ao tecido conectivo subjacente.

— Epitélio
— Tecido conectivo

Exócrina

— Ducto
— Células de conexão desaparecem
— Células secretoras exócrinas
— Células secretoras endócrinas
— Vasos sanguíneos

Um centro oco, ou lúmen, se forma nas glândulas exócrinas e criam um ducto que fornece uma passagem para a secreção que se move para a superfície do epitélio.

Endócrina

As glândulas endócrinas perdem a ponte de células que as ligam ao epitélio que as originam. Suas secreções vão diretamente para a corrente sanguínea.

Figura 4.12 (A) Tecido epitelial glandular. (B) Tecido epitelial de revestimento.
Fonte: (A) Lodish et al. (2014); (B) Silverthorn (2010).
(continuação)

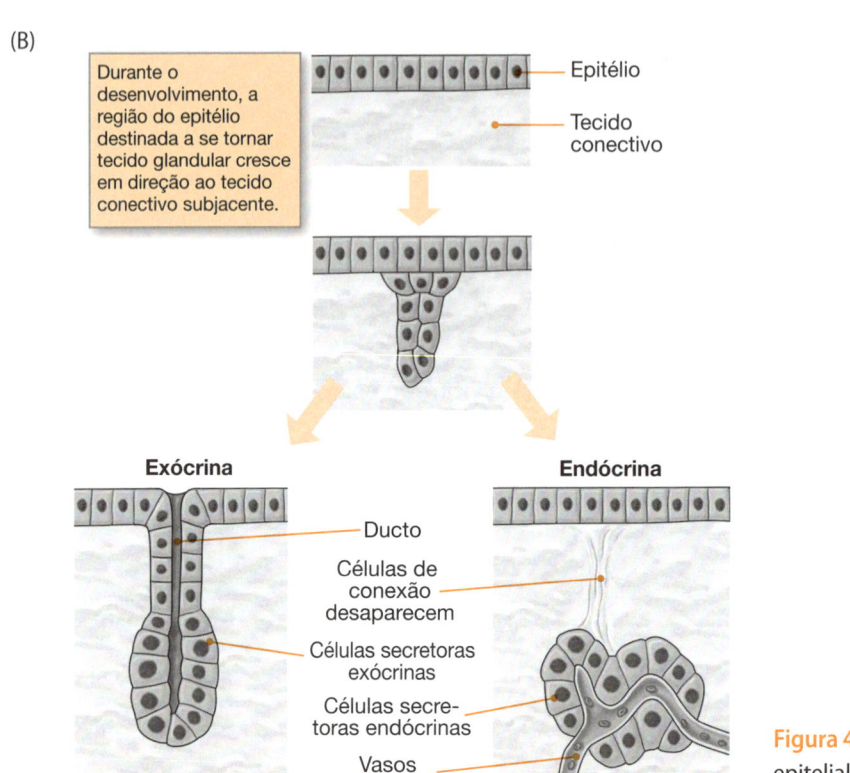

>> CURIOSIDADE

O tecido epitelial estratificado pode apresentar as últimas camadas de células mortas pela deposição de queratina, uma proteína que funciona como impermeabilizante e confere maior resistência ao tecido.

O tecido epitelial possui as funções de proteção contra a abrasão e agressão (pele), absorção de substâncias (células intestinais), secreção (muco, hormônios, entre outras substâncias) e sensorial (detecta as sensações por meio de terminações e corpúsculos do tecido nervoso). É classificado de acordo com o número de camadas celulares e a forma de suas células (Tabela 4.3).

Tabela 4.3 » Classificação do tecido epitelial de revestimento

Tecido epitelial de revestimento	Característica	Localização
Simples	Formado por uma única camada de células sobre a membrana basal	- Revestimento interno dos vasos sanguíneos (endotélio) - Revestimento interno do tubo digestório
Estratificado	Formado por várias camadas de células sobre a membrana basal	- Camada superior da pele (epiderme) - Revestimento do esôfago - Uretra
Pseudoestratificado	Constituído por uma única camada de células, com alturas diferentes e, por isso, com núcleos em vários níveis	- Revestimento das fossas nasais, dos brônquios e da traqueia (sistema respiratório) - Revestimento dos órgãos reprodutores

O tecido epitelial glandular ou de secreção, resultado da multiplicação de células epiteliais, é formado por agrupamentos de células especializadas na produção de substâncias, chamadas **secreções** (Tabela 4.4).

Tabela 4.4 » Secreções do tecido epitelial glandular

Secreções	Característica	Localização
Exócrinas (exo = fora; crinas = secreção)	Mantêm comunicação com o epitélio do qual se originaram por um canal ou ducto, pelo qual sai a secreção	Glândulas sudoríparas Glândulas sebáceas Glândulas lacrimais Glândulas salivares Glândulas mamárias
Endócrinas (endo = dentro; crinas = secreção)	Não possuem o canal de comunicação com o epitélio de origem e lançam seus produtos (hormônios) em capilares sanguíneos	Hipófise Tireoide Paratireoide Suprarrenal
Mistas, anfícrinas ou mesócrinas (anfi = dupla/meso = meio; crinas = secreção)	Apresentam partes endócrinas e exócrinas	Pâncreas (secreção interna: insulina; secreção externa: suco pancreático) Fígado (secreção interna: proteínas; secreção externa: bile) Testículos e ovários (secreção interna: hormônios sexuais; secreção externa: espermatozoide e óvulo)

Agora é a sua vez!

1. A epiderme é um epitélio estratificado, escamoso e queratinizado. Nele, encontramos queratinócitos, que produzem a queratina, e melanócitos, que produzem a melanina. Pesquise e discuta com os colegas e seu professor qual é a importância da queratina e da melanina para o organismo.

2. Pesquise a relação da glândula tireoide com os outros sistemas do organismo.

» Tecido conectivo

> » **ATENÇÃO**
> Quando um disco intervertebral se desloca para a frente ou para os lados, caracteriza-se uma hérnia de disco, que pode pressionar um nervo e provocar muita dor. Em alguns casos, o tratamento é cirúrgico.

O tecido conectivo ou conjuntivo estabelece uma relação de continuidade entre os tecidos epitelial, muscular e nervoso, bem como com as variedades de tecidos conectivos distribuídos pelo organismo, mantendo-os funcionando de forma integrada. Os tecidos de natureza conectiva caracterizam-se por apresentar grande quantidade de substância intercelular ou matriz extracelular, diferentes tipos de células e fibras proteicas (colágenas, elásticas e reticulares). Os tecidos conectivos são classificados em cinco variedades (Tabela 4.5).

Os ossos são tecidos vivos e possuem grande capacidade de regeneração. No caso de fratura de um osso, os macrófagos e osteoclastos entram em ação, removendo coágulos, a matriz óssea destruída e osteócitos mortos. Células mesenquimatosas presentes no periósteo invadem o local e passam a se multiplicar ativamente, diferenciando-se em osteoblastos e em osteócitos. Forma-se, inicialmente, um tecido ósseo desordenado, denominado calo ósseo. Com o passar do tempo, os osteônios vão se organizando e o tecido ósseo assume sua estrutura típica.

> » **DEFINIÇÃO**
> Osteoclastos (do grego *klastos*, quebrar, destruir) são células especialmente ativas na destruição de áreas lesadas ou envelhecidas do osso, abrindo caminho para a regeneração do tecido pelos osteoblastos.

A **osteoporose** é uma doença que afeta os ossos e decorre de diversos fatores, como a produção excessiva do paratormônio secretado pelas glândulas paratireoides. Esse hormônio estimula o aumento do número de osteoclastos, que digerem a matriz óssea, causando sua degeneração, com consequente fraqueza óssea e possibilidade de fratura.

A osteoporose também é causada pela deficiência de vitamina A. Uma das funções dessa vitamina é equilibrar a atividade de osteoblastos e osteoclastos, regulando, assim, a contínua reconstrução óssea. Na falta dessa vitamina, os osteoclastos suplantam a ação dos osteoblastos, e o osso se enfraquece.

Tabela 4.5 » Tipos de tecidos conectivos

Tecido conectivo	Descrição	Característica	Localização
Tecido conectivo propriamente dito	Situado abaixo do epitélio (com função de sustentação e nutrição) e em volta dos órgãos (com função de acolchoamento), preenche espaços e faz a ligação entre dois tecidos diferentes.	Frouxo – formado por um emaranhado de fibras colágenas e elásticas frouxamente entrelaçadas Denso ou fibroso – formado por grande quantidade de fibras colágenas, paralelas e unidas	Apresenta abundante substância intercelular, na qual se encontram células com funções especiais (fibroblastos, macrófagos, mastócitos, plasmócitos e adipócitos). Faz parte de estruturas bem resistentes, como os tendões (ligam os músculos aos ossos).
Tecido conectivo adiposo	Suas funções são de reserva de energia, proteção contra choques mecânicos e isolamento térmico. Está presente na cavidade de alguns ossos (medula óssea amarela ou tutano).	Constituído por células adiposas com substância intercelular reduzida. Apresenta-se envolto por tecido conectivo frouxo, onde se localizam os vasos sanguíneos responsáveis pela sua nutrição.	Tecido de ampla distribuição subcutânea (ocorre abaixo da pele), formando a hipoderme. Também ocorre ao redor de alguns órgãos, como rins e coração.
Tecido conectivo cartilaginoso	Não são vascularizados e inervados, portanto, a sua nutrição é feita por um tecido que envolve a cartilagem, o pericôndrio.	Também chamado cartilagem, é formado a partir de células mesenquimais que se transformam em células cartilaginosas jovens (condroblastos). Estas, por sua vez, se desenvolvem em células cartilaginosas adultas (condrócitos). Aloja-se em lacunas, regiões com substância amorfa e quase sem fibras. Além de fibras colágenas e elásticas, possui glicídeos e glicoproteínas, que lhe dão uma consistência firme e flexível.	Está presente onde sustentação, flexibilidade e movimentação são necessários: orelha, nariz, traqueia, brônquios, articulações e entre as vértebras (formam os discos intervertebrais, que amortecem os choques transmitidos à coluna pelos movimentos do corpo). Nas articulações, cobre a superfície dos ossos e diminui o atrito entre eles (o que é garantido também por um líquido lubrificante, o líquido sinovial).

(continua)

Tabela 4.5 » Tipos de tecidos conectivos (*continuação*)

Tecido conectivo	Descrição	Característica	Localização
Tecido conectivo ósseo	Altamente vascularizado e inervado, possui matriz rígida e mineralizada. Apresenta canais por onde passam os vasos (Harvers – permite que o alimento e o oxigênio saiam dos vasos sanguíneos e cheguem aos osteócitos) e os nervos (Volkmann).	Tecido de sustentação definitivo, mais duro e forte que a cartilagem, pois sua substância intercelular é calcificada, formando fibras colágenas e sais de cálcio. As células jovens são chamadas osteoblastos, e as células adultas, osteócitos.	É encontrado nos ossos do esqueleto humano. Em uma pessoa adulta, é responsável por aproximadamente 14% de sua massa corporal. Tem a função de sustentação esquelética e de reservatório de cálcio para o organismo.
Tecido sanguíneo	Responsável pela produção de sangue e linfa. É um tipo especial de tecido conjuntivo, em que a substância intercelular é líquida.	Diferentemente do que ocorre no tecido epitelial, as células do tecido sanguíneo não têm a capacidade de multiplicação, necessitando de um tecido ou estrutura responsável pela geração de novas células (no interior dos ossos longos, há cavidades onde se aloja a medula óssea vermelha, responsável pela produção de diversos tipos de células do sangue).	Células sanguíneas: eritrócitos ou hemácias, leucócitos e plaquetas. O sangue circula pelo organismo dentro dos vasos sanguíneos (artérias, veias e capilares). A linfa circula pelo organismo dentro dos vasos linfáticos.

Um dos estímulos para ativar a produção óssea (**osteogênese**) é o exercício físico. A tração que os tendões dos músculos aplicam sobre os ossos estimula a osteogênese e ajuda a prevenir e a combater os efeitos da osteoporose, que afeta principalmente pessoas de idade avançada.

» Agora é a sua vez!

1. Por que as mulheres são mais afetadas pela osteoporose?

2. O processo de cicatrização de uma ferida passa por vários estágios, entre eles a formação do tecido de granulação. Esse tecido é sensível e pode sangrar com facilidade, por isso, é preciso tomar cuidado na limpeza desse tecido durante a realização de um curativo.

a) Por que o tecido de granulação sangra com facilidade?

b) Quais são os cuidados na realização da técnica de curativo nesta fase da cicatrização?

3. A obesidade é um dos problemas que vêm aumentando gradativamente em todo o mundo. No Brasil, a porcentagem de pessoas adultas acima do peso ideal ultrapassa 40%, de acordo com dados do IBGE, obtidos no Censo de 2010. Pesquise sobre o assunto e defina se os motivos da obesidade são socioeconômicos, culturais, biológicos, típicos da região ou a soma de vários fatores. Com a mediação do professor, compare os resultados com os colegas e discuta-os em classe. Considerando seu ponto de vista e o que pesquisou, quais são os motivos para o aumento de pessoas obesas atualmente?

» Tecido muscular

O tecido muscular é muito especializado na função de **contratibilidade**, propriedade que suas células têm de se contraírem. As células do tecido muscular são denominadas **fibras musculares**, e possuem em seu interior inúmeros **filamentos proteicos contráteis** de **actina** e **miosina**, responsáveis pelo processo de contração. As fibras que compõem o músculo são envolvidas por um denso tecido conectivo.

O tecido muscular é rico em vasos sanguíneos que levam nutrientes e oxigênio para as células musculares e retiram o gás carbônico e as substâncias tóxicas resultantes do metabolismo celular, além de dissiparem calor. É responsável pelas funções de movimentação, locomoção e sustentação do corpo, junto com o tecido ósseo, e é classificado de acordo com os tipos morfológicos de suas células (Tabela 4.6, Figura 4.13).

Tabela 4.6 » **Tipos de tecido muscular**

Tecido muscular	Característica	Localização	Contração
Liso	Suas células possuem o aspecto fusiforme (volumosas na região central e afiladas nas extremidades) e apresentam apenas um núcleo central.	Parede dos sistemas digestório, geniturinário, respiratório e dos vasos sanguíneos	Involuntária, lenta e fraca
Estriado esquelético	Suas células têm aspecto cilíndrico e apresentam faixas transversais claras e escuras ao longo de suas células, o que confere o aspecto estriado. São plurinucleadas, com vários núcleos periféricos.	Músculos esqueléticos	Voluntária, rápida e forte
Estriado cardíaco	Suas células têm aspecto cilíndrico com um único núcleo central. Suas fibras são estriadas, como a musculatura esquelética, e apresentam-se ramificadas, como se existissem interconexões entre as células (discos intercalares).	Músculo cardíaco (miocárdio)	Involuntária, rápida e forte

» CURIOSIDADE

A musculatura estriada esquelética corresponde a 40% da massa total de um homem e a 25% da massa total de uma mulher.

Musculação e atividade aeróbica

Os exercícios de musculação, que exigem esforço muscular intenso para mover pesos ou vencer resistências, aumentam o número de miofibrilas sem aumentar o número de células musculares. Com isso, o diâmetro e a força da fibra aumentam. Já os exercícios aeróbicos (corrida, caminhada rápida, natação, ciclismo, entre outros) mantêm um suprimento adequado de oxigênio ao músculo, de forma a prolongar a atividade.

TECIDO MUSCULAR ESTRIADO ESQUELÉTICO

Células longas, cilíndricas, estriadas e multinucleadas

LOCAIS: Combinado com tecidos conectivos e tecido nervoso nos músculos esqueléticos

FUNÇÕES: Movimenta ou estabiliza a posição do esqueleto; regula entradas e saídas nos tratos digestório, respiratório e urinário; gera calor; protege órgãos internos

Músculo estriado esquelético — Núcleos, Fibras musculares, Estriações — ML × 180

TECIDO MUSCULAR ESTRIADO CARDÍACO

Células curtas, ramificadas e estriadas, geralmente com um único núcleo; as células são interconectadas por discos intercalados (intercalares)

LOCAIS: Coração

FUNÇÕES: Faz circular o sangue; mantém a pressão sanguínea (hidrostática)

Músculo estriado cardíaco — Núcleo, Células musculares cardíacas, Discos intercalados, Estriações — ML × 450

TECIDO MUSCULAR LISO

Células curtas, fusiformes e não estriadas, com um único núcleo central

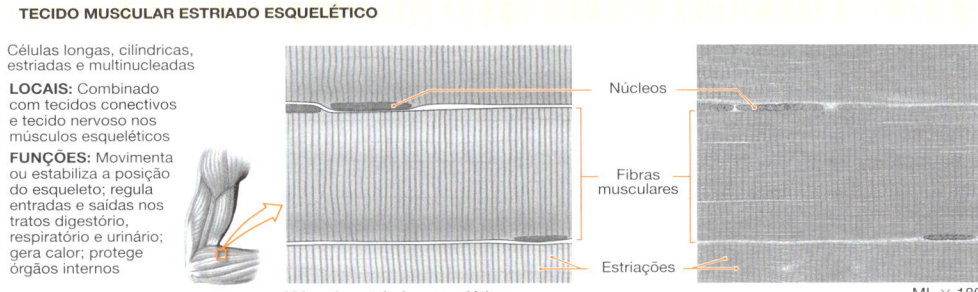

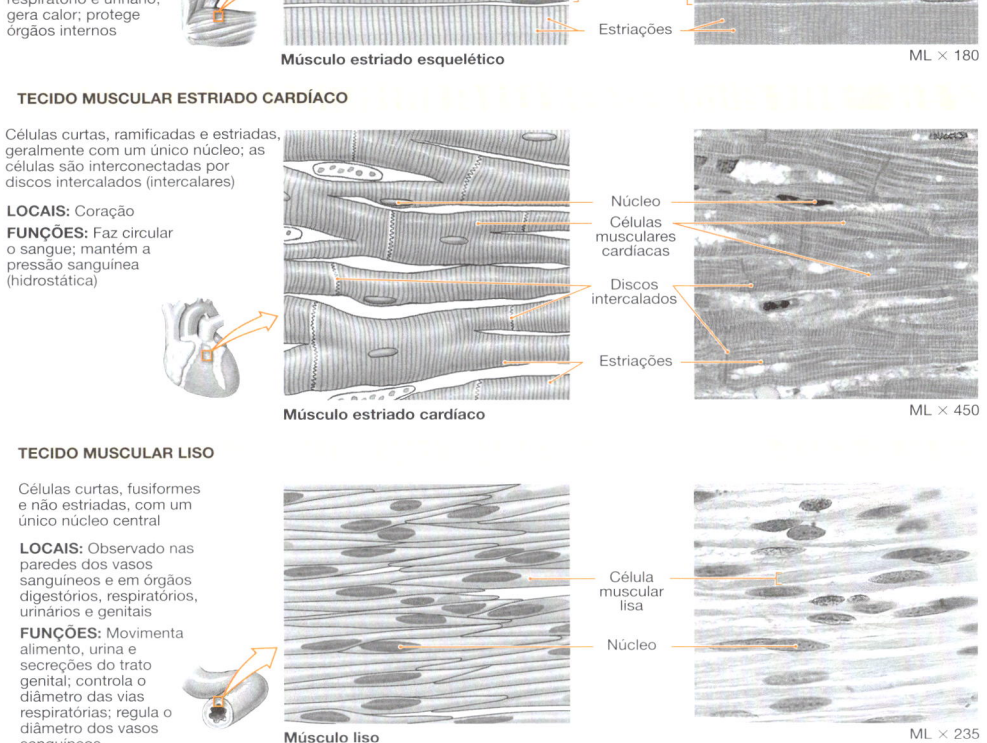

LOCAIS: Observado nas paredes dos vasos sanguíneos e em órgãos digestórios, respiratórios, urinários e genitais

FUNÇÕES: Movimenta alimento, urina e secreções do trato genital; controla o diâmetro das vias respiratórias; regula o diâmetro dos vasos sanguíneos

Músculo liso — Célula muscular lisa, Núcleo — ML × 235

Figura 4.13 Tecidos musculares.
Fonte: Martini, Timmons e Tallitsch (2009).

Os exercícios aeróbicos aumentam o número de mitocôndrias nas fibras musculares, bem como o número de capilares que levam oxigênio e alimento para as células, motivo pelo qual a prática constante desses exercícios aumenta a resistência à fadiga e torna mais rápida a recuperação após um exercício intenso. Entre os diversos benefícios da prática de atividades aeróbicas, destacam-se:

- o desenvolvimento do músculo cardíaco, que passa a bombear o sangue com mais eficiência;
- o auxílio no controle da pressão arterial e do colesterol, contribuindo para prevenir problemas cardiovasculares;
- o fortalecimento dos ossos;

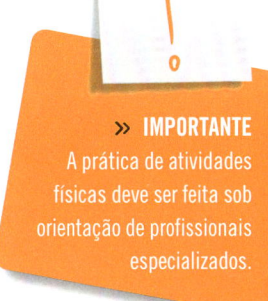

>> **IMPORTANTE**
A prática de atividades físicas deve ser feita sob orientação de profissionais especializados.

- o auxílio no controle do peso e no combate à obesidade;
- a melhora do desempenho dos pulmões e da disposição física e mental.

Nos músculos esqueléticos utilizados em atividades físicas prolongadas, há uma proteína de cor vermelho-escura, a **mioglobina**, que possui maior afinidade com o oxigênio do que a hemoglobina. Ela "rouba" oxigênio da hemácia e o armazena no músculo. Mais oxigênio significa respiração aeróbica por mais tempo, logo, maior resistência.

>> Agora é a sua vez!

Duas mulheres que trabalham em um mesmo lugar e tem aproximadamente o mesmo peso sobem juntas um lance de escadas. Ao chegar à porta, uma está com a respiração normal, e a outra ofegante. Para você, qual das duas pratica algum esporte regularmente? Por quê?

>> Tecido nervoso

O tecido nervoso é o principal componente do sistema nervoso. Junto com o sistema hormonal, controla a maioria das funções do organismo. Os **neurônios** são as células funcionais do tecido nervoso, sendo responsáveis por receber e conduzir os impulsos nervosos. Principal unidade estrutural e fisiológica do tecido nervoso, o neurônio é alongado e divide-se em três partes: dendritos, corpo celular e axônio (Figura 4.14).

>> PARA SABER MAIS

No Capítulo 5, há mais informações sobre o sistema nervoso e os demais sistemas do corpo humano.

Os **dendritos** (dendron = árvore) são prolongamentos bastante ramificados que conduzem impulsos para o corpo celular. Já o **corpo celular**, ou **pericário**, é encontrado na substância cinzenta do encéfalo, na medula espinal, nos gânglios nervosos e nos órgãos sensoriais (pele).

O **axônio** é um filamento que pode ter mais de um metro de comprimento e termina em ramificações chamadas telodendros, responsáveis por conduzir impulsos do corpo celular para regiões específicas do organismo ou estabelecer comunicações com outros neurônios por meio das **sinapses**.

O impulso nervoso é recebido pelos dendritos, segue para o corpo celular e deste vai para o axônio, até chegar ao seu destino final. Dessa forma, o impulso nervoso propaga-se sempre no mesmo sentido.

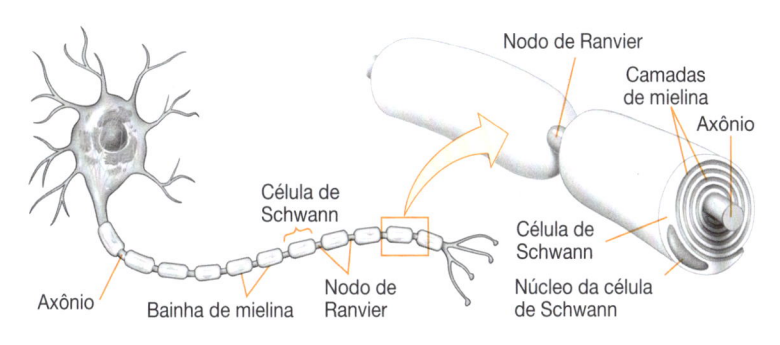

> » **DEFINIÇÃO**
> Sinapse é um tipo especial de junção fisiológica (não há contato anatômico) que liga um neurônio ao outro. É ali que o impulso nervoso é transmitido de uma célula para outra, por meio dos neurotransmissores.

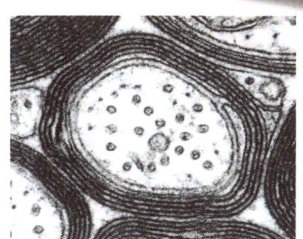

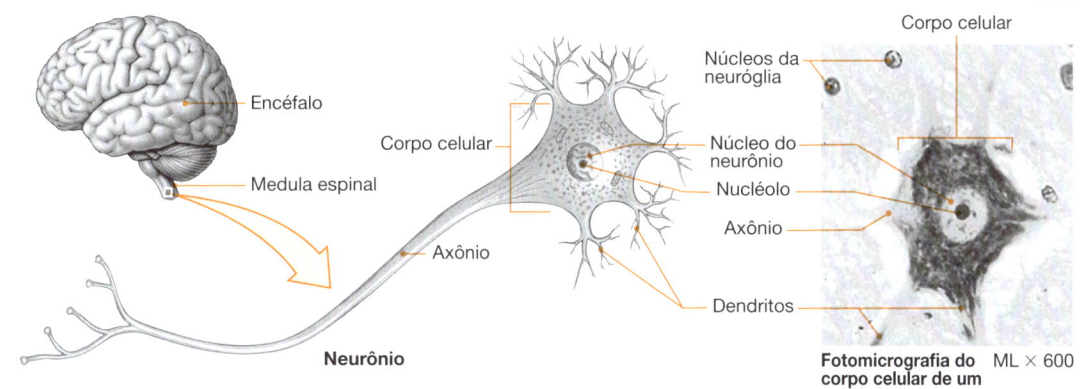

Figura 4.14 Neurônio.
Fonte: Martini, Timmons e Tallitsch (2009).

» Agora é a sua vez!

1. Quando há um estímulo doloroso, por exemplo, provocado pela exposição da pele ao calor excessivo (fogo), imediatamente a pessoa reage, retirando a parte do corpo afetada da fonte de calor. Pesquise e explique o que é **arco reflexo** ou **ato reflexo** e por que isso acontece.
2. As drogas ilícitas, como o *crack*, atuam no cérebro, alterando a fisiologia das sinapses nervosas, o que pode ocasionar parada cardíaca e convulsões. Explique como ocorrem as sinapses.

Queimaduras

Queimadura é uma lesão provocada por agentes térmicos, químicos, elétricos ou radioativos que agem no tecido de revestimento. Causa destruição parcial ou total da pele e seus anexos, podendo atingir camadas mais profundas, como o tecido subcutâneo, músculos, tendões e ossos.

A gravidade da queimadura é determinada principalmente pela extensão da superfície corporal queimada e pela profundidade da queimadura. O efeito inicial e local comum a todas as queimaduras é a desnaturação de proteínas, com consequente lesão ou morte celular. Por este motivo, elas têm o potencial de desfigurar e causar incapacitações, temporárias ou permanentes, e até a morte.

A pele é o maior órgão do corpo humano e a barreira contra a perda de água e calor pelo corpo, tendo um papel importante também na proteção contra infecções. Acidentados com lesões extensas de pele, como queimaduras, tendem a perder temperatura e líquidos corporais, tornando-se mais propensos a infecções e complicações tardias.

>> **NO SITE**
No ambiente virtual de aprendizagem Tekne, você encontra mais informações sobre os cuidados necessários a pacientes queimados.

>> IMPORTANTE

Qualquer queimadura requer atendimento médico especializado imediatamente após a prestação de primeiros socorros, seja qual for sua extensão e profundidade. Afastar o acidentado da origem da queimadura é o passo inicial e tem prioridade sobre todos os outros tratamentos. Observe sua segurança pessoal, com o máximo cuidado, durante o atendimento a queimados.

>> Agora é a sua vez!

1. Durante uma passeata, manifestantes atiraram fogo em um ônibus cheio de passageiros. Joana, de 16 anos, foi a última vítima a ser retirada do ônibus em chamas. Levada ao pronto-socorro, chegou acordada e foi diagnosticada com 60% de área queimada, com queimaduras de 1º, 2º e 3º graus. Transferida para uma unidade de tratamento intensivo, foi sedada e intubada para ventilação mecânica. Além disso, a equipe de cirurgia plástica prestou assistência realizando o primeiro curativo, e prescreveu os curativos subsequentes com sulfadiazina de prata e rayon. Responda:

    a) Como é feito o cálculo que determina a porcentagem de área queimada?
    b) Descreva os produtos utilizados para o curativo em grandes queimados.
    c) Que cuidados devem ser tomados ao realizar o curativo de Joana?

>> Agora é a sua vez!

2. O pai de Pedrinho estava fazendo um churrasco e usou um frasco de álcool para atiçar o fogo. Acidentalmente, Pedrinho, que estava próximo à churrasqueira, recebeu as chamas que atingiram grandes proporções em seu corpo. Esse tipo de acidente doméstico é bastante comum, afetando crianças e adultos, causando queimaduras leves e graves, podendo até levar à morte. Como deve ser o atendimento de primeiros socorros a essa criança?

3. As queimaduras de 1º e 2º graus costumam ser mais dolorosas dos que as queimaduras de 3º grau. Justifique essa afirmação.

Úlceras por pressão

A úlcera por pressão é caracterizada pela lesão em diversas camadas da pele podendo atingir até o tecido ósseo. Ocorre pela ausência de fluxo sanguíneo em um determinado ponto do corpo que sofre alta pressão e/ou fricção. Essas úlceras são prevalentes em pacientes que estejam com a mobilidade limitada, e as áreas mais afetadas são as proeminências ósseas. Medidas preventivas devem ser adotadas para evitar que esta lesão ocorra.

A **cicatrização** é um processo fisiológico e dinâmico que busca restaurar a integridade dos tecidos. É preciso conhecer a fisiologia da cicatrização e saber que fatores podem acelerá-la ou retardá-la. O diagnóstico preciso, a identificação do período cicatricial e a maneira de tratar a ferida são fundamentais para decidir a cobertura ideal no tratamento de cada ferida, assim como o conhecimento dos diversos tipos de **curativo** e suas indicações e contraindicações (Tabelas 4.7 e 4.8).

> **>> DEFINIÇÃO**
> Curativo é um meio terapêutico que consiste na aplicação de uma cobertura estéril sobre uma ferida a fim de promover a cicatrização, eliminando fatores que possam retardá-la.

>> Atividade

Marta tem 74 anos, é obesa e diabética, e está acamada há 8 dias após ter sofrido um acidente vascular encefálico com consequente hemiplegia à direita. Ao realizar o banho no leito, o auxiliar de enfermagem observou a região sacral hiperemiada, com pontos escuros. O que pode ter ocorrido neste local?

Tabela 4.7 » Fatores que influenciam o processo de cicatrização

Locais	Inerentes à própria ferida	Presença de tecido desvitalizado
		Infecção
		Presença de corpo estranho
		Edema
		Tensão na linha de sutura
Sistêmicos	Importante avaliar o portador da ferida	Idade
		Estado nutricional
		Uso de drogas citotóxicas, corticoides, anti-inflamatórios
		Má oxigenação e baixo suprimento sanguíneo
		Estados patológicos
Externos	Condições socioeconômicas	Pode interferir no tratamento e na evolução do processo de cicatrização.

Tabela 4.8 » Tipos de cicatrização

Primeira intenção	Há perda mínima de tecido, as bordas são passíveis de aproximação. A fase inflamatória é mínima. Há produção de fibroblastos, é necessária pouca epitelização.
Segunda intenção	Há perda acentuada de tecido e não existe a possibilidade de aproximação das bordas. As fases de cicatrização são bem acentuadas, com resposta inflamatória evidente, necessidade de formação de tecido de granulação e epitelização visível.
Terceira intenção ou mista	Há fatores que podem retardar ou complicar o processo cicatricial por primeira intenção (hematoma subcutâneo, infecção, trauma, etc.); levam geralmente à deiscência (abertura) total ou parcial da incisão.

Imediatamente após a ocorrência de uma lesão, inicia-se o processo de cicatrização, que envolve células específicas e mediadores químicos. Neste processo, são identificadas três fases, descritas a seguir.

Fase inflamatória: Caracteriza-se pela presença dos sinais flogísticos (dor, calor, rubor e edema). Sua função consiste no controle do sangramento, na limpeza e na defesa local. Ocorre a vasodilatação, o que favorece a migração de células (neutrófilos, monócitos, eosinófilos, basófilos e linfócitos) para o local da lesão.

Fase proliferativa: Visa ao preenchimento da ferida com tecido conectivo e cobertura epitelial. Ocorre a formação de um tecido novo (tecido de granulação) resultado da liberação de fatores angiogênicos pelos macrófagos e da síntese de colágeno pelos fibroblastos. É um tecido ricamente vascularizado por novos capilares, com aspecto vermelho, brilhante e úmido.

Fase de maturação: Ocorre a remodelação do colágeno e a redução da capilarização. Tem como principal finalidade aumentar a força tênsil da lesão.

> » **NO SITE**
> Acesse o ambiente virtual de aprendizagem Tekne para responder a mais questões relativas ao conteúdo deste capítulo.

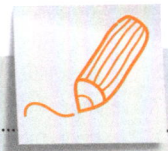

» Atividade

Após sofrer um acidente automobilístico, José, de 28 anos, está internado na enfermaria com vários ferimentos superficiais na face e nos membros inferiores. Diariamente, a equipe de enfermagem realiza curativo nos ferimentos. Como o curativo deve ser realizado para que José se recupere o mais rápido possível, promovendo uma melhor cicatrização?

REFERÊNCIAS COMPLEMENTARES

ALBERTS, B. et al. *Fundamentos da biologia celular*. 3. ed. Porto Alegre: Artmed, 2011.

CAMPBELL, N. A.; REECE, J. B. *Biologia*. 8. ed. Porto Alegre: Artmed, 2010.

LODISH, H. et al. B*iologia celular e molecular*. 7. ed. Porto Alegre: Artmed, 2014.

MARTINI, F. H.; TIMMONS, M. J.; TALLITSCH, R. B. *Anatomia humana*. 6. ed. Porto Alegre: Artmed, 2009.

SADAVA, D. et al. *Vida*: a ciência da biologia. 8 ed. Porto Alegre: Artmed, 2009.

SILVERTHORN, D. U. *Fisiologia humana*: uma abordagem integrada. Porto Alegre: Artmed, 2010.

LEITURAS RECOMENDADAS

BRASIL. Ministério da Saúde. Instituto Nacional do Câncer. *Ações de enfermagem para o controle do câncer*: uma proposta de interação ensino-serviço. 3. ed. Rio de Janeiro: INCA, 2008. Disponível em: <http://bvsms.saude.gov.br/bvs/publicacoes/acoes_enfermagem_controle_cancer.pdf>. Acesso em: 18 jun. 2014.

BRUNNER, L. S.; SUDDARTH, D. S. *Enfermagem médico-cirúrgica*. 7. ed. Rio de Janeiro: Guanabara Koogan, 1992.

FERREIRA, E. et al. *Curativo do paciente queimado*: uma revisão de literatura. Revista Escola de Enfermagem da USP, v. 37, n. 1, p. 44-51, 2003. Disponível em: <http://www.scielo.br/pdf/reeusp/v37n1/06.pdf>. Acesso em: 18 jun. 2014.

KNOBEL, E.; LASELVA, C. R.; MOURA JUNIOR, D. F. *Terapia intensiva*: enfermagem. São Paulo: Atheneu, 2006.

NASCIMENTO, C. D.; MARQUES, I. R. *Intervenções de enfermagem nas complicações mais freqüentes durante a sessão de hemodiálise*: revisão da literatura. Revista Brasileira de Enfermagem, v. 58, n. 6, p. 719-722, 2005. Disponível em: <http://www.scielo.br/pdf/reben/v58n6/a17v58n6.pdf>. Acesso em: 18 jun. 2014.

OLIVEIRA, S.; CRUZ, S. C. G. R.; MATSUI, T. *Curso de especialização profissional de nível médio em enfermagem – livro do aluno: oncologia*. São Paulo: FUNDAP, 2011.

capítulo 5

Anatomia e fisiologia humana

A anatomia e a fisiologia são consideradas ciências complexas, que descrevem muitas estruturas e sua nomenclatura específica. O conhecimento da anatomia e da fisiologia do corpo humano é fundamental na assistência de enfermagem. Este capítulo irá descrever as principais características e o funcionamento dos diferentes órgãos que constituem os sistemas do corpo humano, bem como as afecções relacionadas a cada um deles e as intervenções de enfermagem para guiá-lo na prática profissional.

Expectativas de aprendizagem
- Identificar as estruturas e o funcionamento dos diversos sistemas.
- Relacionar as alterações fisiopatológicas e de agravo à saúde nos diversos sistemas.
- Identificar as diversas vias para administração de medicamentos.
- Relacionar os cuidados de enfermagem de acordo com as diferentes patologias.
- Aplicar os conhecimentos de anatomia e fisiologia dos órgãos e sistemas ao realizar os procedimentos de enfermagem.

Bases tecnológicas
- Patologias e agravos que acometem os sistemas
- Administração de medicamentos
- Sondagem nasogástrica, vesical e retal
- Técnicas de mensuração: peso, altura, temperatura, pulso, respiração e pressão arterial
- Uso e manutenção de cateteres
- Alterações fisiológicas e complicações no pré, trans e pós-operatório

Bases científicas
- Sistema digestório
- Sistema hematopoético
- Sistemas vascular e circulatório
- Sistema linfático
- Sistema respiratório
- Sistema urinário
- Sistema endócrino
- Sistema nervoso
- Sistemas sensorial, muscular e esquelético

» Sistema digestório

O sistema digestório é formado por órgãos destinados à mastigação, digestão, absorção e eliminação dos alimentos. Um cliente hospitalizado de 58 anos, com câncer avançado de esôfago e queixa de anorexia, referia não conseguir se alimentar por via oral. Foram realizadas todas as alternativas de alimentação oral sem sucesso, inclusive com suplementos, em que a equipe nutricional do hospital optou pela alimentação por via nasoenteral. A inserção da sonda nasoenteral é uma técnica realizada por enfermeiros e visa a manter o cliente nutrido. Já a inserção de sonda nasogástrica pode ser realizada por qualquer membro da equipe de enfermagem, e serve tanto para a alimentação como para a drenagem do conteúdo gástrico. Em ambos os procedimentos, são necessários conhecimentos de anatomia e fisiologia do sistema digestório e noções específicas da área de enfermagem.

O **sistema digestório** (Figura 5.1) é constituído por um conjunto de órgãos responsáveis pela ingestão e digestão dos alimentos e pela absorção dos produtos resultantes. Composto por um longo tubo com cerca de 9 metros de comprimento, o tubo digestório também possui algumas glândulas associadas, como as glândulas salivares, o pâncreas e o fígado.

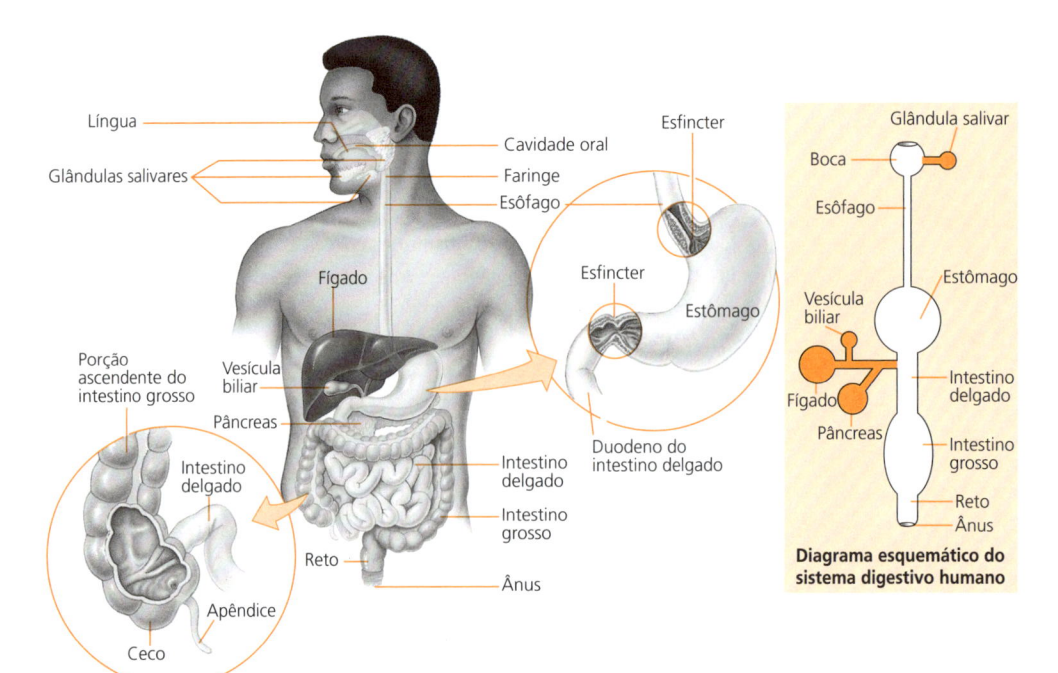

Figura 5.1 Anatomia do sistema digestório.
Fonte: Campbell e Reece (2010).

Na boca encontram-se os dentes, a língua e as glândulas anexas. Os dentes (32 na dentição completa) são os responsáveis pela digestão mecânica, ou seja, cortam e trituram os alimentos, aumentando a superfície de contato com as enzimas digestivas. A língua também auxilia o processo, misturando a saliva e os alimentos. A saliva é produzida pelos três pares de **glândulas salivares**: as parótidas, as submaxilares e as sublinguais. Na saliva, há a **amilase** salivar ou ptialina, que inicia a digestão do amido e do glicogênio em maltose. Ela age no pH neutro da boca, mas é inibida ao chegar no estômago.

Após a mastigação, o alimento é engolido. Nesse momento, uma pequena peça de cartilagem, a **epiglote**, funciona como uma "válvula" que fecha automaticamente a entrada da laringe e impede que o alimento siga pelo sistema respiratório. Com a entrada no esôfago, o alimento é ativamente transportado por contrações musculares (**movimentos peristálticos** ou **peristalse**) até o estômago.

No estômago, o alimento sofre a ação do **suco gástrico**, que destrói várias bactérias e facilita a ação de suas enzimas. O estômago fabrica um muco protetor para evitar que sua própria parede seja destruída. O contato do alimento com a parte final do estômago ativa suas células a produzir **gastrina**. Toda a produção de secreção gástrica é controlada por nervos e hormônios, que passa a estimular a secreção de suco gástrico ao ser lançada no sangue. A principal enzima desse suco é a **pepsina**, responsável pela digestão de proteínas.

O alimento permanece de 2 a 4 horas no estômago, onde assume a forma de uma massa ácida branca e pastosa, chamada **quimo**, que passa para o intestino delgado. No intestino delgado, é produzido o **suco intestinal** ou **suco entérico**, que contém as enzimas responsáveis pelas etapas finais da digestão.

Com cerca de 6 m, o intestino delgado divide-se em **duodeno** (25 cm iniciais), **jejuno** e **íleo**. No seu interior, ocorre a principal parte da digestão e da absorção do alimento no organismo. No duodeno, são lançadas as secreções do fígado (**bile**) e do pâncreas (**suco pancreático** – alcalino com pH entre 7,5 e 8,8), que também são controladas por mensagens nervosas e hormonais.

Produzida pelo fígado e armazenada na vesícula biliar, a bile não possui enzimas digestivas, mas sais biliares, que atuam como "detergentes" e transformam as gorduras em minúsculas gotículas que se misturam com a água e formam uma emulsão. Esse processo facilita a ação da **lipase**, pois aumenta bastante a superfície de contato dos lipídeos com essa enzima.

Após a digestão, o alimento transforma-se em um líquido branco, o **quilo**. Os nutrientes são absorvidos pela parede intestinal e lançados no sangue. As gorduras agrupam-se nas células intestinais em pequenas gotículas, que serão absorvidas pelos vasos linfáticos e lançadas nas veias.

> » **DEFINIÇÃO**
> O suco gástrico contém ácido clorídrico. Produzido pelo estômago, é responsável pela acidez desse órgão e tem pH entre 1,5 e 2.

O intestino grosso é composto por **ceco**, **cólon** (ascendente, transverso, descendente e sigmoide), **reto** e **canal anal**. O cólon é a parte maior, em que ocorre a absorção da água e dos sais minerais não absorvidos pelo intestino delgado. No ceco localiza-se o apêndice vermiforme. Formadas por água e restos não digeridos (p. ex., celulose), as fezes são eliminadas pelo reto, tubo musculoso com abertura para o exterior do organismo pelo ânus.

A superfície interna do intestino delgado é pregueada com milhões de pequenas dobras chamadas **vilosidades intestinais** (Figura 5.2). Esse intenso pregueado proporciona uma ampla superfície de contato entre as células e os nutrientes, responsável pela grande capacidade de absorção intestinal. Apenas algumas poucas substâncias, como o álcool etílico, a água e alguns sais, podem ser absorvidas diretamente no estômago.

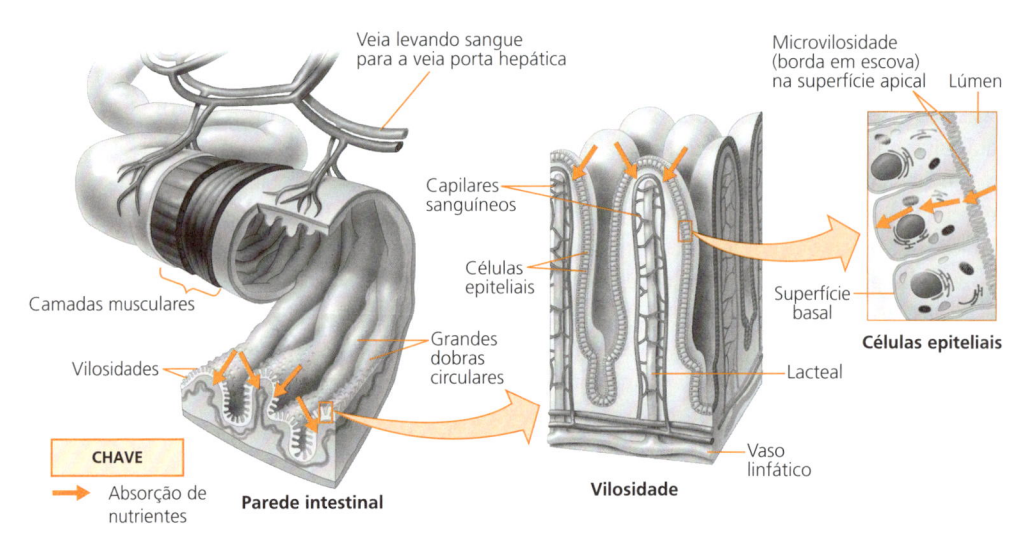

Figura 5.2 Vilosidades intestinais do intestino delgado.
Fonte: Campbell e Reece (2010).

» Anexos do sistema digestório

Pâncreas

Situado na porção superior do abdome, abaixo do estômago, o pâncreas é interligado por um canal ao duodeno e dividido em três partes: cabeça, corpo e cauda (Figura 5.3). É classificado como uma glândula anfícrina, pois possui uma porção exócrina e outra endócrina.

A porção que desempenha a **função exócrina**, responsável pela produção do suco pancreático, contém enzimas que atuam na digestão de carboidratos (amilase pancreática), lipídeos (lípase pancreática) e proteínas (as proteases quimiotripsina e carboxipeptidase). A porção que desempenha a **função hormonal** ou endócrina é formada pelas ilhotas de Langerhans, que constituem dois tipos de células: as células beta, responsáveis pela produção de insulina, e as células alfa, que produzem o glucagon.

O **fígado** produz a bile.

Bile

Ducto hepático

Ducto biliar comum

A **vesícula biliar** armazena a bile, a qual auxilia na digestão dos lipídeos.

Ducto pancreático

Duodeno (intestino delgado)

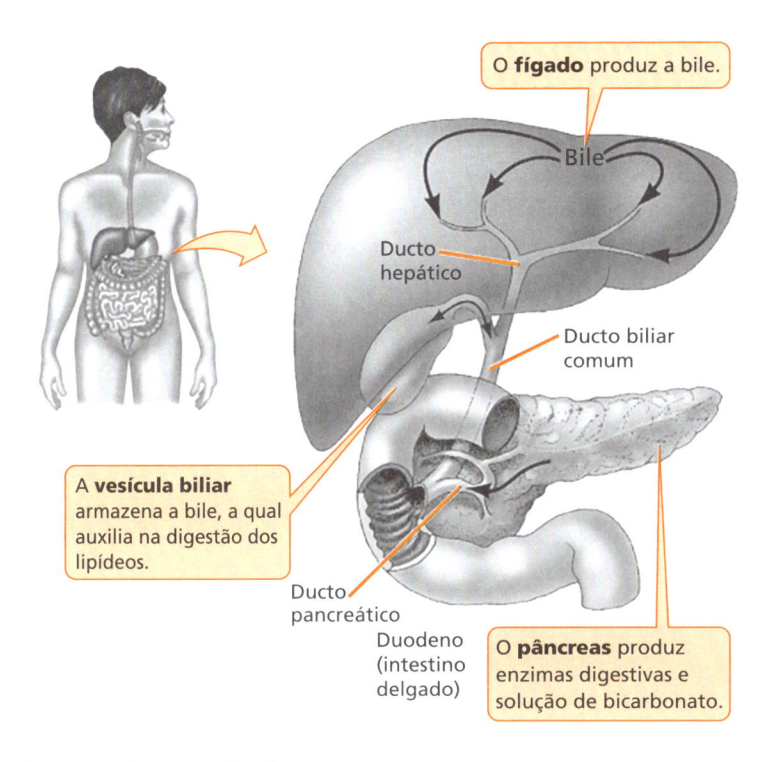

O **pâncreas** produz enzimas digestivas e solução de bicarbonato.

Figura 5.3 Anatomia do pâncreas.
Fonte: Sadava et al. (2009).

Fígado

O fígado localiza-se no hipocôndrio direito, logo abaixo do diafragma, lateralmente ao estômago, acima do pâncreas e anteriormente à vesícula biliar (Figura 5.4). Possui quatro lobos: o direito (o maior), o esquerdo, o quadrado e o caudado. Sua margem inferior do lobo direito apresenta um íntimo contato com o intestino grosso. As células hepáticas são chamadas hepatócitos.

>> CURIOSIDADE

O fígado é a maior glândula do organismo e a maior entre as vísceras abdominais. Pesa cerca de 1.500 g e responde por aproximadamente 1/40 do peso do corpo de um adulto.

O fígado é responsável por inúmeras funções, dentre as quais se destacam:

- receber os nutrientes e as substâncias absorvidas no intestino;
- modificar a estrutura química de medicamentos e outras substâncias, atenuando, inativando ou ativando essas substâncias pela ação de suas enzimas;
- neutralizar eventuais substâncias tóxicas que sejam ingeridas;
- armazenar nutrientes, como a glicose, os aminoácidos e os ácidos graxos (gorduras primárias, usadas para produzir gorduras mais complexas);
- produzir, a partir desses nutrientes, proteínas e lipoproteínas usadas pelo organismo, como a albumina (principal proteína constituinte do sangue), os fatores de coagulação e o colesterol;
- ajudar a regular a concentração de glicose no sangue e produzir a bile;
- atuar na hematopoese e na síntese de hemoglobina acumulando substâncias como a vitamina B12 e o Ferro.

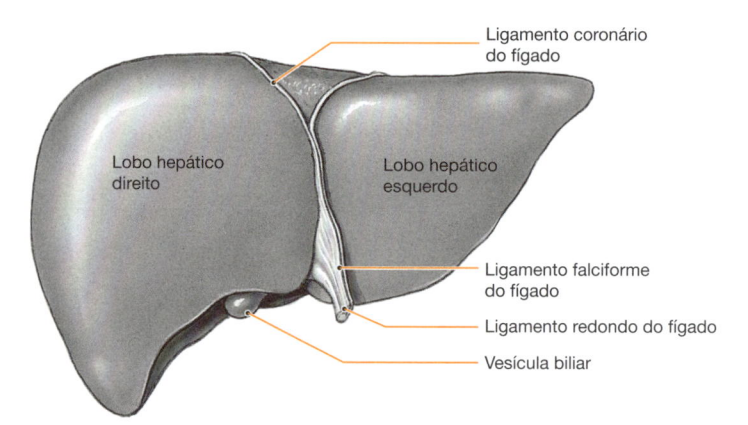

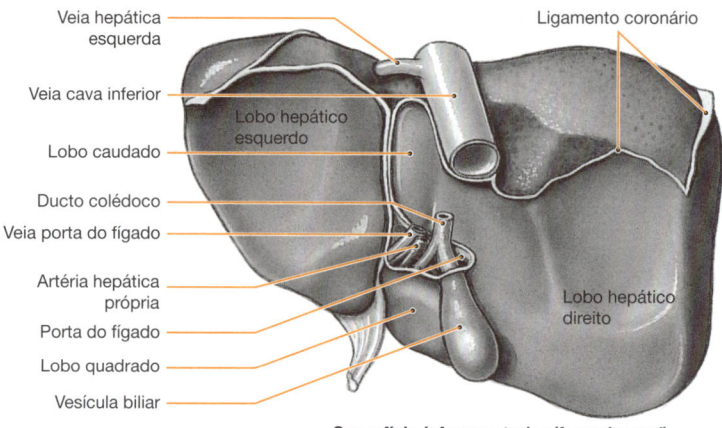

Figura 5.4 Anatomia do fígado.
Fonte: Martini, Timmons e Tallitsch (2009).

Afecções do sistema digestório

Hérnia de hiato

A hérnia de hiato caracteriza-se pelo relaxamento do músculo diafragma, permitindo a entrada de parte do estômago na cavidade torácica. O esfíncter esofagiano, que normalmente fica logo abaixo do diafragma, é projetado para cima e passa a não funcionar corretamente. O grande inconveniente dessa condição é o **refluxo gastroesofágico**. O Quadro 5.1 apresenta os principais aspectos relacionados a essa afecção.

> ## » DEFINIÇÃO
>
> Refluxo gastroesofágico (DRGE) é uma condição na qual o conteúdo alimentar presente no estômago (alimento ou líquido) retorna ao esôfago, normalmente com pH ácido, atingindo a faringe, podendo chegar até a boca. Essa ação pode irritar o esôfago, causando azia e outros sintomas.

Quadro 5.1 » Hérnia de hiato

Sintomas	Azia, eructações e refluxo dos ácidos estomacais, que podem alcançar a garganta e provocar tosse ou sensação de vômito.
Diagnóstico	É feito por radiografia com ingestão de bário e esofagogastroduodenoscopia (EGD).
Prevenção	Evitar alimentos gordurosos, condimentados e frituras, bem como o consumo de bebidas alcoólicas ou com gás e o tabagismo.
Tratamento	É clínico, com uso de antiácidos. Em casos mais graves, pode ser cirúrgico. Recomenda-se evitar refeições em grande quantidade e não deitar-se logo após as refeições.

» Agora é a sua vez!

Faça uma representação gráfica da região anatômica de transição entre o esôfago e o estômago.

Gastrite

A gastrite (Quadro 5.2) surge em decorrência do desequilíbrio de ácido clorídrico e pepsina presentes no suco gástrico. Em pessoas sensíveis, ocorre a erosão da mucosa do estômago. Um dos principais causadores da gastrite e também da úlcera gástrica é a bactéria *Heliobacter pilori*. É provável que essa bactéria se instale preferencialmente em pessoas com a resistência diminuída em razão de estresse ou de hábitos alimentares inadequados.

Quadro 5.2 » Gastrite	
Sintomas	Forte irritação e dores no estômago, acompanhadas de azia ou queimação. Pode haver perda do apetite, náuseas e vômitos, assim como a presença de sangue nas fezes e no vômito.
Prevenção	Evitar o estresse, o fumo, o álcool, temperos fortes, molhos apimentados e até certos medicamentos, como anti-inflamatórios e ácido acetilsalicílico.
Diagnóstico	É feito por meio de exame clínico e endoscopia com biópsia.
Tratamento	Medicamentos que diminuem a acidez estomacal.

» Agora é a sua vez!

Cite os fatores desencadeantes da gastrite e descreva a assistência de enfermagem adequada a clientes com essa condição.

Úlcera

A úlcera (Quadro 5.3) consiste em ferimentos profundos e dolorosos que podem ser encontrados no duodeno (úlcera duodenal) ou no estômago (úlcera péptica). As complicações dessa afecção incluem perfuração e sangramento. As úlceras, na maioria duodenais, podem perfurar o tubo digestório, provocando forte hemorragia e infecção do peritônio. A hemorragia digestiva é uma complicação comum da úlcera péptica.

Quadro 5.3 » Úlcera

Sintomas	Dor ou desconforto no abdome superior, sensação de plenitude gástrica e incapacidade de ingerir muito líquido, náuseas e vômitos, possivelmente com sangue, anemia, perda de peso, fezes escuras com aspecto de borra de café (sangue digerido).
Prevenção	Evitar o estresse, o fumo, o álcool, temperos fortes, molhos apimentados e até certos medicamentos, como anti-inflamatórios e ácido acetilsalicílico.
Diagnóstico	É feito por meio de exame clínico e endoscopia com biópsia.
Tratamento	O tratamento é indicado por um médico gastroenterologista e pode incluir medicamentos que diminuem a acidez estomacal e facilitam a cicatrização. No caso de áreas ulceradas muito extensas, pode ser necessária a remoção cirúrgica da parte lesada.

»Agora é a sua vez!

Como deve ser feita a assistência de enfermagem no caso de úlcera duodenal?

Pancreatite

O organismo humano tem mecanismos de proteção para evitar que o pâncreas seja atacado por suas próprias enzimas digestivas. Por isso, as enzimas digestivas pancreáticas são geradas de maneira inativa, entrando em atividade apenas na cavidade intestinal. Além disso, o pâncreas produz uma substância que inibe a ação das enzimas que eventualmente venham a se formar em seu interior.

Contudo, em situações anormais, como na presença de cálculo biliar, o pâncreas retém suco pancreático, cujas enzimas causam lesões e uma inflamação conhecida como pancreatite, que pode ser aguda ou crônica (Quadro 5.4). Uma das principais causas dessa condição é o alcoolismo.

> **» IMPORTANTE**
> A retirada do pâncreas implica no controle rigoroso da glicemia e na reposição das enzimas pancreáticas.

Quadro 5.4 » Pancreatite

Sintomas	Pancreatite aguda: dor abdominal intensa, quase sempre de início repentino, na região superior do abdome, que se irradia em faixa para as costas. Náuseas, vômitos e icterícia, febre e ascite.
	Pancreatite crônica: dor, diarreia e diabetes, porque o pâncreas vai perdendo suas funções exócrinas e endócrinas. A dor aparece nas fases de agudização da doença e tem as mesmas características daquela provocada pela pancreatite aguda.
Prevenção	Evitar o consumo de álcool.
Diagnóstico	É feito por meio de exame clínico, exame de sangue (dosagem da enzima amilase sérica, hemograma e glicemia) e exames de imagem (raio X do abdomen e do tórax, ultrassom abdominal e tomografia).
Tratamento	Pancreatite aguda: clínico com repouso, jejum, hidratação endovenosa e controle da dor, antiácidos, antibióticos. Pode ser necessário o uso de insulina. Nos casos mais graves, em que ocorre a infecção e necrose da glândula, é indicado tratamento cirúrgico para a retirada do material necrótico.
	Pancreatite crônica: inicialmente clínico, inclui repouso, dieta pobre em gordura e controle da dor.

Cálculos vesiculares ou biliares

Um dos constituintes da bile é o colesterol, substância insolúvel em água que, combinada aos sais biliares, forma pequenos agregados solúveis no interior da vesícula biliar, chamados cálculos biliares (Quadro 5.5)

> » **DEFINIÇÃO**
> Colecistectomia é uma cirurgia que consiste na retirada da vesícula biliar.

> » **NA INTERNET**
> Pesquise como a bile é formada e qual é seu destino com a retirada da vesícula.

Quadro 5.5 » Cálculos biliares

Sintomas	Os cálculos chegam a impedir a saída da bile ou penetram no ducto biliar, bloqueando-o e causando dor.
Diagnóstico	É feito por meio de exame clínico e ultrassonografia.
Prevenção	Diminuir a ingestão de gorduras (lipídeos) durante a alimentação.
Tratamento	Remoção dos cálculos por meio de procedimento cirúrgico (laparoscopia).

Infecções intestinais

As infecções intestinais (Quadro 5.6) são causadas pela ingestão de água e/ou alimentos contaminados com vírus, bactérias ou protozoários patogênicos. Apesar de a saliva conter substâncias bactericidas e de o suco gástrico destruir a maior parte dos microrganismos ingeridos, alguns podem sobreviver e multiplicar-se no sistema digestório, originando as infecções intestinais.

> **» PARA SABER MAIS**
>
> O Capítulo 1 deste livro traz mais informações sobre vírus, bactérias e protozoários patogênicos.

Quadro 5.6 » Infecções intestinais

Sintomas	Vírus – causam inflamações nos revestimentos do estômago e do intestino, provocando dor abdominal, náuseas, cólicas, diarreia.
	Bactérias – por exemplo, salmonelas, instalam-se no intestino e produzem dores abdominais intensas, diarreia e febre.
Diagnóstico	É feito por meio de exame clínico, exame de sangue (hemograma) e exame de fezes (cultura).
Prevenção	Melhoria das condições de saneamento básico.
Tratamento	Ingestão de antibióticos e soluções salinas.

Apendicite

Ocasionalmente, restos de alimentos e bactérias podem ficar retidos na cavidade interna do apêndice, ocasionando uma inflamação (Quadro 5.7). O apêndice pode eventualmente se romper, causando peritonite.

Quadro 5.7 » Apendicite

Sintomas	Dor abdominal difusa e intermitente tornando-se cada vez mais intensa, com irradiação para o lado direito do abdome, vômitos, diarreia ou constipação e perda de apetite. Febre raramente superior a 38 °C.
Diagnóstico	É feito por meio de exame clínico, exame de sangue (hemograma) e ultrassonografia.
Tratamento	Remoção do apêndice inflamado por procedimento cirúrgico.

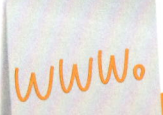

> **NO SITE**
> No ambiente virtual de aprendizagem Tekne você encontra diversos exercícios sobre as afecções do sistema digestório. Acesse www.grupoa.com.br/tekne.

Câncer intestinal

O câncer intestinal (Quadro 5.8) é caracterizado pela presença de um tumor que se desenvolve principalmente no intestino grosso, chamado também câncer do cólon e do reto. O câncer de intestino grosso é um dos mais comuns nos países industrializados. Tudo indica que essa doença esteja relacionada à presença de pólipos no intestino e à ingestão de dietas pobres em fibras e ricas em aditivos alimentares industrializados.

Quadro 5.8 » Câncer intestinal

Sintomas	Mudanças no hábito intestinal: diarreia ou constipação; presença de sangue nas fezes; vontade frequente de ir ao banheiro, com sensação de evacuação incompleta; dor ou desconforto abdominal, como gases ou cólicas; perda de peso sem razão aparente; cansaço, fraqueza e anemia.
Diagnóstico	É feito por meio de exame clínico (toque retal), exame de sangue (pesquisa de sangue oculto nas fezes, marcador tumoral CEA) e exames de imagem (colonoscopia, retossigmoidoscopia, enema baritado, tomografia, ultrassonografia e biópsia).
Prevenção	Consumir alimentos ricos em fibras, evitar alimentos ricos em gordura animal, corantes, álcool e fumo, praticar exercícios físicos regularmente e remover pólipos.
Tratamento	Remoção cirúrgica, podendo ter a complementação de quimioterapia ou radioterapia.

Cirrose hepática

A cirrose hepática (Quadro 5.9) é uma doença crônica do fígado caracterizada por fibrose e pela formação de nódulos que bloqueiam a circulação sanguínea, induzindo o fígado a produzir tecido de cicatrização no lugar das células saudáveis que morrem. Frequentemente está associada ao consumo excessivo de álcool e a algumas doenças, como a hepatite C e a hepatite B.

Quadro 5.9 » Cirrose hepática

Sintomas	Inicialmente não dá sinais. Com o avançar da doença, os principais sintomas são: náuseas, vômitos, perda de peso, dor abdominal, constipação, fadiga, fígado aumentado, olhos e pele amarelados (icterícia), urina escura, perda de cabelo, edema (principalmente nos membros inferiores), ascite, entre outros. Em casos mais avançados, pode ocorrer a encefalopatia hepática (síndrome que provoca alterações cerebrais decorrentes do mau funcionamento do fígado).

Quadro 5.9 »	Cirrose hepática
Diagnóstico	Avaliação médica, exames laboratoriais e exames de imagem, como o ultrassom. Em alguns casos, é necessária a realização de biópsia das células do fígado, para avaliar também o desenvolvimento de um possível câncer.
Prevenção	Evitar o consumo excessivo de álcool, usar preservativo nas relações sexuais e seringas descartáveis para evitar a contaminação pelos vírus das hepatites B e C, vacinar contra hepatite B.
Tratamento	Medidas para evitar o avanço da doença. A cura da cirrose atualmente só é possível a partir do transplante de fígado. Quanto à dieta, é indicado evitar o excesso de sal, frituras e carne vermelha. O consumo de álcool é completamente proibido, e as refeições devem ser realizadas sempre em pequenas porções, divididas ao longo do dia. Deve-se eliminar o agente agressor, no caso de álcool e drogas, ou combater o vírus da hepatite.

» Sistema hematopoético

Ao sofrer um ferimento superficial ou profundo, as células de defesa do sangue entram em ação e imediatamente atacam qualquer possível agente invasor associado a essa lesão. Além disso, alguns elementos do sangue são ativados e liberados na circulação para promover a coagulação e diminuir o sangramento local. O profissional de enfermagem lida diariamente com lesões e precisa conhecer as células sanguíneas e os órgãos responsáveis por sua produção.

O sistema hematopoético é responsável pela produção de sangue, que circula pelo organismo dentro de vasos. O sangue é fundamental na manutenção da vida, e entre suas principais funções estão o transporte de nutrientes, gases (O_2 e CO_2) e hormônios, a retirada de excretas e a participação na manutenção da temperatura corporal.

São considerados órgãos do sistema hematopoético: a medula óssea, o timo, o baço e os linfonodos. A medula óssea classifica-se em:

- Vermelha, ou hematopoeticamente ativa;
- Amarela, ou gordurosa hematopoeticamente inativa.

A medula óssea vermelha é encontrada, principalmente, nas cavidades trabeculares dos ossos esponjosos e nas extremidades dos ossos longos, e a medula óssea amarela, no canal medular dos ossos longos. O baço e os linfonodos participam da formação dos linfócitos e armazenam grande quantidade de eritrócitos. Já o timo, órgão linfático ativo na juventude, participa da maturação dos linfócitos T.

O sangue é formado por uma parte líquida, chamada **plasma** (55% do volume), e por uma parte sólida, os **elementos figurados** (Tabela 5.1). O plasma sanguíneo é um líquido amarelado composto aproximadamente por 90% de água e 10% de outras substâncias, como sais e proteínas. O plasma constitui a matriz extracelular do sangue, e nela estão dissolvidos os elementos figurados. A Figura 5.5 ilustra a composição sanguínea.

>> CURIOSIDADE

O volume médio de sangue em um adulto é de aproximadamente 5 litros, o equivalente a cerca de 7% da massa corporal.

Tabela 5.1 » Elementos figurados do sangue

Nome			Característica
Hemácias ou eritrócitos (glóbulos vermelhos)	–	–	Forma discoidal, sem núcleo, repletas de hemoglobina (pigmento avermelhado que dá cor ao sangue e é responsável por transportar oxigênio para os tecidos).
Leucócitos (glóbulos brancos)	Granulócitos	Neutrófilos	Forma esférica, núcleo trilobado. Fagocitam bactérias e corpos estranhos.
		Eosinófilos	Forma esférica, núcleo bilobado. Participa das reações alérgicas, produzindo histamina.
		Basófilos	Forma esférica, núcleo irregular. Acredita-se que também participam de processos alérgicos. Produzem histamina e heparina (anticoagulante).
	Agranulócitos	Linfócitos (B e T)	Forma esférica, núcleo também esférico. Participam dos processos de defesa imunitária, produzindo e regulando a produção de anticorpos.
		Monócitos	Forma esférica, núcleo oval ou riniforme. Originam os macrófagos e osteoclastos, células especializadas na fagocitose.
Plaquetas	–	–	Forma irregular, sem núcleo. Participam dos processos de coagulação do sangue.

Plasma 55%	
Constituinte	**Funções principais**
Água	Solvente para transportar outras substâncias
Íons (eletrólitos do sangue)	
Sódio Potássio Cálcio Magnésio Cloreto Bicarbonato	Balanço osmótico, tamponamento do pH e regulação da permeabilidade de membrana
Proteínas plasmáticas	
Albumina	Balanço osmótico, tampão do pH
Fibrinogênio	Coagulação
Imunoglobulinas (anticorpos)	Defesa
Substâncias transportadas pelo sangue	
Nutrientes (glicose, ácidos graxos, vitaminas) Resíduos do metabolismo Gases respiratórios (O_2 e CO_2) Hormônios	

Componentes celulares 45%		
Tipo celular	**Número** Por µL (mm^3) de sangue	**Função**
Eritrócitos (Hemácias)	5-6 milhões	Transporte de oxigênio e CO_2
Leucócitos (Células brancas)	5.000-10.000	Defesa e imunidade
Basófilo		Linfócito
		Eosinófilo
Neutrófilo		Monócito
Plaquetas	250.000-400.000	Coagulação sanguínea

Figura 5.5 Composição do sistema hematopoético.
Fonte: Campbell e Reece (2010).

Agora é a sua vez!

Acidentes podem acontecer a qualquer momento: uma simples queda ou a manipulação de objetos cortantes talvez causem lesões com sangramento intenso. Nesses casos, uma das primeiras coisas a fazer é comprimir o ferimento por cerca de 10 minutos. Pesquise um pouco mais sobre esse assunto e, com base no que você aprendeu, explique por que isso deve ser feito. Destaque o papel das plaquetas para estancar o sangramento.

Alguns leucócitos conseguem atravessar a parede do vaso sanguíneo para fazer a defesa nos demais tecidos, processo chamado **diapedese** (Figura 5.6A).

Quando um vaso sanguíneo é lesado, as plaquetas aderem à região e secretam uma enzima chamada **tromboplastina** (responsável por desencadear o processo de coagulação sanguínea). A tromboplastina irá ativar a **protrombina** (proteína presente no plasma e originada no fígado), que, quando ativada na presença de cálcio e de vitamina K, se converte em **trombina** e age com o **fibrinogênio**. Este, quando ativado, se transforma em fibrina, que irá obstruir a passagem do sangue, formando uma espécie de rede que impede a saída dos elementos figurados do sangue (coágulo sanguíneo) (Figura 5.6B).

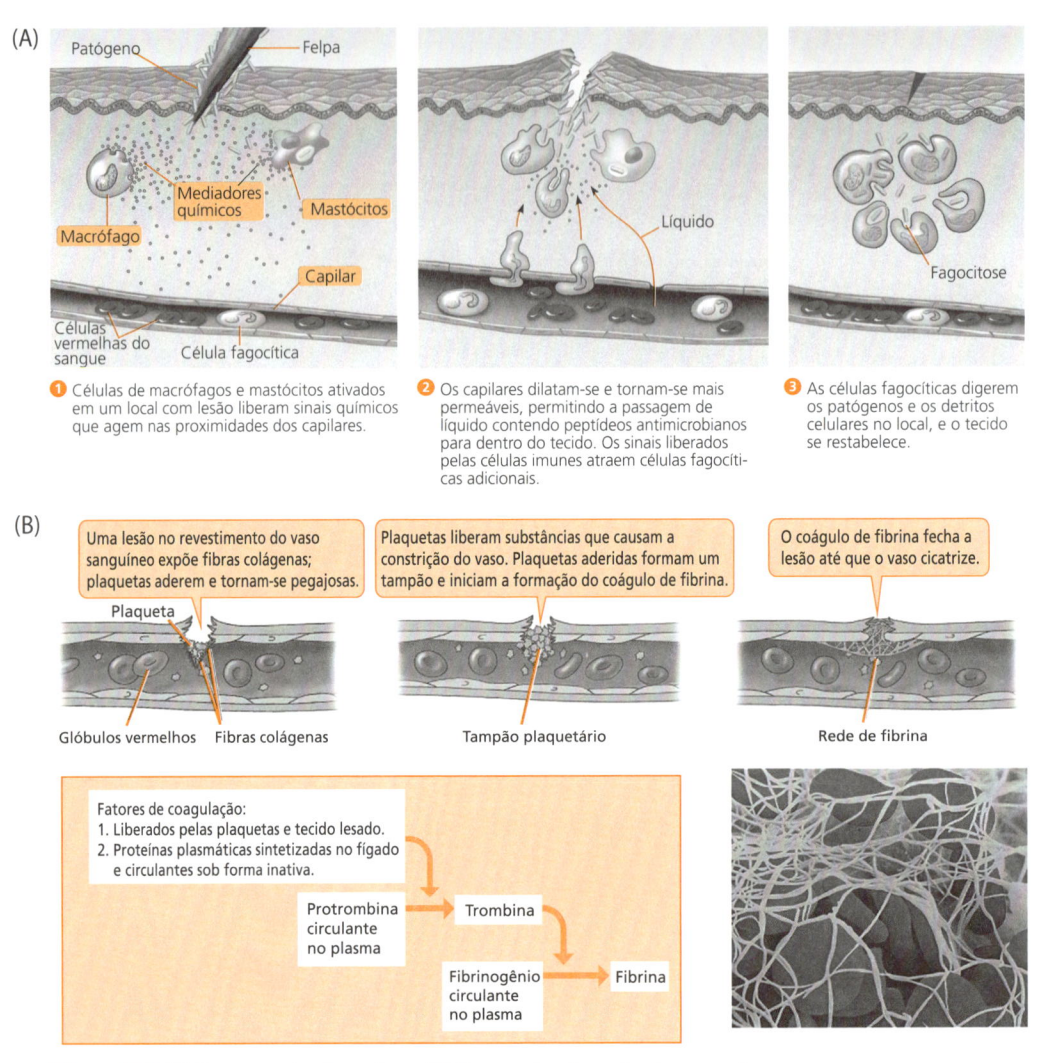

Figura 5.6 (A) Processo de diapedese. (B) Formação do coágulo sanguíneo.
Fontes: (A) Campbell e Reece (2010); (B) Sadava et al. (2009).

» Doenças do sistema hematopoético

Anemia

O número médio de hemácias na espécie humana é de 5 milhões por mm³ de sangue. A diminuição do número normal médio de hemácias, com consequente redução na taxa de hemoglobina, caracteriza a chamada anemia (Quadro 5.10). Essa doença ocorre como resultado da carência de um ou mais nutrientes essenciais à manutenção do organismo ou de defeitos anatômicos das hemácias. Pode ser ferropriva, falciforme ou perniciosa.

Quadro 5.10 » Anemia

Sintomas	Taquicardia e palpitação, fadiga; dispneia, sudorese; cefaleia, ansiedade; agitação, anorexia (falta de apetite). Fraqueza generalizada, vertigens. Desmaios frequentes, diminuição da função mental, palidez nas mucosas, glossite (inflamação na língua).
Tratamento	Farmacológico: medicamentos com alto teor de ferro, transfusão de sangue, concentrado de hemácias e plaquetas.
	Não farmacológico: alimentos ricos em ferro de origem animal (fígado e carnes vermelhas) ou vegetal (feijão, grão de bico, fava, lentilha, ervilha, couve, agrião, salsa, castanhas, açúcar mascavo).
	Para a melhor absorção do ferro presente nesses alimentos, é recomendado o consumo de alimentos com alto teor de vitamina C (acerola, abacaxi, goiaba, kiwi, laranja, limão, pimentão, repolho e tomate).

» Agora é a sua vez!

Um menino, com 4 anos e meio de idade, morador da periferia, é levado ao médico pelos pais, que se queixam que a criança está branquinha e se cansa fácil. Ela não fez acompanhamento de puericultura regularmente e teve aleitamento materno exclusivo até 8 meses de vida. Após o exame físico, o médico observa palidez intensa e solicita exames de sangue que comprovam o diagnóstico de anemia ferropriva.

a) No caso da anemia, qual é o componente do sangue que está alterado?

b) Explique por que os sintomas de cansaço e desânimo estão presentes na anemia.

c) Qual é a orientação em relação à dieta dessa criança para melhorar a oferta de nutrientes e evitar a anemia?

Leucemia

A leucemia (Quadro 5.11) refere-se a um grupo de cânceres que afetam as células do sangue, sendo caracterizada pelo aumento acentuado da quantidade de leucócitos. Pode ser classificada de acordo com a evolução (aguda ou crônica) ou o tipo de alteração dos glóbulos brancos (linfoide ou mieloide). Seus sintomas começam a surgir quando a medula óssea deixa de produzir células sanguíneas normais.

Leucemia aguda: Ocorre quando as células malignas se encontram numa fase muito imatura e se multiplicam rapidamente, causando uma enfermidade agressiva.

> **NO SITE**
> Para mais atividades sobre o sistema hematopoético, acesse o ambiente virtual de aprendizagem Tekne.

Leucemia crônica: Ocorre quando a transformação maligna se dá em células-tronco mais maduras. Nesse caso, a doença costuma evoluir mais lentamente, com complicações que podem levar meses ou anos para ocorrer.

Leucemia linfoide, linfocítica ou linfoblástica: Afeta as células linfoides e é mais frequente em crianças.

Leucemia mieloide ou mieloblástica: Afeta as células mieloides e é mais comum em adultos.

Quadro 5.11 » Leucemia	
Sintomas	Anemia, fraqueza, cansaço, sangramentos nasais e nas gengivas, manchas roxas e vermelhas na pele, gânglios inchados, febre, sudorese noturna, infecções, dores nos ossos e nas articulações são sintomas característicos das leucemias agudas. Na forma crônica, podem não aparecer sintomas.
Tratamento	Quimioterapia, radioterapia e transplante de medula óssea.

Distúrbios plaquetários

Coagulação é a formação de um coágulo de fibrina para promover a hemostasia (o cessamento da perda de sangue de um vaso danificado). Para que a coagulação aconteça normalmente, é necessário que todos os **fatores de coagulação**, numerados convencionalmente de I a XIII, trabalhem na sequência dos seus próprios números. Cada um tem sua importância, e todos colaboram para que a coagulação ocorra. Contudo, se um deles não operar como os outros, o trabalho fica incompleto, e o coágulo não é formado corretamente, dificultando o processo para estancar uma hemorragia.

> **DEFINIÇÃO**
> Fator de coagulação é uma proteína necessária para que o sangue coagule normalmente.

A **hemofilia** (Quadro 5.12) é uma doença genética e hereditária recessiva ligada ao cromossomo sexual X, presente em todos os grupos étnicos e em todas as regiões geográficas do mundo. Caracteriza-se por um defeito na coagulação sanguínea, mais comum em homens, que se manifesta por meio de sangramentos espontâneos que vão de simples manchas roxas (equimoses) até hemorragias abundantes. Existem dois tipos de hemofilia: a hemofilia A, causada por deficiência do fator VIII de coagulação do sangue, e a hemofilia B, causada por deficiência do fator IX.

> **ATENÇÃO**
> Distúrbios na coagulação podem levar a um aumento no risco de hemorragia, trombose ou embolismo.

Sendo a mulher XX e o homem XY, o casamento de um homem hemofílico [X (hemofílico) Y] com uma mulher não portadora do gene da hemofilia não gerará um filho homem hemofílico. Todavia, as filhas receberão o gene X do pai hemofílico nessa primeira geração. Todas serão, portanto, portadoras do gene da hemofilia. Assim, para esse casal, as chances de nascimento de filhos hemofílicos e de filhas portadoras de hemofilia são, respectivamente, de 0% e de 100%.

Quadro 5.12 » Hemofilia	
Sintomas	Hemorragia: sangramento intenso que demora muito para cessar.
	Hemartrose (sangramento repetido): atinge e desgasta principalmente as articulações, as cartilagens e os músculos e, depois, a parte óssea.
	Artropatia: comprometimento da articulação que leva à artrose, que resulta em desvios, retrações ou encurtamento do membro afetado.
	Epistaxe: sangramento nasal.
Tratamento	Uso de medicamentos: fator anti-hemofílico, vitamina K.
	Aplicação de gelo, imobilização da articulação para poupar o órgão e aliviar a dor, repouso absoluto.

» Sistema vascular e circulatório

Um jovem de 25 anos estava jogando uma partida de futebol com os amigos quando, de repente, sentiu-se mal e caiu inconsciente no gramado. O SAMU foi acionado e rapidamente atendeu o rapaz. Foram feitas manobras de reanimação utilizando o desfibrilador, mas sem sucesso. O óbito foi constatado 50 minutos após as manobras terem sido iniciadas. Como explicar esta morte tão repentina? O que levou o coração desse jovem a deixar de funcionar, ocasionando a parada cardiorrespiratória (PCR)?

Os sistemas vascular e cardiocirculatório são responsáveis pelo transporte de nutrientes, gases, hormônios, excretas e outras substâncias para todas as partes do corpo (Figura 5.7A). Bombeado pelo coração, o sangue circula pelo interior dos vasos sanguíneos, perfazendo a trajetória capilares venosos – vênulas – veias – coração – artérias – arteríolas – capilares arteriais.

O coração humano (Figura 5.7C), com tamanho comparável ao de um punho fechado, pesa cerca de 400 g. É um órgão oco localizado no meio do peito, sob o osso esterno, com a extremidade inferior ligeiramente deslocada para a esquerda. As paredes, constituídas por tecido muscular estriado cardíaco, são formadas por três camadas: endocárdio, miocárdio e epicárdio.

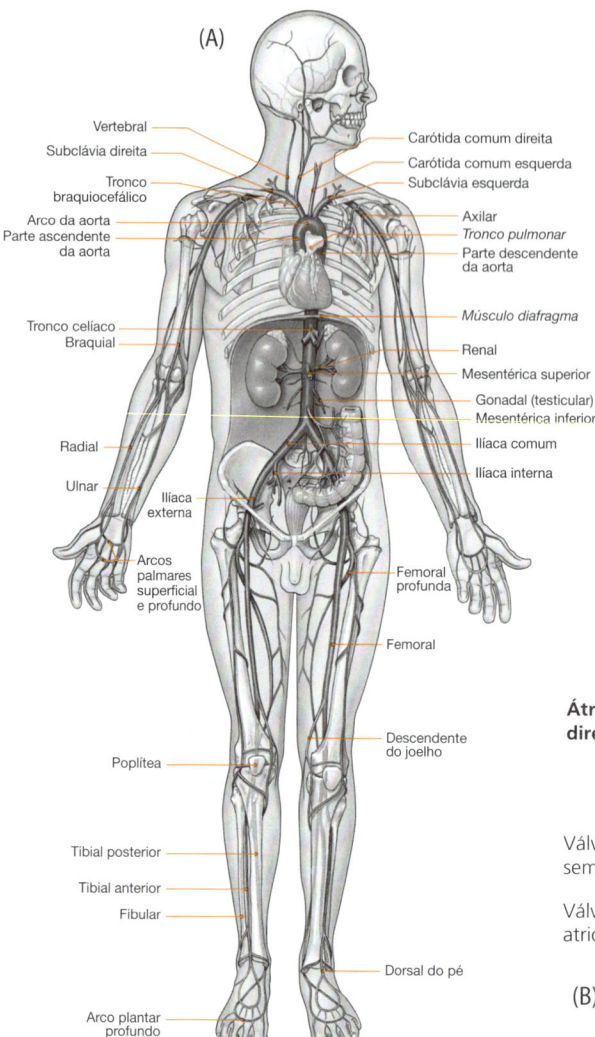

O **endocárdio** é a camada mais interna. A camada muscular média, a mais espessa, é o **miocárdio**, que é envolvido por uma membrana dupla, o **pericárdio**. A camada mais externa é o **epicárdio**. O coração possui quatro cavidades internas, chamadas **câmaras cardíacas**. As duas câmaras superiores são chamadas **átrios cardíacos**, e as duas inferiores, **ventrículos cardíacos** (Figura 5.7B).

Figura 5.7 (A) Anatomia do sistema vascular e circulatório. (B) Anatomia interna do coração. (C) Anatomia externa do coração.
Fontes: (A e C) Martini, Timmons e Tallitsch (2009); (B) Campbell e Reece (2010).

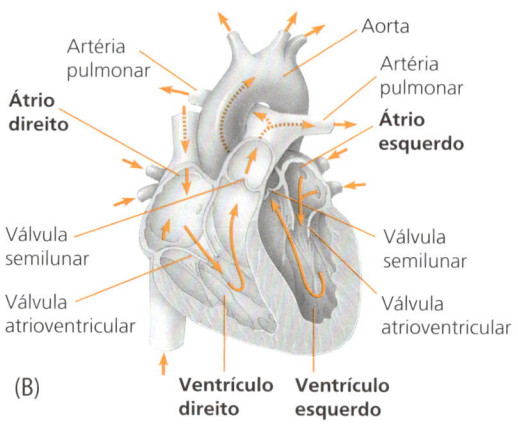

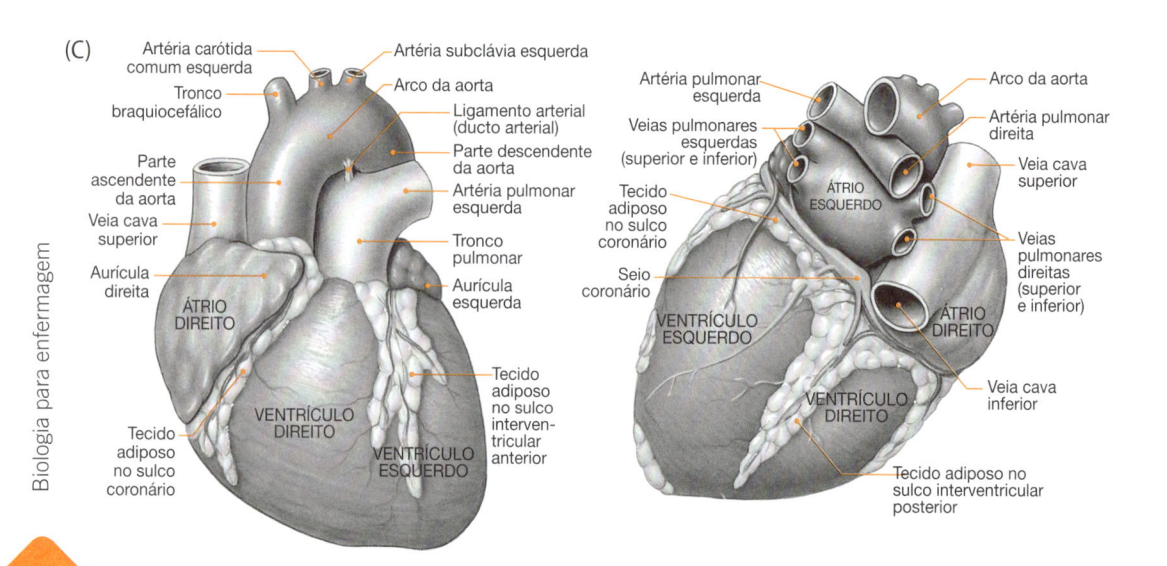

O sangue chega ao coração por grandes vasos e entra nos átrios (Figura 5.8). Os átrios bombeiam sangue para os ventrículos imediatamente abaixo deles. O ventrículo direito bombeia sangue para os pulmões, e o esquerdo, para a maior parte do corpo. Por isso, a parede dos ventrículos cardíacos é mais espessa do que a dos átrios. O átrio cardíaco esquerdo recebe sangue rico em gás oxigênio proveniente dos pulmões, enquanto o átrio cardíaco direito recebe sangue rico em gás carbônico proveniente do resto do corpo.

O átrio cardíaco esquerdo comunica-se com o ventrículo cardíaco esquerdo pela **valva atrioventricular esquerda**, também conhecida como válvula bicúspide ou válvula mitral, cuja função é garantir a circulação do sangue em um único sentido (sempre do átrio para o ventrículo). O átrio cardíaco direito comunica-se com o ventrículo cardíaco direito pela **valva atrioventricular direita**, ou válvula tricúspide, com função semelhante à da válvula bicúspide.

Quando ocorre a contração dos átrios, denominada **sístole atrial**, os ventrículos estão se relaxando (**diástole ventricular**), e o sangue passa para dentro deles. Quando ocorre a contração dos ventrículos, denominada **sístole ventricular**, as válvulas atrioventriculares (direita e esquerda) fecham-se, e o sangue é forçado a sair do coração. O sangue sai do coração por artérias de grande diâmetro, que partem do ventrículo direito (artéria pulmonar) e do ventrículo esquerdo (artéria aorta).

>> CURIOSIDADE

Em condições normais, não há comunicação entre as metades direita e esquerda do coração. São duas bombas separadas, porém funcionando em conjunto e comunicando-se pelos vasos sanguíneos.

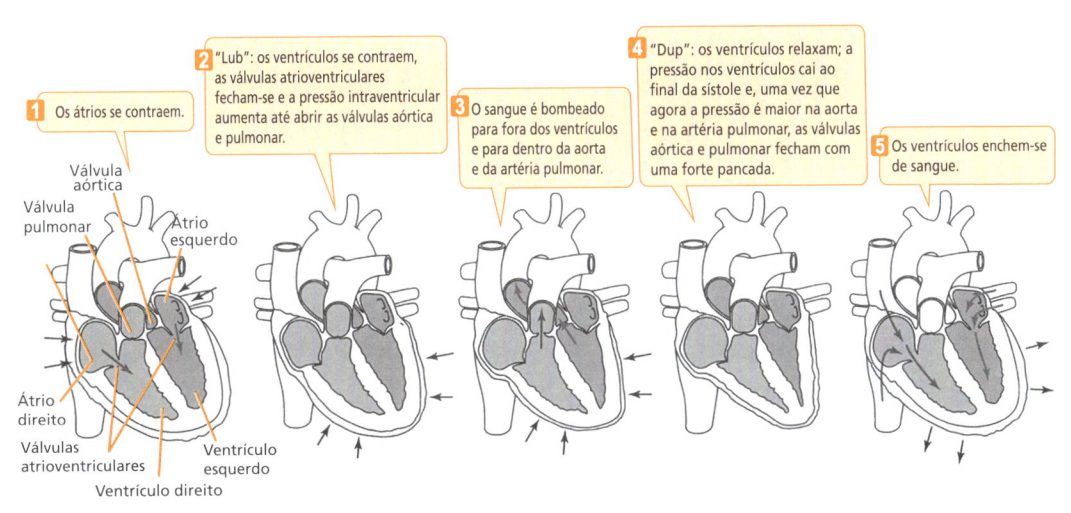

Figura 5.8 Fluxo de sangue no coração.
Fonte: Sadava et al. (2009).

O miocárdio é capaz de funcionar independentemente do sistema nervoso graças ao **nó sinoatrial** (Figura 5.9). O impulso elétrico produzido pelo nó dirige-se aos átrios, determinando sua contração, e a outro grupo de células, que formam o **nó atrioventricular**. Deste, um segundo impulso é levado aos ventrículos por meio de um feixe de fibras, o **fascículo atrioventricular** ou feixe de His, que se ramifica para constituir as **fibras de Purkinje**, provocando as contrações do ventrículo. Essas atividades elétricas são registradas pelo eletrocardiograma.

> » **DEFINIÇÃO**
> Os nós sinoatrial e atrioventricular consistem em um grupo de células musculares especiais situadas nos átrios direito e esquerdo, respectivamente, que geram impulsos elétricos e determinam o ritmo das contrações.

ETAPA 1
Atividade do nó SA e início da ativação atrial.
Nó SA
Tempo = 0

ETAPA 2
O estímulo é disseminado pelas superfícies atriais e atinge o nó AV.
Nó AV
Tempo transcorrido = 50 ms

ETAPA 3
Existe um atraso de 100 ms no nó AV. Início da contração atrial.
Fascículo AV
Ramos direito e esquerdo
Tempo decorrido = 150 ms

ETAPA 4
O impulso percorre o septo interventricular no interior do fascículo AV e dos ramos direito e esquerdo até os ramos subendocárdicos e através da trabécula septomarginal, até o músculo papilar anterior do ventrículo direito.
Tempo decorrido = 175 ms
Trabécula septo-marginal

ETAPA 5
Através dos ramos subendocárdicos (fibras de Purkinje), o impulso é transmitido por todo o miocárdio ventricular. A contração atrial se completa e a contração do ventrículo é iniciada.
Tempo decorrido = 225 ms
Fibras de Purkinje

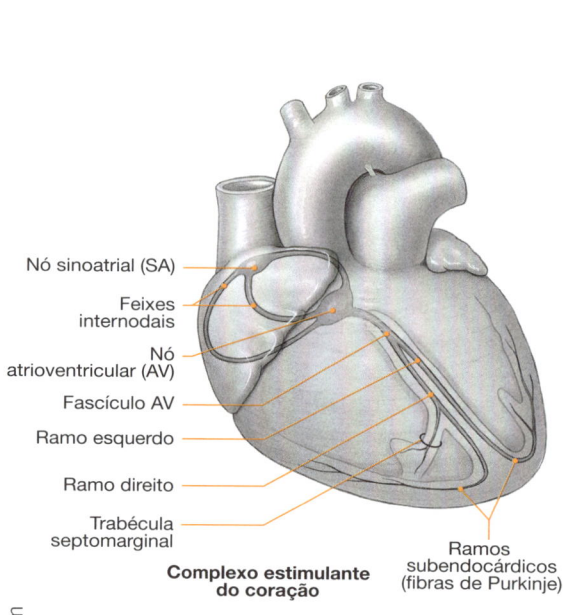

Complexo estimulante do coração
- Nó sinoatrial (SA)
- Feixes internodais
- Nó atrioventricular (AV)
- Fascículo AV
- Ramo esquerdo
- Ramo direito
- Trabécula septomarginal
- Ramos subendocárdicos (fibras de Purkinje)

Figura 5.9 Células especializadas que conduzem os impulsos elétricos responsáveis pelo controle dos batimentos cardíacos.
Fonte: Martini, Timmons e Tallitsch (2009).

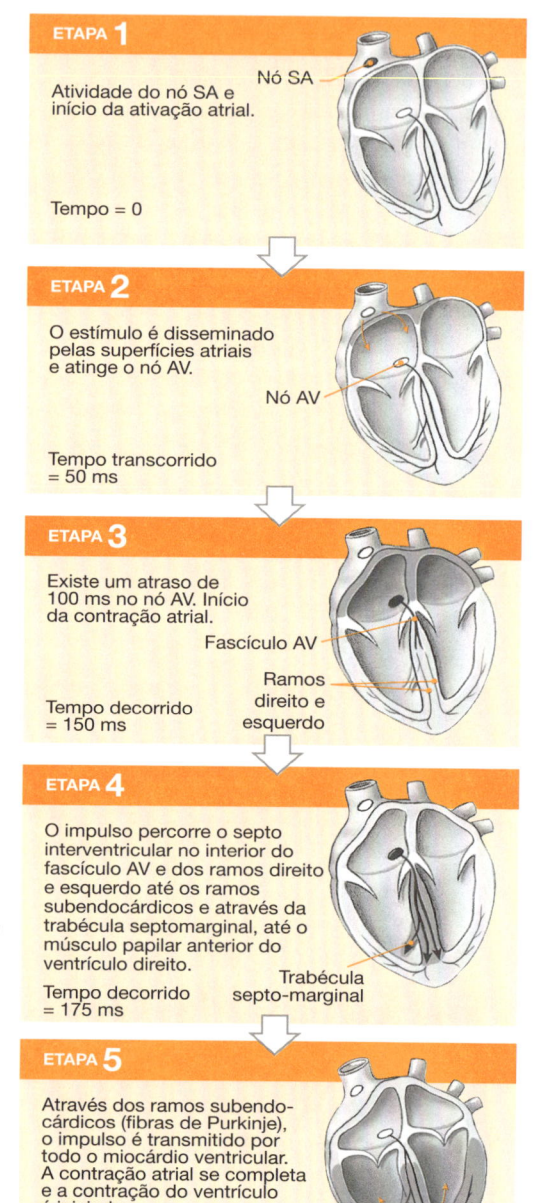

O sangue rico em oxigênio sai do ventrículo esquerdo pela **artéria aorta**, cujas ramificações se tornam cada vez menores e mais finas, formando as arteríolas e os capilares sanguíneos. Nestes ocorrem as trocas entre o sangue e as células, nas quais oxigênio e alguns nutrientes, como glicose e aminoácidos, atravessam os capilares e dirigem-se para as células, enquanto gás carbônico e excretas saem das células e entram no sangue. Dessa forma, o **sangue arterial** ou oxigenado transforma-se em **sangue venoso** ou desoxigenado (pobre em oxigênio e rico em gás carbônico).

As ramificações dos capilares unem-se e formam vasos cada vez maiores, até constituírem as vênulas e as veias. Duas grandes veias recolhem o sangue venoso e o lançam no átrio direito: a **veia cava superior**, que recolhe sangue das regiões acima do coração (braços, cabeça e pescoço), e a **veia cava inferior**, que recolhe sangue do resto do corpo (Figura 5.10).

A circulação que leva o sangue rico em oxigênio aos tecidos e traz para o coração o sangue pobre em oxigênio é chamada **grande circulação** ou **circulação sistêmica**. A circulação que leva o sangue pobre em oxigênio aos pulmões e devolve o sangue rico em oxigênio ao coração é chamada **pequena circulação** ou **circulação pulmonar**.

O sangue rico em gás carbônico passa do átrio para o ventrículo direito e deste é bombeado para as **artérias pulmonares** direita e esquerda, que o levam para os pulmões, nos quais ocorrerá a **hematose**. Esse sangue volta ao coração pela **veia pulmonar**, entrando no átrio esquerdo e recomeçando o trajeto.

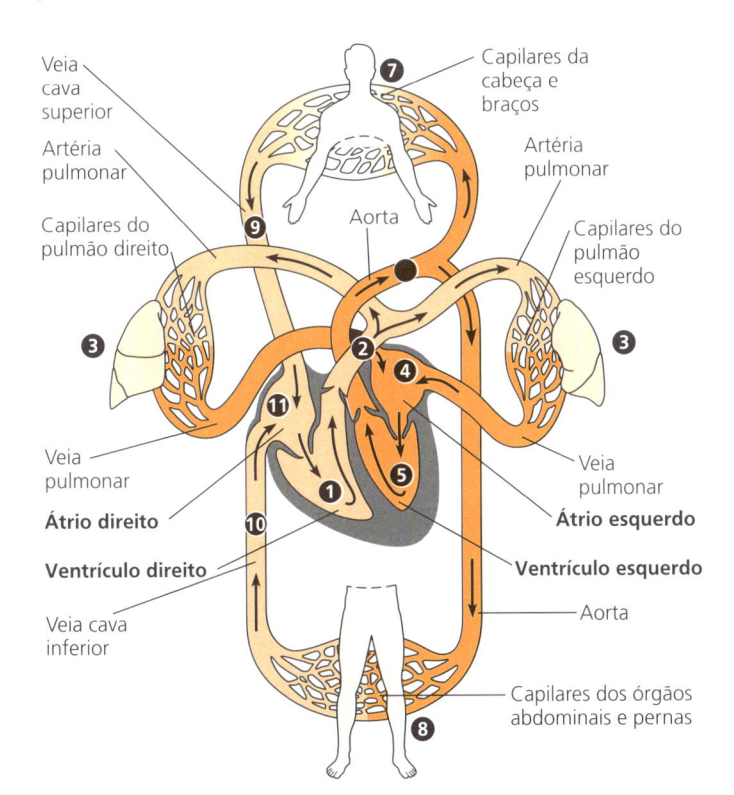

Figura 5.10 Circulação sanguínea humana.
Fonte: Campbell e Reece (2010).

A parede das artérias e das veias é constituída por camadas de tecido conjuntivo, músculos lisos e células epiteliais (**endotélio**). O capilar é formado apenas por endotélio (Figura 5.11A). As camadas musculares das artérias são mais grossas do que as das veias, o que lhes permite suportar a pressão sanguínea decorrente da contração dos ventrículos. Essa pressão diminui à medida que o sangue se afasta do coração, sendo muito baixa nas veias. Apesar disso, o sangue das partes inferiores do corpo consegue voltar ao coração graças à ação da contração dos músculos esqueléticos (Figura 5.11B). Quando esses músculos se contraem, as veias próximas se comprimem e impulsionam o sangue. Como elas possuem válvulas que só se abrem no sentido da volta ao coração, fica garantido o fluxo nesse sentido.

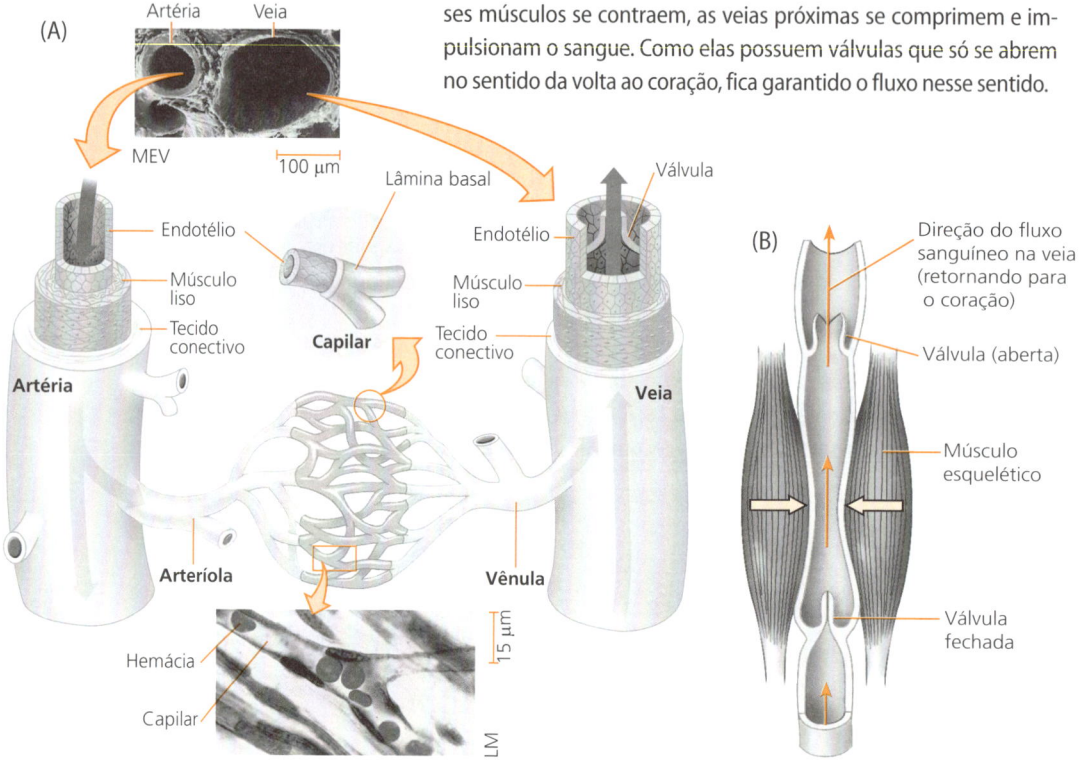

Figura 5.11 (A) Estrutura dos vasos sanguíneos. (B) O sangue das veias sobe para o coração graças às contrações dos músculos.
Fonte: Campbell e Reece (2010).

A **pressão hidrostática** do sangue tende a expulsar água para os tecidos, e as proteínas do sangue exercem uma **pressão osmótica** no sentido contrário. No início do capilar, a pressão hidrostática do sangue é maior do que a osmótica, de modo que parte da água e pequenas moléculas presentes no sangue arterial passam para os tecidos. Esse líquido que banha os tecidos é chamado **líquido intersticial**.

A pressão osmótica é a força com que a água se move através da membrana citoplasmática de uma solução contendo uma baixa concentração de substâncias dissolvidas (solutos), para outra com alta concentração de solutos.

> **» DEFINIÇÃO**
> A pressão hidrostática é um conjunto de forças que tende a promover a passagem de líquido da luz do vaso para o interstício, e resulta da contração do coração.

A pressão hidrostática diminui ao longo do capilar à medida que o sangue se afasta do coração por causa do atrito do sangue com a parede do vaso. Como a pressão osmótica se mantém praticamente constante (há uma pequena diminuição por causa da perda de proteínas do plasma para os tecidos), no fim do capilar a pressão sanguínea torna-se menor do que a osmótica, e a água volta para o capilar. A quantidade de líquido que sai do capilar é superior à que volta. O excesso de líquido intersticial é recolhido pelos **vasos linfáticos** (linfa) e lançado nas veias próximas ao coração.

» Doenças do sistema vascular e circulatório

Os principais fatores que predispõem a doenças do sistema cardiovascular são o fumo, a dieta rica em gorduras e colesterol, a vida sedentária e o estresse. A prevenção de doenças cardiovasculares, portanto, significa evitar fumar e reduzir o consumo de bebidas alcoólicas e de alimentos gordurosos, sobretudo de origem animal. Além disso, deve-se manter o peso corporal compatível com a altura e a idade, fazer exercícios físicos regularmente e evitar situações de estresse. Também é vital medir periodicamente a pressão arterial e realizar exames periódicos.

Varizes

Fatores como a tendência hereditária para desenvolver defeitos nas válvulas, músculos fracos e ocupações em que a pessoa fica muito tempo em pé ou sentada provocam o acúmulo de sangue nas veias, principalmente nas das pernas. Isso pode ocasionar a ruptura das válvulas das veias e o aparecimento de varizes (Quadro 5.13).

Quadro 5.13 » Varizes

Sintomas	Dores e inchaços nos membros inferiores, veias inchadas visíveis debaixo da pele dos membros inferiores.
Diagnóstico	É feito por meio de exame clínico com o cliente em pé.
Prevenção	Usar meias elásticas, evitar sapatos com salto muito alto, usar anticoncepcionais à base de progesterona sintética, evitar o uso do cigarro, tentar não permanecer muito tempo em pé ou sentado.
Tratamento	Remoção cirúrgica ou uso de medicamentos para melhorar a circulação.

Agora é a sua vez!

Descreva as ações de enfermagem no cuidado a clientes em pós-operatório imediato de safenectomia. Após 24h de pós-operatório, o que muda no cuidado de enfermagem?

Aterosclerose

Aterosclerose (Quadro 5.14) é a perda gradual da elasticidade da parede das artérias causada pela deposição de placas de gordura (ateromas) na superfície arterial interna. As placas de ateroma provocam a diminuição do diâmetro interno das artérias, enrijecendo suas paredes e comprometendo a elasticidade. Os ateromas (principalmente aqueles que se desprendem) também favorecem a formação de coágulos, o que, além de causar obstrução, prejudica a circulação do sangue.

Quadro 5.14 » Aterosclerose

Sintomas	Aumento da pressão arterial sistólica (uma vez que as artérias endurecidas perdem a capacidade de relaxar durante a sístole do coração), dores no peito (peso, aperto, queimação ou até pontadas), falta de ar, sudorese, palpitações refletindo arritmias e fadiga.
Diagnóstico	É feito por meio de exame laboratorial para verificar os níveis de colesterol e de exames de angiografia coronária, angiografia por tomografia computadorizada e tomografia do coração.
Prevenção	Manter hábitos de vida saudável, principalmente com baixa ingestão de alimentos gordurosos e prática de atividade física regular.
Tratamento	Remoção das placas de gordura e tratamento das lesões que ficam no local. A retirada pode ser feita por métodos invasivos, como o cateterismo e a angioplastia, e não invasivos, como a ingestão de medicamentos.

» Agora é a sua vez!

A dislipidemia, também chamada hiperlipidemia, refere-se ao aumento dos lipídios (gordura) no sangue, principalmente do colesterol e dos triglicerídeos. Ela está presente em grande parte da população e está relacionada aos hábitos de vida, além do componente genético. Elabore um manual de orientação para a prevenção do colesterol alto para ser distribuído em uma Unidade Básica de Saúde.

Hipertensão arterial

A hipertensão arterial (Quadro 5.15), também conhecida como pressão alta, consiste na elevação das pressões sistólica e diastólica, o que aumenta os riscos de ataques cardíacos e derrames de sangue no tecido cerebral. Embora a **pressão arterial** tenda a se elevar com a idade, deve-se procurar orientação médica caso a pressão diastólica (mínima) atinja mais de 9 mmHg ou 10 mmHg, e a sistólica (máxima) mais de 15 mmHg.

Em indivíduos jovens e em repouso, a pressão arterial máxima medida durante a sístole ventricular (pressão sistólica) nas grandes artérias próximas ao coração, como a artéria braquial (do braço), equivale em geral à pressão de uma coluna de 120 milímetros de mercúrio. A pressão mínima, medida durante a diástole ventricular (pressão diastólica), equivale à de uma coluna de 80 milímetros de mercúrio. De forma simplificada, dizemos que a pressão é de 120 por 80, ou 12 por 8 (centímetros de mercúrio).

> » **DEFINIÇÃO**
> Pressão arterial é a pressão que o sangue exerce contra a parede das artérias quando impulsionado pelo coração.

Quadro 5.15 » Hipertensão arterial

Sintomas	Muitas pessoas hipertensas não apresentam os sintomas da doença inicialmente, motivo pelo qual a medição regular da pressão arterial é importante na prevenção. Acomete outros órgãos também, como rins, olhos, entre outros.
Diagnóstico	Exame clínico, mapa pressórico.
Prevenção	Evitar o estresse emocional, a alimentação inadequada (com excesso de gorduras e sais) e o sedentarismo.
Tratamento	Medicamentos, dieta, redução na ingestão de sal, exercícios físicos e relaxamento.

» Agora é a sua vez!

Na verificação da pressão arterial, que cuidados de enfermagem devem ser prestados?

Arritmia cardíaca

Arritmia cardíaca (Quadro 5.6) é a anormalidade no ritmo do coração que ocorre quando o tecido que conduz os impulsos elétricos é afetado por infarto, lesões nas válvulas ou outros problemas cardíacos. É possível não sentir os sintomas da arritmia quando ela está presente ou somente percebê-los quando estão mais intensos.

O eletrocardiograma (ECG) é um exame que registra a atividade elétrica do coração (Figura 5.12). Em um exame de eletrocardiograma padrão, temos a **onda P**, que corresponde ao impulso elétrico que se propaga no início da contração dos átrios; a **onda QRS**, que se refere aos impulsos durante a contração dos ventrículos; e a onda **T**, que mostra o relaxamento dos ventrículos. Mudanças nesse padrão podem indicar problemas no coração.

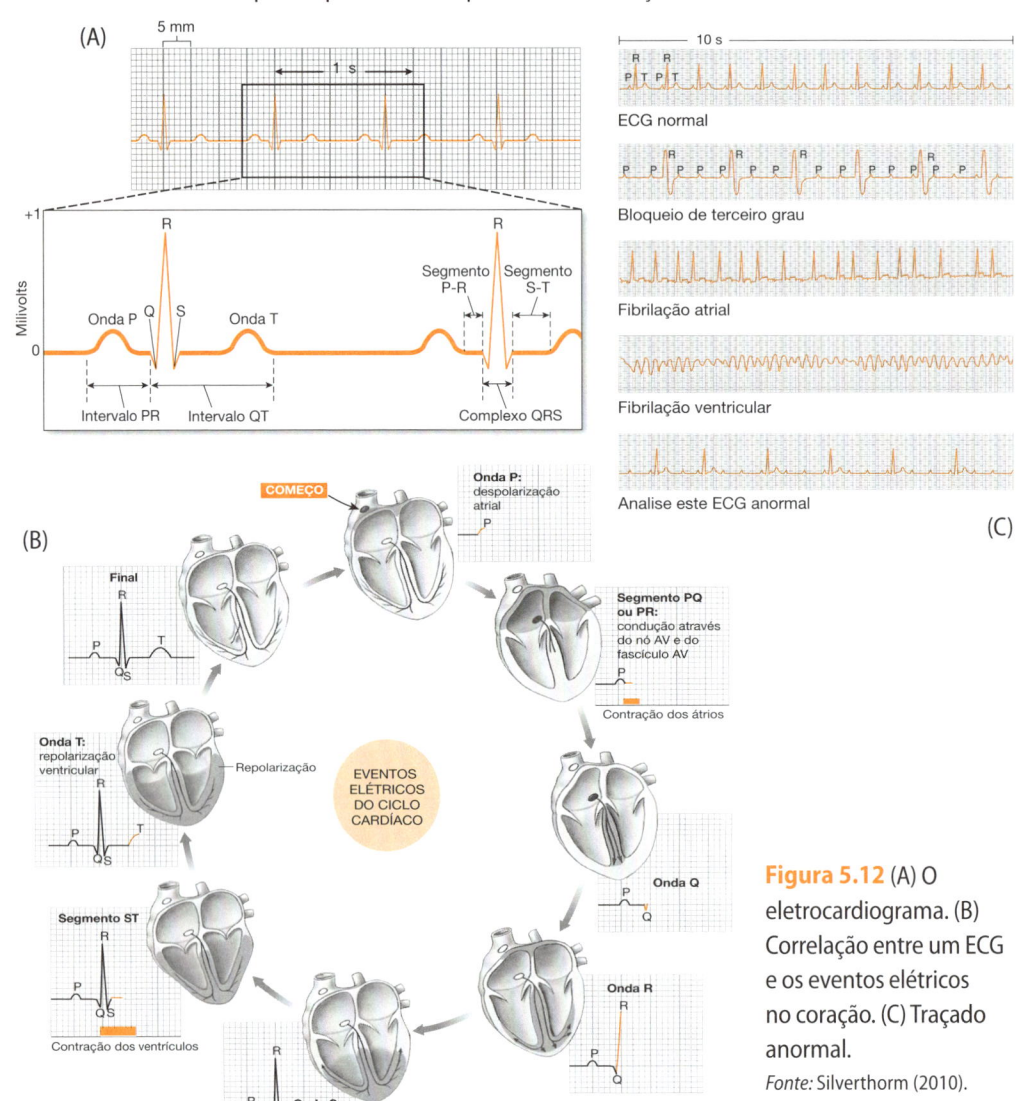

Figura 5.12 (A) O eletrocardiograma. (B) Correlação entre um ECG e os eventos elétricos no coração. (C) Traçado anormal.
Fonte: Silverthorm (2010).

> **DEFINIÇÃO**
>
> Marca-passo é um pequeno aparelho implantável que tem o objetivo de regular os batimentos cardíacos. Ele emite pulsos elétricos quando o número de batimentos, em um certo intervalo de tempo, está abaixo do normal, por algum problema na condução do estímulo natural do coração.

Quadro 5.16 » Arritmia

Sintomas	Dor torácica, desmaio, batimentos acelerados ou lentos (palpitações), vertigem, tontura, palidez, falta de ar, frequência cardíaca fora do ritmo, sudorese.
Diagnóstico	É feito por monitoramento cardíaco ambulatorial com Holter (por 24 horas), angiografia coronária, eletrocardiograma, ecocardiograma e estudo eletrofisiológico.
Prevenção	Evitar uso do cigarro e manter hábitos de vida saudáveis.
Tratamento	Medicamentos antiarrítmicos, marca-passo, cardioversão, desfibrilação e ablação cardíaca.

» Agora é a sua vez!

Por que é importante o técnico em enfermagem identificar o traçado normal do eletrocardiograma?

Insuficiência cardíaca

A insuficiência cardíaca (ICC) (Quadro 5.17) consiste no quadro em que o coração não consegue bombear sangue suficiente para os tecidos por causa de lesões provocadas por infarto, hipertensão ou outras doenças.

Quadro 5.17 » Insuficiência cardíaca

Sintomas	Falta de ar durante atividade física ou em decúbito dorsal, tosse, edema nos membros inferiores, principalmente nos tornozelos e pés, edema do abdome, ganho de peso, pulso irregular ou rápido, palpitações, dificuldade para dormir, fadiga, fraqueza, desmaios, perda de apetite e indigestão.
Diagnóstico	É feito por meio de raio X do tórax, eletrocardiograma, ecocardiograma, exames de estresse cardíaco, tomografia computadorizada cardíaca, cateterismo cardíaco, ressonância magnética do coração e cintilografia cardíaca.
Tratamento	Pode incluir medicamentos (inibidores da ECA – enzima de conversão de angiotensina, diuréticos, digitálicos, betabloqueadores), marca-passo, cirurgia cardíaca para revascularização do miocárdio, transplante cardíaco e dieta hipossódica.

» Agora é a sua vez!

João está internado na unidade de tratamento intensivo de um hospital com insuficiência cardíaca congestiva (ICC), descompensado. Dentre outras condutas, o médico solicitou a verificação da pressão venosa central (PVC). Explique a importância desse exame.

Angina

A angina de peito ou *angina pectoris* (Quadro 5.18) consiste no estreitamento de uma ou mais artérias coronárias, que resulta na redução da circulação do sangue em certas regiões do miocárdio, diminuindo sua nutrição e oxigenação.

Quadro 5.18 » Angina

Sintomas	Fortes dores no peito ao menor esforço.
Diagnóstico	É feito por meio de eletrocardiograma, teste ergométrico, cateterismo cardíaco e ecocardiograma.
Tratamento	Uso de medicamentos, angioplastia, cirurgia cardíaca para revascularização do miocárdio.

>> Agora é a sua vez!

Explique o que é angina e descreva quais são os cuidados de enfermagem necessários aos clientes com esse diagnóstico.

Infarto agudo do miocárdio

O infarto agudo do miocárdio (Quadro 5.19) consiste na interrupção do fornecimento de sangue ao músculo cardíaco, provocada pela obstrução de uma ou mais artérias coronárias. As células musculares da região sem irrigação morrem em poucos minutos em razão da falta de gás oxigênio.

Se uma grande região do coração for afetada pelo infarto, a condução do impulso elétrico produzido pelo marca-passo pode ser interrompida, e o coração talvez deixe de bater. Se apenas uma pequena região do miocárdio for afetada, o coração continua em atividade e a lesão cicatriza, com a substituição das células musculares mortas por tecido conectivo.

Quadro 5.19 >> Infarto agudo do miocárdio	
Sintomas	Dor no peito que irradia para o membro superior esquerdo é o principal sintoma. Pode apresentar também dor epigástrica, ansiedade, tosse, desmaio, tontura, vertigem, náusea ou vômito, palpitações, falta de ar, sudorese (que pode ser muito excessiva).
Diagnóstico	É feito por meio de exame clínico, exame de sangue (enzimas) e eletrocardiograma.
Tratamento	Medicamento intravenoso (nitroglicerina trombolítica e morfina), angioplastia com implantação de Stent, cirurgia cardíaca para revascularização do miocárdio.

Trombose venosa profunda

A trombose venosa profunda (Quadro 5.20) é caracterizada pela formação de um coágulo sanguíneo em uma veia localizada no interior de uma parte do corpo, geralmente nos membros inferiores. O coágulo pode bloquear o fluxo sanguíneo e causar edema e dor. Quando o coágulo se desprende e se movimenta na corrente sanguínea, é chamado embolia, levando a lesões graves.

> **NO SITE**
> No ambiente virtual de aprendizagem Tekne você encontra diversos exercícios sobre doenças dos sistemas vascular e circulatório.

Quadro 5.20 » Trombose venosa profunda

Sintomas	Alterações na coloração da pele (vermelhidão), aumento de calor, dor, sensibilidade, pele que parece quente ao toque e inchaço (edema) em uma perna.
Diagnóstico	É feito por meio de ultrassom Doppler do membro afetado, angiografia e exame de sangue para avaliar os parâmetros de coagulação.
Tratamento	Uso de heparina e varfarina, trombolíticos, tratamento cirúrgico e uso de meias elásticas para compressão.

» Sistema linfático

> **» DEFINIÇÃO**
> Linfonodos são estruturas ovais ou em forma de feijão localizadas ao longo dos vasos linfáticos e abundantemente encontradas no pescoço, nas axilas, na virilha e em torno de grandes vasos sanguíneos no abdome e no tórax.

Você já teve uma "íngua" (linfoadenopatia) quando estava com alguma infecção? Já se perguntou por que isso acontece? Afinal, qual é a relação da íngua com a infecção?

O sistema linfático é composto por uma rede de vasos, tecidos e órgãos linfáticos (linfonodos, timo e baço). Nos **linfonodos**, ou gânglios linfáticos, os glóbulos brancos produzidos pela medula óssea e pelo timo combatem as infecções e melhoram o sistema imunológico do corpo.

As células do corpo são banhadas pelo líquido intersticial, formado por água, nutrientes e oxigênio, que sai dos capilares. Uma parte desse líquido volta para os capilares com gás carbônico e outras excretas produzidas pelas células, e outra parte é recolhida por um conjunto de vasos bem finos, que se unem e formam vasos maiores, os **vasos linfáticos**. Depois de circular por esses vasos, o excesso de líquido, chamado **linfa**, é devolvido ao sangue por meio da veia situada sob a clavícula esquerda, logo abaixo do ombro.

> **» DEFINIÇÃO**
> O líquido intersticial é a fonte de nutrientes das células e o local em que elas eliminam substâncias residuais de seu metabolismo.

O sistema linfático possui a função de drenar o excesso de líquido intersticial, a fim de devolvê-lo ao sangue e assim manter o equilíbrio dos fluidos no corpo. Ele também transporta as vitaminas e os lipídeos absorvidos durante o processo de digestão até o sangue, para que este leve os nutrientes para todo o corpo. Outra função do tecido linfático é a realização de respostas imunes, pois ele impede que a linfa lance microrganismos na corrente sanguínea ao retê-los e destruí-los em seus linfonodos.

Além de devolver o líquido intersticial para o sangue, os vasos linfáticos absorvem gorduras do intestino e, ao atravessarem os linfonodos e outros órgãos do sistema linfático, recebem linfócitos. Em certas infecções, dependendo do local, sentimos os linfonodos do pescoço, da axila ou da virilha aumentados e doloridos, as chamadas **ínguas**. Desse modo, os órgãos linfáticos removem bactérias e impurezas, "limpando" o corpo por meio da linfa (Figura 5.13).

> » **ATENÇÃO**
> Qualquer anomalia ou inflamação pode levar a diversas doenças ou distúrbios do sistema linfático.

❶ Líquido intersticial banhando os tecidos que entra continuamente nos vasos linfáticos junto com os glóbulos brancos.

❷ O líquido dentro do sistema linfático, chamado linfa, flui através dos vasos linfáticos por todo o corpo.

❹ Os vasos linfáticos retornam a linfa para o sangue através de dois grandes dutos drenados para veias próximas aos ombros.

- Adenoides
- Amídalas
- Linfonodos
- Baço
- Placas de Peyer (intestino delgado)
- Apêndice
- Vasos linfáticos

Líquido intersticial
Capilar sanguíneo
Células do tecido
Vasos linfáticos
Linfonodo
Conjunto de células de defesa

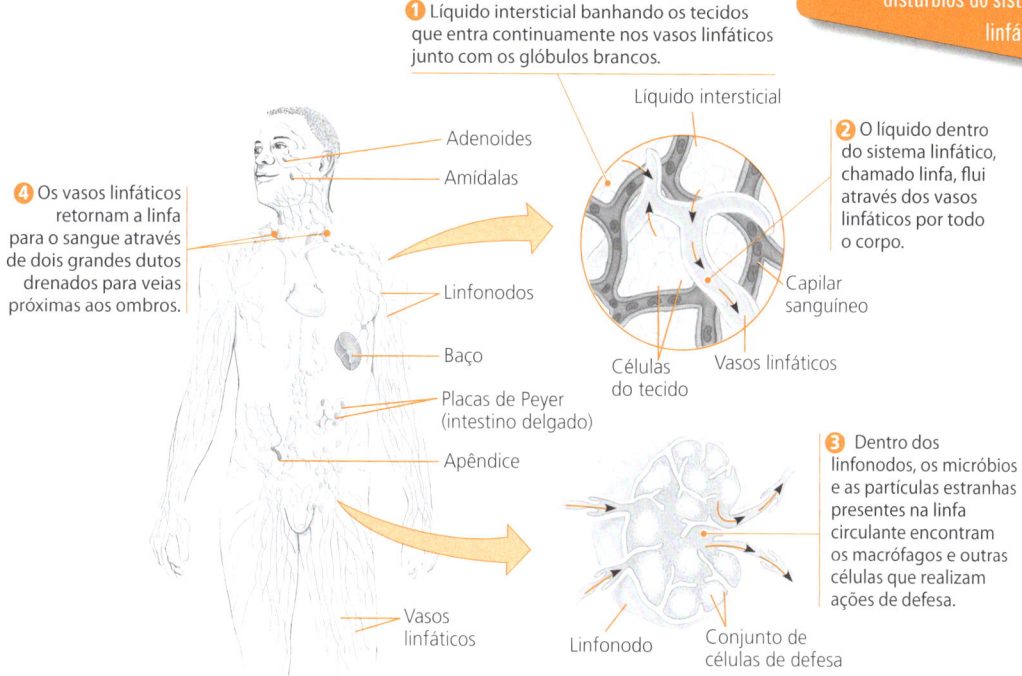

❸ Dentro dos linfonodos, os micróbios e as partículas estranhas presentes na linfa circulante encontram os macrófagos e outras células que realizam ações de defesa.

Figura 5.13 Vasos linfáticos.
Fonte: Campbell e Reece (2010).

» Doenças do sistema linfático

Linfoma

Linfoma (Quadro 5.21) é o termo utilizado para denominar um grupo de cânceres do sistema linfático. Os linfomas têm origem a partir da transformação maligna dos linfócitos nos gânglios linfáticos ou no tecido linfático em órgãos como o estômago ou os intestinos. Linfoma de Hodgkin e linfoma não Hodgkin são duas grandes categorias dessa doença caracterizada pelo aumento dos gânglios linfáticos.

Quadro 5.21 » **Linfoma**	
Sintomas	Fadiga crônica, febre, perda de peso, suores noturnos, prurido, presença de gânglios aumentados.
Diagnóstico	É feito mediante exame de biópsia.
Tratamento	Quimioterapia, radioterapia, transplante de medula óssea.

Linfedema

Linfedema (Quadro 5.22) é um distúrbio linfático, também conhecido como insuficiência linfática, que ocorre em razão do acúmulo de fluido linfático no tecido intersticial. Sua gravidade varia de complicações leves a desfigurantes, infecção dolorosa e celulite profunda na pele. Se não for tratada, a pele torna-se fibrosa (espessamento da pele e de tecidos subcutâneos), com perda da estrutura normal, da funcionalidade e da mobilidade.

Quadro 5.22 » **Linfedema**	
Sintomas	Edema nos membros superiores e inferiores e às vezes em outras partes do corpo.
Diagnóstico	É feito mediante anamnese e exame físico, exames laboratoriais, exames de imagem e biópsia.
Tratamento	Cuidados com a pele, exercícios físicos, automassagem, drenagem linfática e enfaixamento compressivo.

Linfoadenopatia

Linfoadenopatia (Quadro 5.23) é um distúrbio linfático em que os linfonodos tornam-se inchados ou aumentados em decorrência de uma infecção. Por exemplo, o inchaço dos gânglios linfáticos no pescoço pode ocorrer como resultado de uma infecção na garganta.

Quadro 5.23 » **Linfoadenopatia**	
Sintomas	Linfonodos inchados ou aumentados.
Diagnóstico	É feito por meio de anamnese, exame físico, exames laboratoriais, exames de imagem e biópsia.
Tratamento	Uso de antibióticos para tratar a infecção.

Agora é a sua vez!

Cristina está se queixando de uma íngua na região cervical. Refere também febre e dor de garganta, coriza e tosse. Após ser avaliada pelo médico, foi medicada com anti-inflamatório e antibiótico com diagnóstico de infecção das vias aéreas superiores (IVAS).

a) O que é íngua?

b) Explique a relação entre a IVAS e a íngua.

c) Descreva a assistência de enfermagem adequada para essa cliente.

Para mais atividades sobre o sistema linfático, acesse o ambiente virtual de aprendizagem Tekne.

Sistema respiratório

Uma afecção que atinge o sistema respiratório pode interferir nas trocas gasosas e resultar em menor oferta de oxigênio para as células do corpo realizarem suas funções. Algumas providências simples contribuem para manter a saúde do sistema respiratório, como respirar sempre pelo nariz e manter o corpo aquecido durante o inverno (as vias respiratórias e os pulmões são facilmente sensibilizados pelo frio, o que facilita as infecções virais e bacterianas).

Todas as células do corpo humano realizam a **respiração celular**, que ocorre no interior das mitocôndrias. Nesse processo, substâncias orgânicas reagem com o **oxigênio** (O_2), liberando energia que é utilizada pela célula em seus processos vitais. Os produtos da respiração celular são água (H_2O) e **gás carbônico** (CO_2). A água formada é reutilizada pela célula, mas o gás carbônico não tem utilidade para o organismo e é eliminado do corpo.

As substâncias orgânicas e o oxigênio utilizados na respiração celular chegam às células pelo sangue que circula nos capilares sanguíneos. É também pelo sangue que as excreções e o gás carbônico produzidos pelas células são levados aos órgãos encarregados de eliminá-los do corpo. As excreções, principalmente a ureia, são eliminadas pelos rins (abordados mais adiante neste capítulo). O gás carbônico, por sua vez, é eliminado nos pulmões, ao mesmo tempo em que o sangue se abastece de gás oxigênio. Esse processo de trocas gasosas entre o ar atmosférico e o sangue, que ocorre nos pulmões, constitui a **respiração pulmonar**. Portanto, o termo respiração é empregado em dois níveis: celular e pulmonar.

O sistema respiratório (Figura 5.14) é constituído por narinas, cavidade nasal, faringe, laringe, traqueia e pulmões (brônquios, bronquíolos e alvéolos).

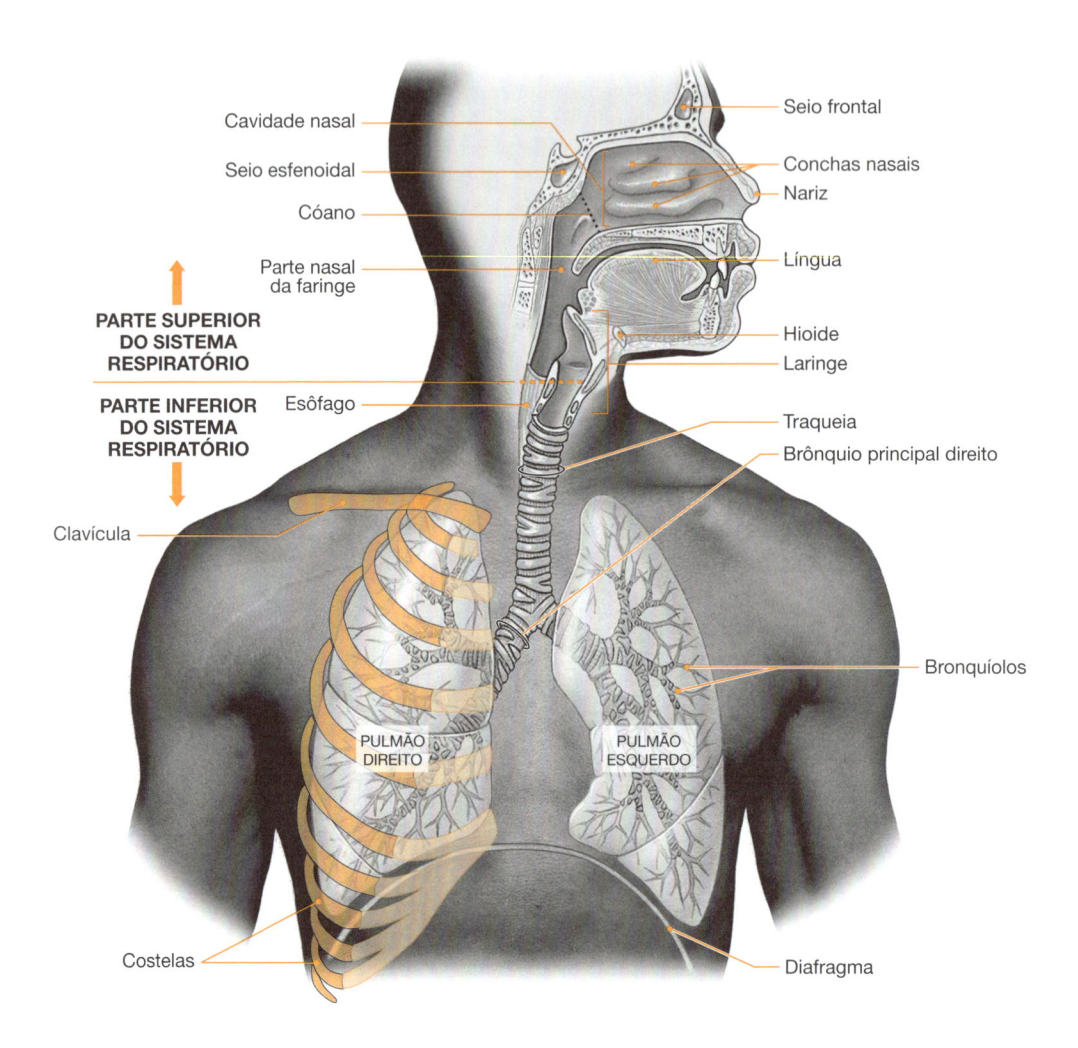

Figura 5.14 Anatomia do sistema respiratório.
Fonte: Martini, Timmons e Tallitsch (2009).

As fossas nasais, ou cavidades nasais, são duas cavidades paralelas separadas por uma parede cartilaginosa denominada **septo nasal**. Elas começam nas narinas e terminam na faringe. As células que revestem a cavidade produzem o muco que umedece as vias respiratórias e retém partículas sólidas e microrganismos presentes no ar que inspiramos, funcionando como um filtro. Portanto, o ar é filtrado, umedecido e aquecido. No teto das cavidades nasais, há células sensoriais responsáveis pelo sentido do olfato.

> **» ATENÇÃO**
>
> O monóxido de carbono (CO) lançado pelos escapamentos dos automóveis é um composto tóxico por causa de sua grande afinidade com a hemoglobina. Essa combinação forma um composto estável, a carboxiemoglobina, que impede o transporte de oxigênio para as células. Dependendo da concentração de monóxido de carbono, a falta de oxigênio (anoxia) pode levar à morte.

Ao respirarmos, o ar entra pelas narinas, passa pelas cavidades nasais e chega à faringe (canal compartilhado pelos sistemas digestório e respiratório). Da faringe, o ar é conduzido para a laringe, que é constituída por cartilagens articuladas. A entrada da laringe é chamada **glote**. Acima da glote, há uma "lingueta" de cartilagem, a **epiglote**, que funciona como válvula. Quando engolimos, a laringe sobe e sua entrada é fechada pela epiglote, impedindo que o alimento engolido penetre nas vias respiratórias e cause engasgamento.

> **» CURIOSIDADE**
>
> Uma das partes cartilaginosas da laringe é a proeminência laríngea, também conhecida como pomo-de-adão, saliência na parte anterior do pescoço, mais desenvolvida nos homens.

O revestimento interno da laringe abriga as **pregas vocais**, antes denominadas **cordas vocais**, que produzem sons durante a passagem do ar. Graças à ação combinada da laringe, da boca, da língua e do nariz, conseguimos articular palavras e emitir diversos tipos de som.

Na sequência da faringe, há a **traqueia**, reforçada com anéis de cartilagem que têm a função de mantê-la sempre aberta para a passagem do ar. Na região do tórax, a traqueia divide-se em dois tubos curtos e também reforçados por anéis de cartilagem, os **brônquios**, que conduzem o ar aos pulmões. Nos pulmões, os brônquios ramificam-se, formando tubos cada vez mais finos, os bronquíolos. O conjunto de bronquíolos é denominado árvore respiratória. Cada bronquíolo apresenta, em sua extremidade, um grupo de pequenas bolsas, denominadas **alvéolos pulmonares**.

Os **pulmões** são dois órgãos esponjosos localizados na **caixa torácica** envoltos por duas membranas denominadas **pleuras**. A pleura interna está aderida à superfície pulmonar, enquanto a pleura externa está aderida à parede da caixa torácica. O estreito espaço entre as pleuras é preenchido por uma fina camada líquida. A tensão superficial desse líquido mantém unidas as duas pleuras, mas permite que elas deslizem uma sobre a outra durante os movimentos respiratórios.

O ar entra nos pulmões (Figura 5.15) e sai deles por meio da contração do **diafragma**, músculo que separa a caixa torácica da cavidade abdominal e dos músculos intercostais. Ao se contrair, o diafragma se abaixa, o que, com o movimento dos músculos intercostais, aumenta o volume da caixa torácica, de modo que a pressão interna nessa cavidade diminui e se torna menor que a pressão do ar atmosférico. Com isso, o ar penetra nos pulmões (movimento de **inspiração**), momento em que o oxigênio é absorvido. Na **expiração**, o diafragma e os músculos intercostais relaxam-se, o que reduz o volume torácico e empurra para fora o ar usado.

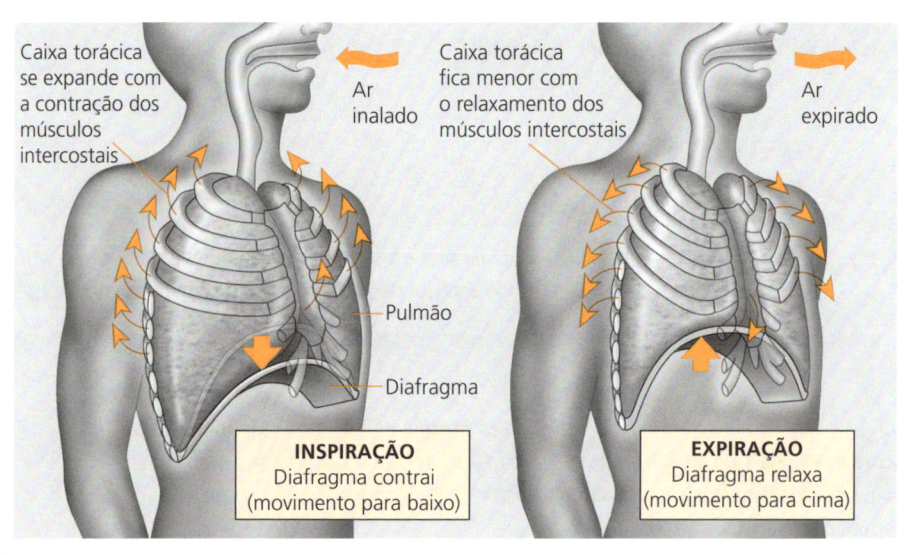

Figura 5.15 Movimentos respiratórios.
Fonte: Campbell e Reece (2010).

» **DEFINIÇÃO**
Hematose é o processo de troca de sangue venoso (desoxigenado, ou seja, rico em gás carbônico) por sangue arterial (oxigenado, ou seja, rico em oxigênio) realizado pelos alvéolos pulmonares.

Nos pulmões, mais precisamente nos alvéolos pulmonares, ocorre a **hematose** (Figura 5.16B). No sistema cardiovascular, o sangue contém pigmentos respiratórios que aumentam sua capacidade de transportar gases. Nos seres humanos, a **hemoglobina** combina-se com o oxigênio e forma a **oxiemoglobina**. O gás carbônico também é levado pela hemoglobina (na forma de **carbaminoemoglobina** ou **carboemoglobina**) ou dissolvido no plasma. O oxigênio é transportado principalmente na forma de oxiemoglobina dentro das hemácias (Figura 5.16A).

Os movimentos respiratórios podem ser controlados até certo ponto. Esse controle respiratório é feito pelo córtex cerebral (parte externa do cérebro), mas não é possível prender a respiração indefinidamente. À medida que a concentração de CO_2 se eleva no sangue, o centro respiratório localizado no bulbo (uma parte do encéfalo) envia impulsos ao diafragma e aos músculos intercostais, que aumentam a frequência e a intensidade dos movimentos respiratórios. Com isso, acelera-se a eliminação de gás carbônico e a entrada de oxigênio.

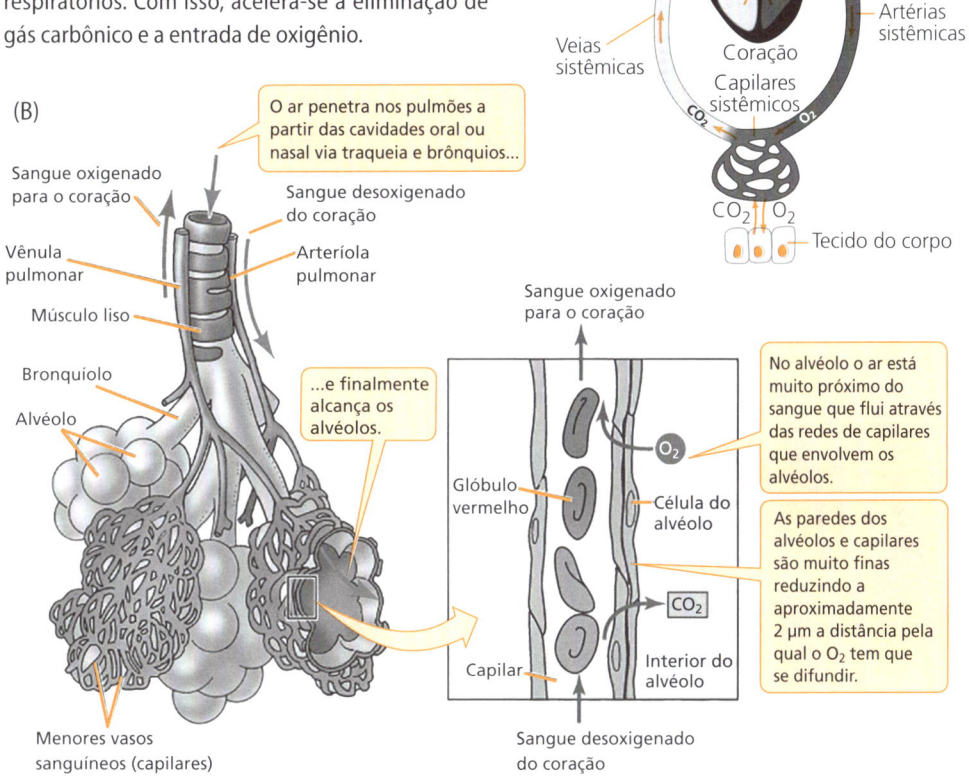

Figura 5.16 (A) Caminhos dos gases respiratórios do ar até as células do corpo e vice-versa. (B) Hematose.
Fontes: (A) Campbell e Reece (2010); (B) Sadava et al. (2009).

» CURIOSIDADE

Tanto a traqueia quanto os brônquios e os bronquíolos são revestidos internamente por um epitélio ciliado, rico em células produtoras de muco. Partículas de poeira e microrganismos em suspensão no ar aderem ao muco, sendo continuamente "varridos" em direção à garganta pelo batimento dos cílios. Ao chegar à faringe, o muco e as partículas aderidas são engolidos e vão para o tubo digestório, onde são digeridos e eliminados.

» Doenças do sistema respiratório

Os principais prejuízos aos pulmões são causados pela inalação de fumaça, poeira e outras partículas que podem acumular-se e provocar diversas doenças. O risco de pessoas que fumam contraírem câncer e enfisema pulmonar é cerca de 20 vezes maior do que o de não fumantes. Dessa forma, o tabagismo é sem dúvida o pior inimigo do pulmão sadio.

A doença pulmonar obstrutiva crônica (DPOC) é uma síndrome que se manifesta por dispneia crônica e obstrução do fluxo expiratório. O termo DPOC inclui bronquite crônica e enfisema, mas outras doenças, como fibrose cística, bronquiectasia ou bronquiolite, também estão associadas com a limitação crônica do fluxo respiratório. A obstrução do fluxo respiratório pode ser agravada pela inflamação das vias respiratórias, sendo caracterizada por broncoespasmo, obstrução da mucosa e fibrose de pequenas vias aéreas.

> **» PARA SABER MAIS**
>
> Acesse o ambiente virtual de aprendizagem Tekne para obter mais informações sobre doença pulmonar obstrutiva crônica.

Asma brônquica

A asma brônquica (Quadro 5.24) é uma doença pulmonar que se caracteriza pela diminuição do calibre dos bronquíolos. Pode ter diversas causas, sendo a mais comum a alérgica. Existe, porém, um forte componente emocional no desencadeamento da crise asmática, que decorre da contração espasmódica da musculatura lisa dos bronquíolos.

> **» DEFINIÇÃO**
> Cianose é um sinal ou sintoma caracterizado pela coloração azulada da pele e das mucosas.

A mucosa que reveste internamente esses condutos respiratórios incha e passa a produzir mais secreção, o que contribui ainda mais para diminuir seu calibre. Essa obstrução causa sufocamento parcial, com aumento do esforço respiratório. A dificuldade respiratória prejudica a oxigenação do sangue e, em casos muito graves, pode ocorrer **cianose**, provocada pelo acúmulo de gás carbônico no sangue.

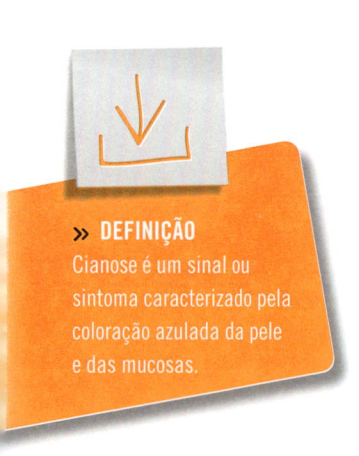

> **PARA SABER MAIS**

Consulte o Capítulo 1 para obter informações sobre doenças fúngicas relacionadas ao sistema respiratório.

> **IMPORTANTE**

A asma alérgica caracteriza-se pela reação inflamatória nos brônquios, pela hipersecreção de muco e pela contração da musculatura lisa, o que dificulta a respiração. A principal causa dessa reação é uma hipersensibilidade à poeira (mais especificamente, aos ácaros presentes na poeira doméstica), aos fungos (Capítulo 1) e a outros elementos dispersos no ar. Por isso, deve-se manter o ambiente sempre bem limpo e arejado e forrar travesseiros e colchões. O médico precisa ser consultado para prevenir e controlar as doenças alérgicas respiratórias.

Quadro 5.24 » **Asma brônquica**

Sintomas	Falta de ar ou dificuldade para respirar, sensação de aperto no peito ou peito pesado, respiração ruidosa com chiado no peito, tosse e cianose nas extremidades.
Diagnóstico	É feito por meio de exame clínico, espirometria e raio X de tórax.
Tratamento	Medicamentos corticoides e broncodilatadores. Deve-se evitar o contato com os agentes desencadeantes das crises de asma.

Agora é a sua vez!

Ao avaliar um cliente com asma brônquica, o enfermeiro identificou o seguinte diagnóstico de enfermagem: padrão respiratório ineficaz relacionado à dispneia, muco, broncoconstrição e irritação das vias aéreas. Explique o que é dispneia e descreva a assistência de enfermagem que este cliente deve receber para melhorar seu padrão respiratório.

Bronquite

A bronquite (Quadro 5.25) é uma afecção respiratória que ocorre quando a mucosa dos brônquios fica constantemente irritada e inflamada, causando tosse contínua, catarro e chiado no peito. Os bronquíolos secretam uma quantidade excessiva de muco, tornando-se comprimidos e inflamados. Com isso, a passagem de ar é dificultada, a respiração torna-se curta e os acessos de tosse são constantes.

A bronquite pode ser aguda ou crônica. A bronquite crônica é uma doença muito séria e costuma estar relacionada com o hábito de fumar. Os brônquios ficam mais suscetíveis a infecções causadas por vírus e bactérias oportunistas, o que agrava os sintomas.

Quadro 5.25 » Bronquite

Sintomas	Tosse com expectoração de muco, falta de ar, febre (quando há infecção associada), cianose de extremidades e lábios, e edema nos membros inferiores (MMII) decorrente de maior esforço cardíaco. Respiração ruidosa com chiado no peito (sibilo) pode surgir nos momentos de crise.
Diagnóstico	É feito por meio de exame clínico e raio X de tórax.
Tratamento	Medicamentos corticoides, broncodilatadores e antibióticos. Deve-se evitar o contato com os agentes que causam a irritação brônquica.

» Agora é a sua vez!

Descreva a assistência de enfermagem nos casos de bronquite crônica e liste as orientações que devem ser dadas ao cliente para evitar crises de bronquite.

Enfisema

Enfisema (Quadro 5.26) é uma doença crônica que provoca a obstrução completa dos bronquíolos, com o aumento da resistência à passagem de ar. Nessas condições, pode ocorrer o rompimento das paredes dos alvéolos, com a formação de grandes cavidades nos pulmões, o que reduz sua eficiência em absorver oxigênio e causa sobrecarga do coração. Muitos clientes evoluem para insuficiência cardíaca e morte. Essa doença está frequentemente relacionada ao hábito de fumar.

Quadro 5.26 » Enfisema

Sintomas	Falta de ar, tosse e chiado no peito.
Diagnóstico	É feito por meio de exame clínico, exames de imagem (raio X e tomografia de tórax) e espirometria.
Tratamento	Uso de medicamentos corticoides e broncodilatadores, fisioterapia respiratória, combate ao hábito de fumar, uso de máscaras de oxigênio e cirurgia.

» Agora é a sua vez!

Explique por que o enfisema é considerado uma doença obstrutiva crônica (DPOC).

Câncer pulmonar

Diversas substâncias contidas no cigarro são comprovadamente cancerígenas. Células cancerosas originadas nos pulmões multiplicam-se rápida e descontroladamente, invadindo outros tecidos do corpo, onde podem formar novos tumores (Quadro 5.27).

Quadro 5.27 » Câncer pulmonar

Sintomas	Tosse e o sangramento pelas vias respiratórias. Pneumonia de repetição também pode ser a manifestação inicial da doença.
Diagnóstico	É feito por meio de raio X do tórax, complementado por tomografia computadorizada e broncoscopia para avaliar a árvore traqueobrônquica e permitir a biópsia. O diagnóstico é confirmado por exame anatomopatológico.
Tratamento	Cirurgia, quimioterapia e radioterapia.

» NO SITE
No ambiente virtual de aprendizagem Tekne você encontra mais exercícios sobre doenças respiratórias.

»Sistema urinário

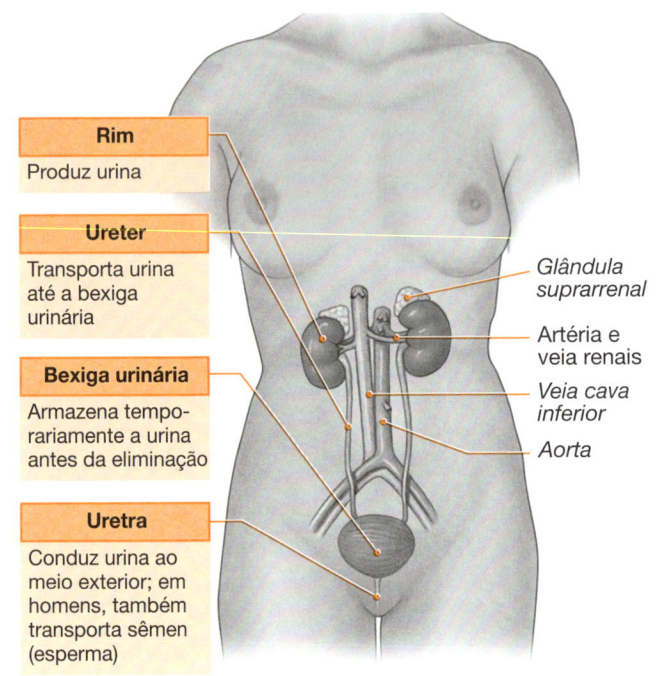

Rim
Produz urina

Ureter
Transporta urina até a bexiga urinária

Bexiga urinária
Armazena temporariamente a urina antes da eliminação

Uretra
Conduz urina ao meio exterior; em homens, também transporta sêmen (esperma)

- Glândula suprarrenal
- Artéria e veia renais
- Veia cava inferior
- Aorta

A urina contém substâncias residuais e algumas que estão em excesso no sangue. Por isso, os exames de urina servem para diagnosticar e controlar alguns distúrbios do organismo. Por exemplo, a presença de glicose na urina pode ser sinal de diabetes, e a presença de bactérias indica uma provável infecção no sistema urinário.

O sistema urinário (Figura 5.17) controla a concentração de líquido no corpo pela excreção de uma quantidade variável de água e sais. A capacidade que permite ao organismo manter a concentração de sais e a pressão osmótica é chamada **osmorregulação**. Dessa forma, quando bebemos muita água, forma-se mais urina, e o excesso de água é eliminado. Se ingerirmos um pouco mais de sal, o excesso também será eliminado pela urina.

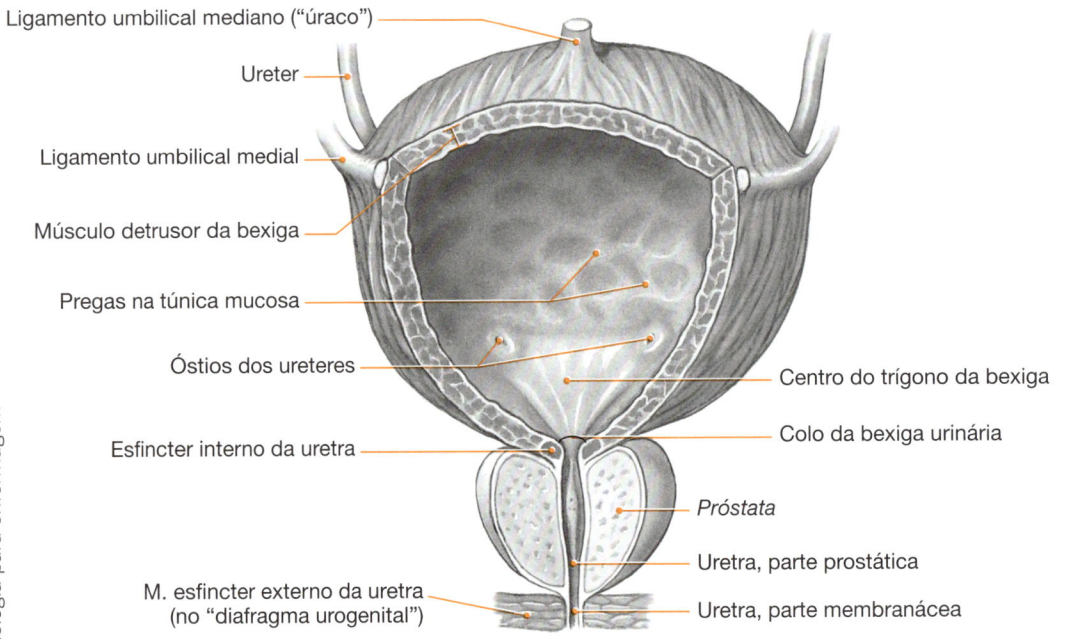

Legendas da figura inferior:
- Ligamento umbilical mediano ("úraco")
- Ureter
- Ligamento umbilical medial
- Músculo detrusor da bexiga
- Pregas na túnica mucosa
- Óstios dos ureteres
- Esfincter interno da uretra
- M. esfincter externo da uretra (no "diafragma urogenital")
- Centro do trígono da bexiga
- Colo da bexiga urinária
- Próstata
- Uretra, parte prostática
- Uretra, parte membranácea

Figura 5.17 Anatomia do sistema urinário.
Fonte: Martini, Timmons e Tallitsch (2009).

Além de eliminar substâncias em excesso, o sistema urinário e outros sistemas que colaboram na excreção (p. ex., os pulmões eliminam gás carbônico) se desfazem de substâncias prejudiciais resultantes do metabolismo, como a ureia produzida na oxidação de proteínas e de outras substâncias nitrogenadas. Desse modo, a excreção colabora para a **homeostase**, isto é, a manutenção de um meio interno constante e compatível com a vida.

O sistema urinário é composto por rins direito e esquerdo, ureteres, bexiga e uretra. Os **rins** recebem sangue pelas artérias renais, que se ramificam em muitas arteríolas. Cada arteríola se dirige a um **néfron** (unidade formadora do rim), que é composto de duas partes: o **corpúsculo renal** (ou de Malpighi) e o **túbulo néfrico** (ou **renal**) (Figura 5.18). O primeiro é formado por um novelo de capilares, o glomérulo renal (ou de Malpighi), envolvido pela cápsula glomerular (ou de Bowman).

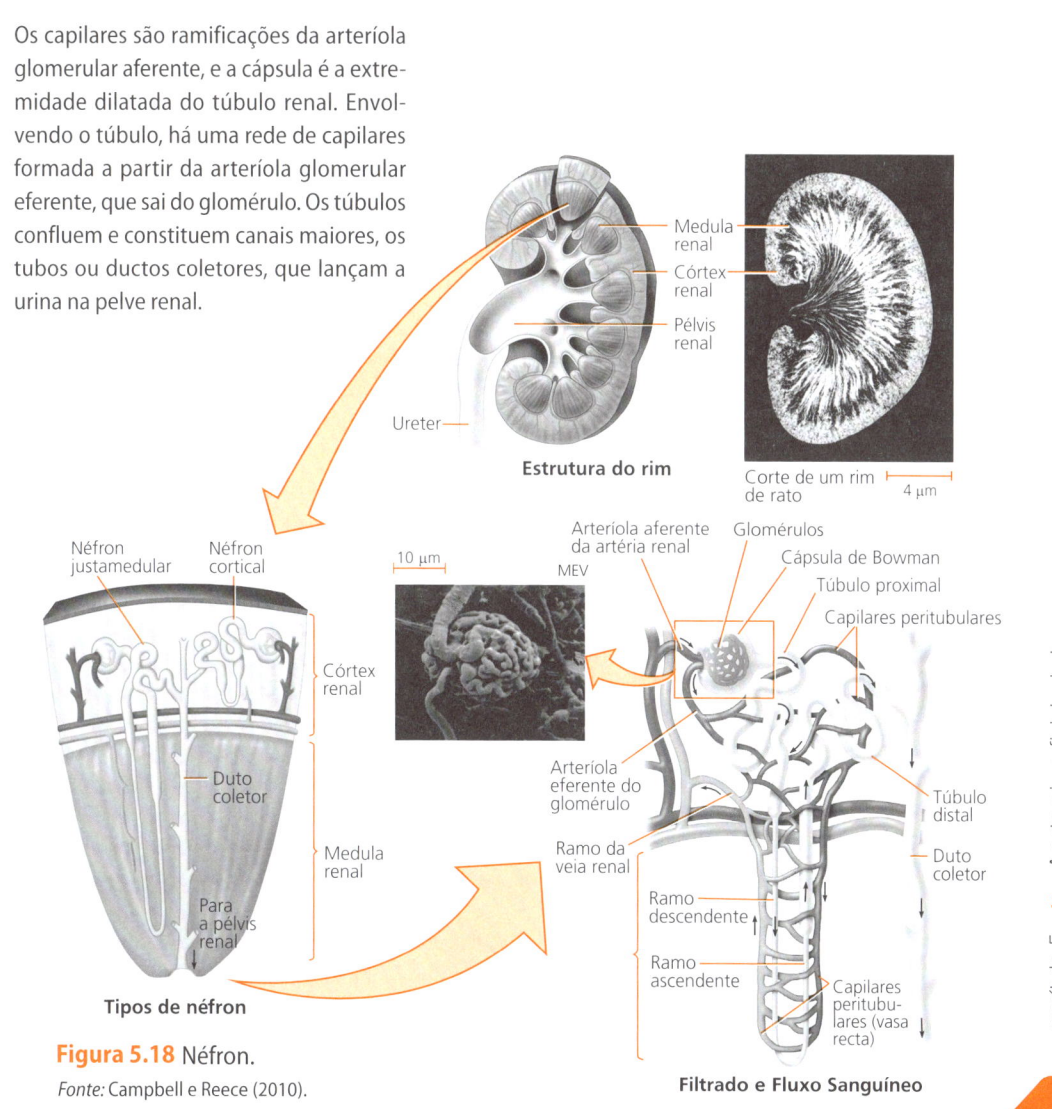

Os capilares são ramificações da arteríola glomerular aferente, e a cápsula é a extremidade dilatada do túbulo renal. Envolvendo o túbulo, há uma rede de capilares formada a partir da arteríola glomerular eferente, que sai do glomérulo. Os túbulos confluem e constituem canais maiores, os tubos ou ductos coletores, que lançam a urina na pelve renal.

Figura 5.18 Néfron.
Fonte: Campbell e Reece (2010).

O néfron funciona em duas etapas (Figura 5.19). A primeira é a filtração, na qual a pressão do sangue "expulsa" a água e as pequenas partículas dissolvidas no plasma (sais, moléculas orgânicas simples e ureia) do glomérulo para a cápsula. Os glóbulos sanguíneos e as grandes proteínas do plasma não passam para a cápsula. A segunda etapa é a reabsorção, que ocorre ao longo do túbulo e na qual a água e as substâncias úteis filtradas para a cápsula são reabsorvidas e voltam para o sangue.

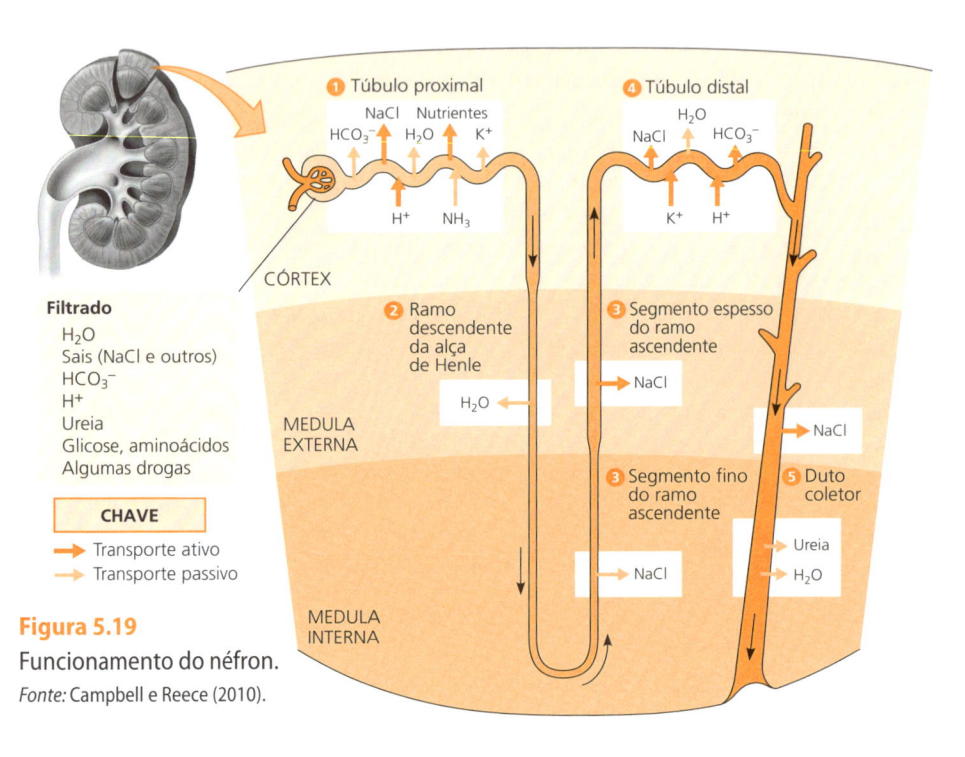

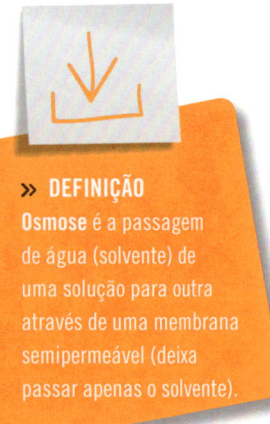

Figura 5.19
Funcionamento do néfron.
Fonte: Campbell e Reece (2010).

As células da parte inicial do túbulo contorcido proximal reabsorvem, por transporte ativo, praticamente toda a glicose, os aminoácidos e parte dos sais, e os lançam no sangue. Ao receber de volta essas substâncias, o sangue fica mais concentrado (hipertônico) do que o líquido do túbulo, de modo que 80 a 85% da água é reabsorvida por **osmose**.

>> **DEFINIÇÃO**
Osmose é a passagem de água (solvente) de uma solução para outra através de uma membrana semipermeável (deixa passar apenas o solvente).

Na sequência do túbulo contorcido proximal, está a alça néfrica ou de Henle (Tabela 5.2), com um ramo descendente (no qual continua a reabsorção de água por osmose) e outro ascendente (no qual são reabsorvidos os sais). Após o ramo ascendente, vem a parte final do túbulo renal, o túbulo contorcido distal, no qual ocorre a reabsorção ativa de sais e de um pouco de glicose.

Uma terceira etapa, a **secreção tubular**, completa a filtração e a reabsorção. Nela, as células do túbulo controlam a taxa de potássio no sangue (retirando íons K^+) e ajudam a manter o pH do sangue (em torno de 7,4), removendo íons H^+ (ácidos) ou NH_4^+ (básicos), conforme o pH diminua ou aumente, respectivamente.

O sangue sai dos rins pelas veias renais, que se unem à veia cava inferior. Dessa cavidade, partem os ureteres, que levam a urina para a **bexiga urinária**, saco muscular em que ela fica acumulada. Quando o volume na bexiga alcança de 200 a 300 mL, a pessoa sente vontade de urinar, e a urina é então lançada ao exterior pela uretra.

> ## » CURIOSIDADE
>
> Ao sair do tubo coletor, a urina é formada por aproximadamente 95% de água, 2% de ureia, 1% de cloreto de sódio e 2% de outros sais e produtos nitrogenados, como o ácido úrico, a amônia e a creatinina.

Tabela 5.2 » Formação de urina no néfron

Local	Processo	Substâncias envolvidas
Corpúsculo renal	A pressão do sangue força a filtração no glomérulo, com passagem de substâncias para a cápsula renal	Água, glicose, aminoácidos, sais, ureia, ácido úrico, entre outros
Túbulo contorcido proximal	Difusão e transporte ativo executado pelas células dos túbulos devolvem substâncias do filtrado para os capilares sanguíneos	Água, glicose, aminoácidos e sais
Alça néfrica	Osmose e reabsorção de água do filtrado para os capilares sanguíneos	Água e sais
Túbulo contorcido distal	O transporte ativo executado pelas células dos túbulos remove excretas dos capilares sanguíneos, lançando-os na urina	Ácido úrico, amônia, íons hidrogênio, entre outros
Ducto coletor	Recebe a urina e a conduz ao ureter	Água, ureia, ácido úrico, sais, amônia, entre outros

A quantidade de água reabsorvida varia ligeiramente de acordo com a quantidade total de água do corpo. Em dias quentes, quando perdemos muita água pelo suor, as células do **hipotálamo** produzem o **hormônio antidiurético** (ADH), que é armazenado e secretado pela **hipófise**. Quando a pressão osmótica do sangue aumenta, por causa da diminuição da água, esse hormônio intensifica a permeabilidade, do túbulo contorcido distal e do tubo coletor, à água. Como resultado, a reabsorção de água por osmose aumenta, de modo que a urina é produzida em menor quantidade e se torna mais concentrada (**hipertônica**) e, portanto, escura.

Por sua vez, quando bebemos muita água, a pressão osmótica do sangue cai. Com isso, a produção de ADH fica inibida, o que diminui a permeabilidade do túbulo e a reabsorção de água. Consequentemente, a urina fica mais diluída, portanto, mais clara e abundante, com uma concentração de sais até quatro vezes menor (**hipotônica**) do que a do sangue. O álcool também inibe a produção de ADH, por isso que a ingestão de bebidas alcoólicas estimula a **diurese**.

» CURIOSIDADE

Alguns medicamentos, drogas ou os produtos de suas transformações no organismo podem ser identificados na urina mesmo várias semanas depois de consumidos. É nesse fato que se baseia o exame *antidoping*, feito, por exemplo, em competições esportivas para descobrir se um atleta usou alguma substância proibida que lhe daria vantagem sobre os demais competidores.

» Doenças do sistema urinário

Diversos problemas podem prejudicar o funcionamento dos rins, causando insuficiência renal e afetando todo o organismo, como o aumento da pressão arterial, a elevação da taxa de ureia no sangue (**uremia**), a retenção de água e sal que causam edema, o aumento da acidez do sangue (**acidose**), entre outros.

Os cálculos renais (ou as pedras nos rins) formam-se quando a concentração de cálcio ou de outros sais na urina aumenta. Além de certa predisposição genética, a baixa ingestão de água é um fator que contribui para a formação de cálculos. O sistema urinário também pode ser atacado por microrganismos e desenvolver infecções nos rins (glomerulonefrite), na uretra (uretrite) ou na bexiga (cistite).

Se as funções renais estiverem muito prejudicadas, talvez seja necessário fazer hemodiálise. Nesse caso, o sangue do cliente circula por um rim artificial, no qual há tubos com membranas semipermeáveis imersos em um líquido que contém as substâncias normalmente presentes no sangue. As membranas deixam passar as excretas do sangue por difusão e impedem a saída dos glóbulos e das proteínas. Em alguns problemas renais, é necessário o transplante.

- Alguns tipos de doença renal alteram a hemostasia de sódio e água de modo que a ingestão dietética de sódio é maior que sua excreção urinária, resultando na retenção de sódio e consequente expansão do volume do líquido extracelular, o que contribui para a hipertensão que, por si própria, pode acelerar a disfunção dos néfrons e causar edema.

- Apesar de a hipercalemia nem sempre estar presente na doença renal crônica (DRC), ela pode ser desencadeada por catabolismo proteico, hemólise, hemorragia e acidose metabólica.
- A correção da hipercalemia pode aumentar a produção renal de amônia, ampliar a geração renal de bicarbonato e melhorar a acidose metabólica.
- A doença cardiovascular é a principal causa de morbidade e mortalidade entre os clientes em qualquer estágio da DRC.

Cálculo renal

Cálculo renal (Quadro 5.28) são cristalizações de ácido úrico e de sais minerais, como o cálcio e o fósforo, que se formam quando aumenta a concentração dessas substâncias na circulação sanguínea. Assim, os rins não as eliminam e elas passam a se acumular dentro dos néfrons. Os cálculos podem ser encontrados nos rins ou nos ureteres ao mesmo tempo.

Quadro 5.28 » Cálculo renal

Sintomas	Dor lombar intensa e unilateral; dificuldades para urinar; enrijecimento, sensibilidade, inchaço e estufamento dos rins; náusea; vômito; calafrios; presença de sangue na urina; aumento da vontade de urinar.
Diagnóstico	É feito por meio de exame clínico, exame de sangue, exame de urina e ultrassonografia.
Tratamento	Sintomático com analgésicos e anti-inflamatórios; litotripsia; ingestão de grande quantidade de água.

» PARA SABER MAIS

Para mais informações sobre cálculo renal e outras doenças do sistema urinário, acesse o ambiente virtual de aprendizagem Tekne.

Glomerulonefrite

A glomerulonefrite (Quadro 5.29) consiste em uma doença renal na qual há uma reação inflamatória nos glomérulos, com grave prejuízo da função dos rins. Ela é o resultado de efeitos colaterais indesejados do mecanismo de defesa do organismo, desencadeados, dentre outras possíveis causas, por um processo infeccioso.

Quadro 5.29 » Glomerulonefrite

Sintomas	Anemia, hipertensão, sinais de função renal reduzida. Com a evolução da doença, podem surgir os sintomas de insuficiência renal crônica (IRC).
Diagnóstico	É feito por meio de exame clínico, exame de sangue e urina, tomografia computadorizada abdominal, ultrassom dos rins, raio X abdominal e urografia.
Tratamento	Depende da causa que desencadeou o problema. Podem ser usados anti-hipertensivos, corticoides, imunossupressores, plasmaférese, hemodiálise e, em casos mais graves, transplante renal.

» Agora é a sua vez!

No setor de hemodiálise de um hospital, encontramos uma cliente de 32 anos que faz hemodiálise há 5 anos. Ela refere que seu problema iniciou quando ficou internada para um procedimento cirúrgico necessitando permanecer com sonda vesical. Alguns dias depois, seu quadro evoluiu para infecção urinária, glomerulonefrite e insuficiência renal.

a) Estabeleça a relação da sonda vesical com a glomerulonefrite.

b) Como evitar as complicações da sondagem vesical?

Uretrite

Uretrite (Quadro 5.30) é a inflamação da uretra, e suas causas mais comuns são as infecções. Muitas uretrites são sexualmente transmitidas.

Quadro 5.30 » Uretrite

Sintomas	Dor durante a micção (disúria) e uma frequente e urgente necessidade de urinar, secreção uretral.
Diagnóstico	É feito por meio de exame clínico, exame de sangue e exame de urina.
Tratamento	Depende da causa da infecção. Pode ser antibiótico, antifúngico ou antiviral.

» Agora é a sua vez!

Uma jovem de 23 anos procura atendimento médico com queixa de disúria e aumento na frequência dos episódios de micção. Após o exame clínico, o diagnóstico foi de uretrite. O médico prescreveu antibiótico, mas orientou a cliente a realizar o exame de urocultura com antibiograma antes de iniciar a antibioticoterapia.

a) Como a cliente deve proceder para colher a amostra do exame de urocultura com antibiograma?

b) Por que primeiro deve ser feita a coleta de urina para o exame para depois iniciar o medicamento prescrito?

c) Por que a uretrite é mais comum em mulheres do que em homens?

Insuficiência renal

Insuficiência renal é o termo utilizado para descrever o mau funcionamento dos rins (Quadro 5.31). Muitas doenças desencadeiam a insuficiência renal, que pode ser aguda (IRA) ou crônica (IRC).

Quadro 5.31 » Insuficiência renal

Sintomas	Alterações de humor e estado mental, diminuição do apetite, fadiga, dor nos flancos, tremor nas mãos, hipertensão, convulsões, edema generalizado (retenção de líquido), edema de tornozelos, pés e pernas, cãibras (principalmente à noite), diminuição no volume de urina.
Diagnóstico	É feito por meio de exame clínico, exame de sangue e urina, ultrassonografia, raio X de tórax, tomografia e ressonância magnética.
Tratamento	Uso de medicamentos e dieta para recuperar a função renal, hidratação, diálise (hemodiálise ou diálise peritoneal), transplante renal.

A insuficiência renal aguda pode ser **pré-renal** (decorrente de hemorragias, desidratação grave, insuficiência cardíaca congestiva (ICC)), **renal** (decorrente de infecção urinária grave, nefrite e toxicidade causada por medicamentos) e **pós-renal** (secundária à litíase renal). Já a insuficiência renal crônica pode decorrer de hipertensão arterial, diabetes, glomerulonefrite e cisto renal.

» Agora é a sua vez!

Por que pessoas com insuficiência renal podem apresentar edema generalizado?

Acesse o ambiente virtual de aprendizagem Tekne para responder a mais questões sobre doenças do sistema urinário.

» Sistema endócrino

Maria foi ao médico para uma consulta de rotina, e ele solicitou exames de sangue. Ao retornar com os resultados, ficou sabendo que estava com diabetes melito. Como sua mãe era portadora da doença, não estranhou, mas ficou preocupada em relação a seu tratamento. Na pós-consulta, o técnico em enfermagem deverá orientá-la quanto aos cuidados com a alimentação e medicação. Vamos explicar para ela o que está ocorrendo em seu organismo?

As funções internas do organismo precisam se manter constantes, apesar das mudanças no ambiente externo. Esse equilíbrio se dá pela regulação da excreção dos hormônios, realizada pelas glândulas endócrinas e exócrinas e também por outros hormônios.

O funcionamento do corpo humano depende, em boa parte, da comunicação entre as células, feita por meio de mensageiros químicos que viajam pelo sangue: os **hormônios** (do grego *hórmon* = estimular). As células produtoras de hormônios estão geralmente reunidas em órgãos denominados **glândulas endócrinas** (do grego *endos* = dentro e *krynos* = secreção). Um hormônio liberado no sangue, apesar de atingir praticamente todas as células, atua somente em algumas delas, as suas **células-alvo**.

As células-alvo de determinado hormônio possuem, na superfície externa de sua membrana plasmática, proteínas denominadas **receptores hormonais**, capazes de combinar-se especificamente às moléculas do hormônio. Apenas quando há a combinação correta entre um hormônio e seu receptor na célula-alvo é que ocorre a estimulação hormonal.

> » **DEFINIÇÃO**
> Hormônios são substâncias produzidas e liberadas por determinadas células que atuam sobre outras células, modificando seu funcionamento.

A produção de muitos hormônios é controlada por mecanismos de *feedback* **negativo** (retroalimentação negativa), ou seja, a substância formada sob o estímulo de uma glândula controla a sua própria produção. Se falta determinada substância no sangue, certa glândula é estimulada e secreta um hormônio que estimula a produção daquela substância, por exemplo. À medida que se acumula no sangue, essa substância inibe a glândula, que passa a produzir menos hormônio. Às vezes, o controle depende de outro hormônio. A tireoide é estimulada por um hormônio da hipófise, cuja produção é inibida à medida que a concentração de hormônio da tireoide aumenta.

O sistema endócrino (Figura 5.20) é constituído por quatro glândulas endócrinas principais: **hipófise**, **tireoide** (ou glândula tireoidea), **paratireoide** (ou glândulas paratireoideas) e **suprarrenais**. O pâncreas e as gônadas (testículos e ovários), apresentam uma parte endócrina e outra exócrina, sendo, portanto, glândulas mistas.

> » **DEFINIÇÃO**
> O timo é uma glândula localizada no tórax, atrás do osso esterno, que atrofia na puberdade e está relacionada às defesas do organismo.

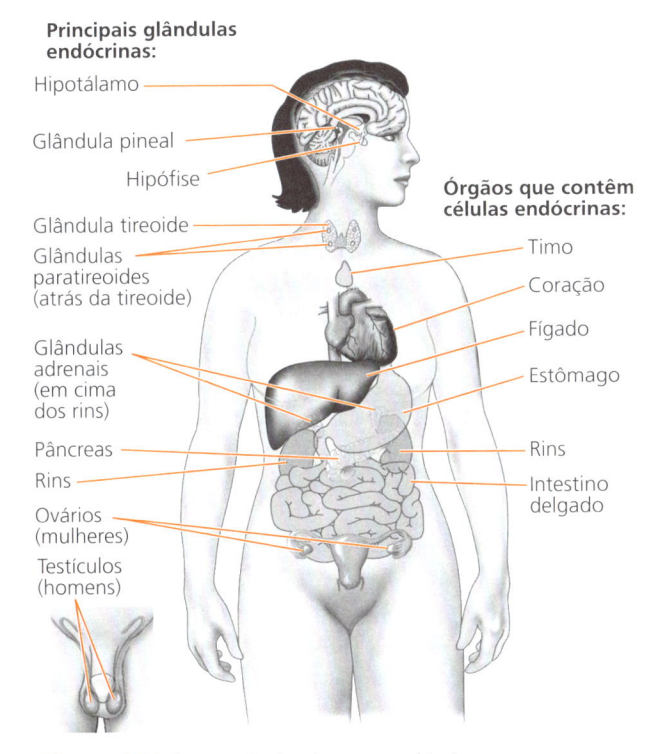

Figura 5.20 Anatomia do sistema endócrino.
Fonte: Campbell e Reece (2010).

O **hipotálamo** é uma região do encéfalo que desempenha um importante papel na integração entre os sistemas nervoso e endócrino. Ao receber informações trazidas por nervos provenientes do corpo e de outras partes do encéfalo, o hipotálamo secreta hormônios que atuam sobre a hipófise. O hipotálamo possui dois grupos de células endócrinas. Um deles produz hormônios que ficam armazenados na região **neuro-hipófise** até serem liberados no sangue, o outro produz hormônios que regulam o funcionamento da **adeno-hipófise**.

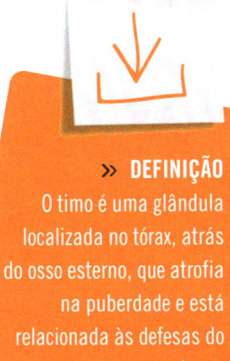

A **hipófise**, também chamada glândula pituitária, fica localizada na base do cérebro e é dividida em **adeno-hipófise** (ou lobo anterior da hipófise) e **neuro-hipófise** (ou lobo posterior da hipófise). A secreção dos hormônios da adeno-hipófise é estimulada e inibida, respectivamente, pelos hormônios de liberação e de inibição produzidos pelo hipotálamo (Figura 5.21). Tais hormônios são **tróficos** ou **trópicos**, isto é, controlam as seguintes glândulas endócrinas:

- hormônio tireotrófico (TSH), que estimula a tireoide;
- hormônio adrenocorticotrófico (ACTH), que controla o córtex das suprarrenais;
- hormônios gonadotróficos, como o hormônio folículo estimulante (FSH), que provoca o crescimento dos folículos nos ovários e a formação de espermatozoides nos testículos;
- hormônio luteinizante (LH), que provoca a ovulação, a formação do corpo lúteo nos ovários e a produção de testosterona nos testículos.

Além desses, a adeno-hipófise produz hormônios que não agem em glândulas endócrinas: a **prolactina**, que estimula a produção de leite nas glândulas mamárias durante a gravidez e a amamentação; o **hormônio estimulante de melanócito**, que altera a distribuição de melanina (pigmento que dá cor à pele); e o **hormônio do crescimento** (GH), ou somatotrofina, que provoca o aumento da estatura nos jovens durante a puberdade.

A neuro-hipófise secreta a ocitocina (ou oxitocina) e o hormônio antidiurético (ADH) ou vasopressina. A **ocitocina** estimula a contração da musculatura do útero no momento do parto, ajudando o bebê a nascer, e provoca a liberação do leite na amamentação quando o bebê suga o seio. Já o **hormônio antidiurético** controla a eliminação de água pelos rins.

Quando há pouca água no organismo, a pressão osmótica do sangue aumenta e estimula as células do hipotálamo, que lançam a vasopressina no sangue. Esse hormônio aumenta a permeabilidade do túbulo renal à água, provocando maior reabsorção e diminuindo a quantidade de água eliminada pela urina. Além disso, quando em alta concentração, provoca a contração das arteríolas, elevando a pressão arterial (daí o nome vasopressina).

>> IMPORTANTE

A vasopressina (ADH), também conhecida como hormônio antidiurético, controla a taxa de excreção de água na urina, ajudando a controlar a quantidade de água nos líquidos do organismo e a pressão arterial pelo efeito vasoconstritivo.

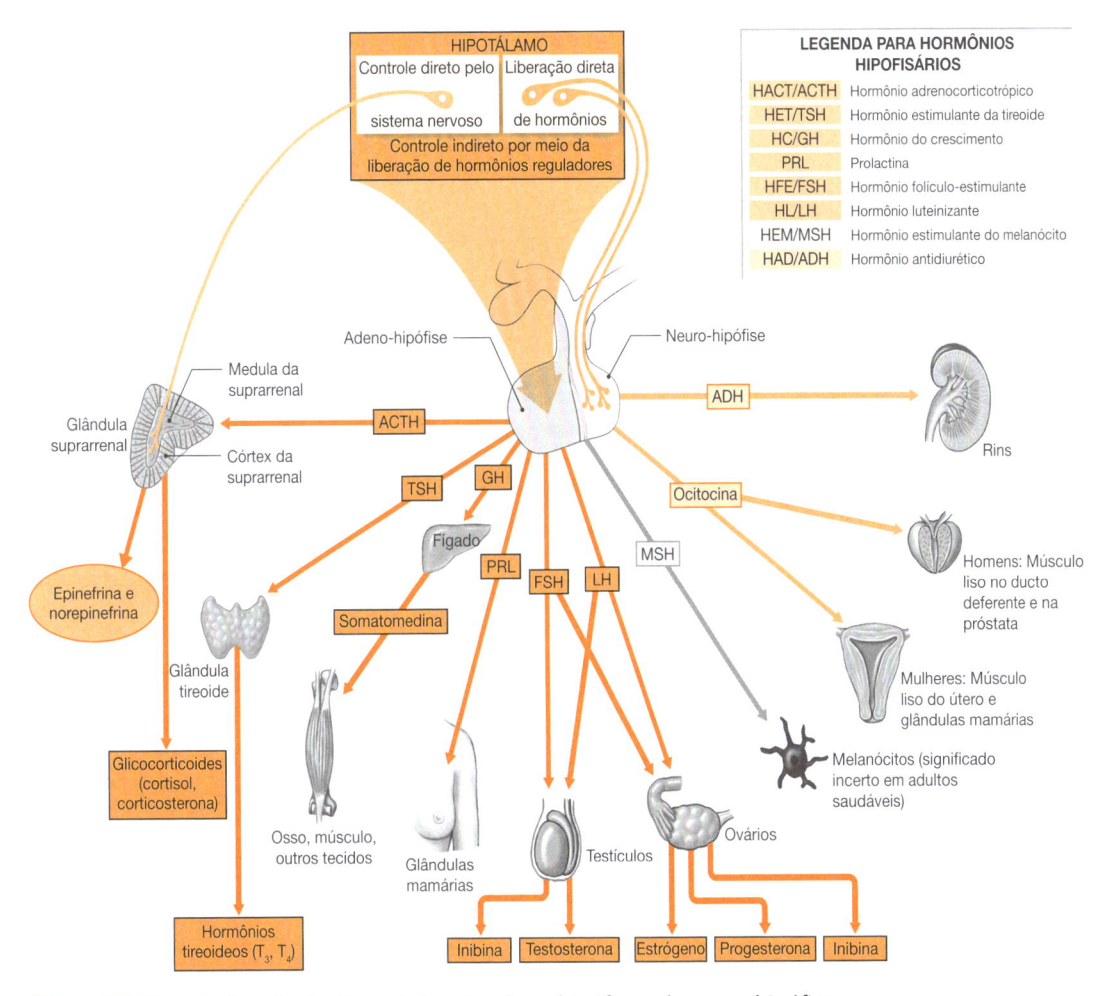

Figura 5.21 Locais de ação dos hormônios da adeno-hipófise e da neuro-hipófise.
Fonte: Martini, Timmons e Tallitsch (2009).

A tireoide produz a **tiroxina** ou tetraiodotironina (T4) e a **triiodotironina** (T3), hormônios com quatro ou três átomos de iodo na molécula, respectivamente. Eles estimulam a oferta e o consumo de oxigênio pelos órgãos, intensificando a respiração celular e, em consequência, liberando calor no organismo. Estimulam também a frequência e a intensidade dos batimentos cardíacos e dos movimentos respiratórios, aumentando o fluxo de sangue para os tecidos e a formação dos ossos no período de crescimento. Essa glândula produz também pequenas quantidades de **calcitonina**, hormônio que diminui a liberação de cálcio (elemento importante para a contração muscular, entre outras funções no sangue), ao contrário do hormônio das paratireoides.

A paratireoide (Figura 5.22A) localiza-se atrás da tireoide e é composta por quatro pequenas glândulas que produzem o **paratormônio**, que controla a taxa de cálcio no sangue. Quando a concentração de cálcio diminui, o paratormônio promove a sua retirada do osso, sendo lançado no sangue, e aumenta a absorção no intestino e a sua reabsorção pelos túbulos renais (Figura 5.22B).

» ATENÇÃO

A hiperfunção das paratireoides, causada por um tumor, por exemplo, enfraquece os ossos e provoca cálculos renais e desequilíbrios no organismo, o que pode levar à morte. Na hipofunção (baixa concentração de cálcio no sangue), ocorrem contrações musculares, como a contração de musculatura da laringe, que pode causar morte por asfixia.

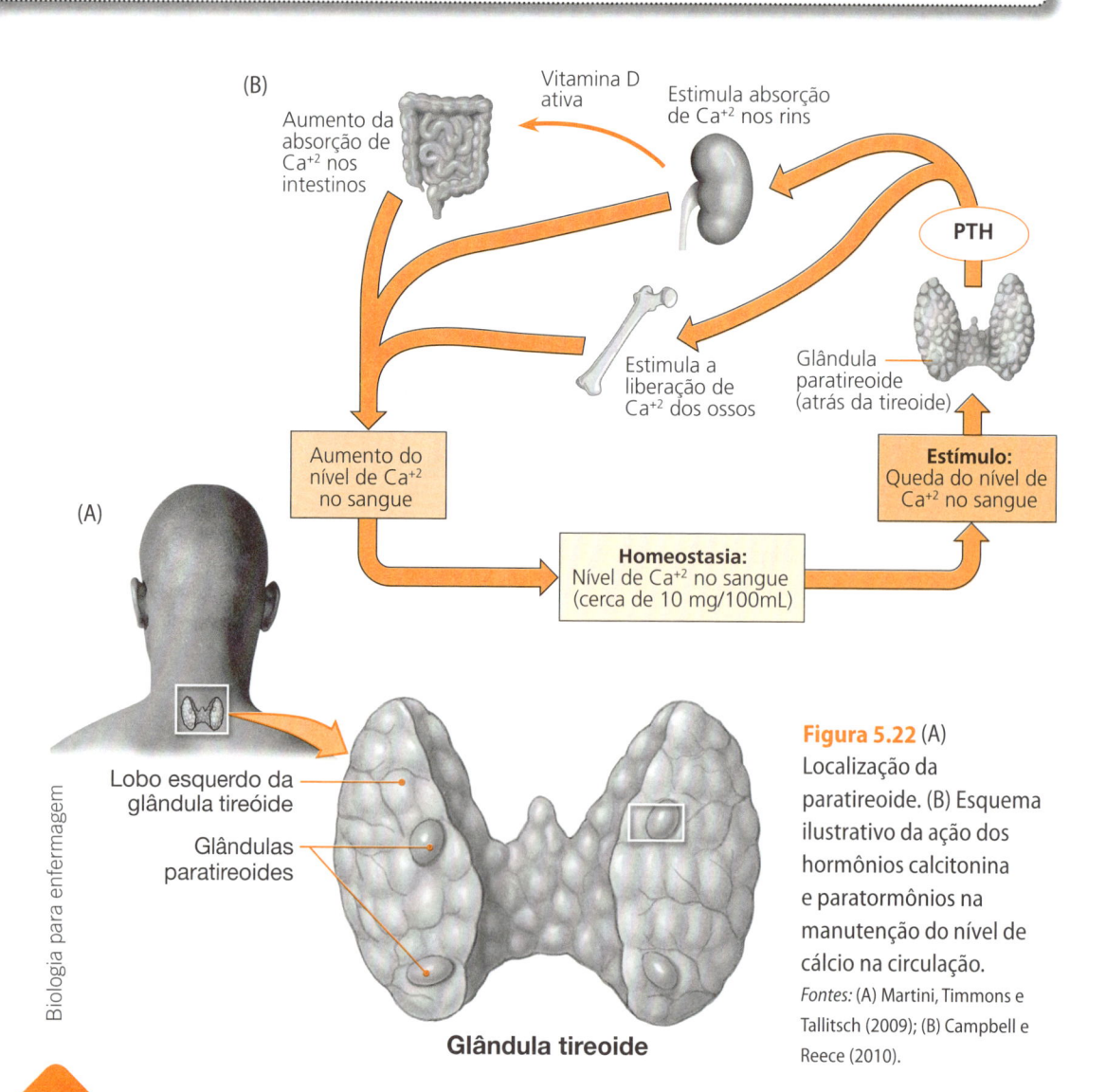

(B) Vitamina D ativa
Aumento da absorção de Ca^{+2} nos intestinos
Estimula absorção de Ca^{+2} nos rins
PTH
Estimula a liberação de Ca^{+2} dos ossos
Glândula paratireoide (atrás da tireoide)
Aumento do nível de Ca^{+2} no sangue
Estímulo: Queda do nível de Ca^{+2} no sangue
Homeostasia: Nível de Ca^{+2} no sangue (cerca de 10 mg/100mL)

(A)
Lobo esquerdo da glândula tireóide
Glândulas paratireoides
Glândula tireoide

Figura 5.22 (A) Localização da paratireoide. (B) Esquema ilustrativo da ação dos hormônios calcitonina e paratormônios na manutenção do nível de cálcio na circulação.
Fontes: (A) Martini, Timmons e Tallitsch (2009); (B) Campbell e Reece (2010).

» Agora é a sua vez!

Para identificar as alterações nas funções da tireoide, são realizados exames laboratoriais e de imagem. Pesquise quais são os exames que auxiliam no diagnóstico das disfunções da tireoide.

O pâncreas possui funções endócrinas e exócrinas, motivo pelo qual é considerado uma **glândula mista** ou anfícrina (do grego *amphi* = dois e *krynos* = secreção). A parte endócrina do pâncreas é constituída por centenas de aglomerados celulares denominados **ilhotas pancreáticas** (ou ilhotas de Langerhans), as quais apresentam dois tipos celulares: as **células beta**, que constituem 70% de cada ilhota e produzem o hormônio insulina, e as **células alfa**, responsáveis pela produção do hormônio glucagon.

A **insulina** facilita a absorção de glicose pelos músculos esqueléticos, pelo fígado e pelas células do tecido gorduroso, levando à diminuição na concentração da glicose circulante no sangue. Nas células musculares e do fígado, a insulina promove a união das moléculas de glicose entre si, com formação de **glicogênio**. Quando realizamos um esforço muscular intenso, o glicogênio dos músculos é quebrado, originando moléculas de glicose que são usadas como "combustível" na respiração celular para a produção de energia. Nos intervalos entre as refeições, o glicogênio armazenado no fígado é quebrado, liberando glicose no sangue para uso das demais células do corpo (Figura 5.23).

O **glucagon** tem efeito inverso ao da insulina, levando ao aumento do nível de glicose no sangue. Esse hormônio estimula a transformação de glicogênio em glicose no fígado e também de outros nutrientes em glicose.

As glândulas suprarrenais (ou **adrenais**) são assim denominadas por estarem localizadas sobre os rins. Cada uma delas é constituída por dois tecidos secretores bastante distintos: um deles forma a medula (porção mais interna) da glândula, enquanto o outro forma o córtex (porção mais externa) (Figura 5.24). O **córtex adrenal** produz hormônios pertencentes ao grupo dos esteroides, conhecidos como **corticosteroides**. Um grupo deles, os **glicocorticoides**, atua na produção de glicose a partir de proteínas e gorduras. Esse processo aumenta a quantidade de glicose disponível para ser usada como combustível em casos de resposta a uma situação estressante.

> » **DEFINIÇÃO**
> O glicogênio é um polissacarídeo formado por milhares de unidades de glicose. O principal órgão de armazenamento de glicogênio é o fígado.

Figura 5.23 Esquema ilustrativo da regulação da concentração da glicose no sangue pela ação combinada dos hormônios insulina e glucagon.
Fonte: Campbell e Reece (2010).

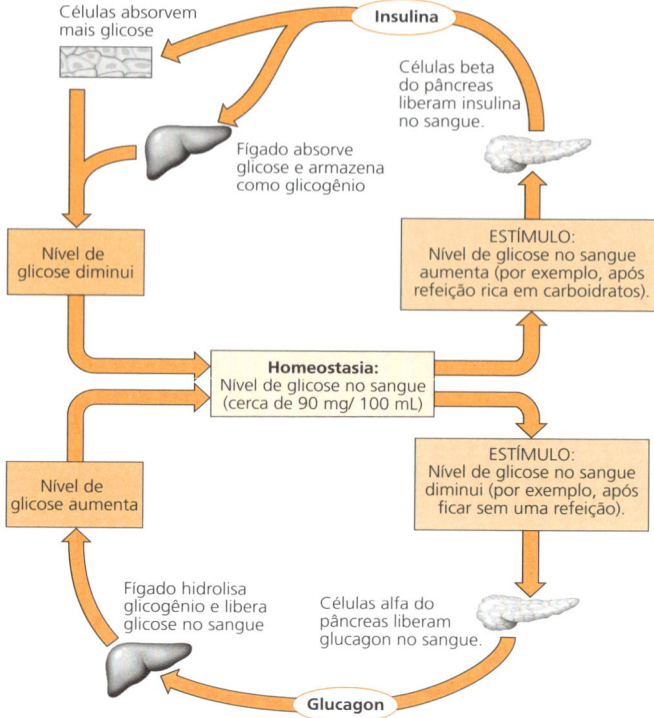

Figura 5.24 (A) Rim e glândula suprarrenal. (B) Glândula suprarrenal em corte, mostrando o córtex e a medula.
Fonte: Martini, Timmons e Tallitsch (2009).

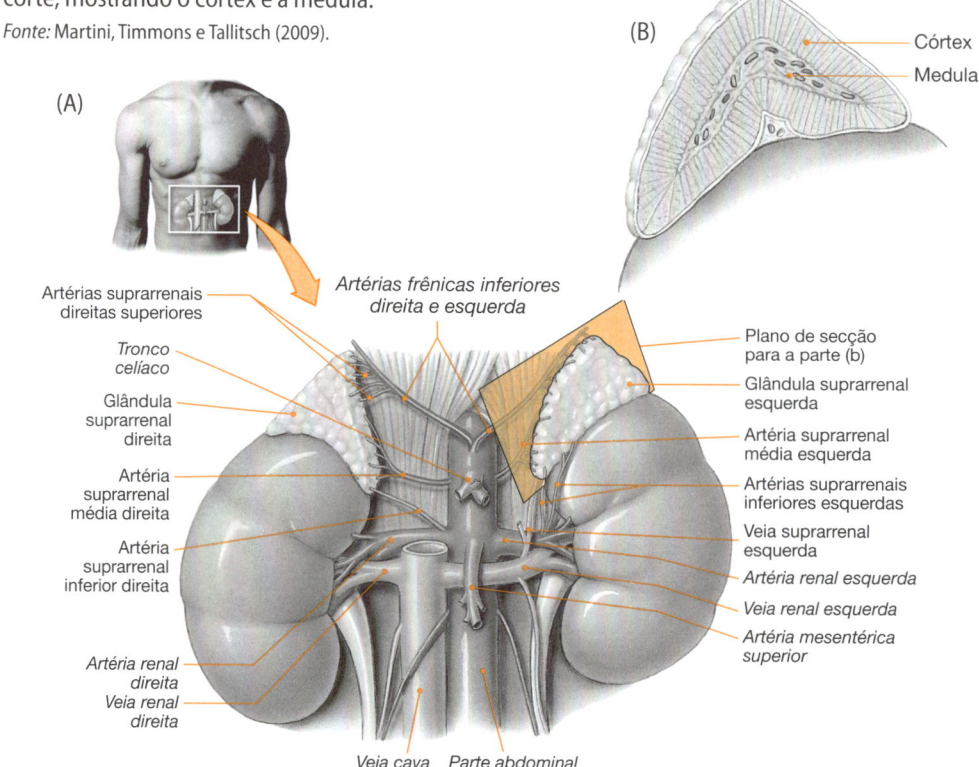

O principal glicocorticoide é o **cortisol** ou **hidrocortisona**. Além de seus efeitos no metabolismo da glicose, o cortisol diminui a permeabilidade dos capilares sanguíneos, sendo, por isso, utilizada no tratamento de inflamações, como as provocadas por processos alérgicos.

> **» PARA SABER MAIS**
>
> No ambiente virtual de aprendizagem Tekne você encontra mais informações sobre o uso de cortisol como medicamento.

Outro grupo de corticoides, os **mineralocorticoides**, regulam o balanço de água e de sais no organismo. A **aldosterona**, por exemplo, é um hormônio que aumenta a retenção de íons sódio (Na^+) pelos rins, causando retenção de água no corpo e, consequentemente, aumento da pressão sanguínea. A liberação de aldosterona é controlada por substâncias produzidas pelo fígado e pelos rins em resposta a variações na concentração de sais no sangue.

A medula adrenal produz dois hormônios principais: a **adrenalina** (ou epinefrina) e a **noradrenalina** (ou norepinefrina). Esses hormônios são sintetizados a partir do aminoácido tirosina. Durante uma situação de estresse (susto, grande emoção, entre outros), o sistema nervoso estimula a medula suprarrenal a liberar adrenalina no sangue. Sob a ação desse hormônio, os vasos sanguíneos da pele contraem-se e a pessoa fica pálida. O sangue passa a concentrar-se nos músculos e nos órgãos internos, preparando o organismo para uma resposta vigorosa.

A adrenalina também causa taquicardia (aumento do ritmo cardíaco), aumento da pressão arterial e maior excitabilidade do sistema nervoso. Essas alterações metabólicas permitem que o organismo dê uma resposta rápida para uma situação de emergência. A noradrenalina é liberada em doses mais ou menos constantes pela medula adrenal, independentemente da liberação da adrenalina. Sua principal função é manter a pressão sanguínea em níveis normais.

As gônadas (testículos e ovários), além dos gametas (espermatozoides e óvulos), produzem hormônios que afetam o crescimento e o desenvolvimento do corpo. Os hormônios produzidos por essas glândulas, chamados **hormônios sexuais**, controlam o ciclo reprodutivo e o comportamento sexual. O ciclo sexual feminino é conhecido por duas fases importantes: a que inicia a liberação do hormônio para o preparo do corpo até culminar na menstruação e a outra em que cessam os ciclos menstruais.

> **» ATENÇÃO**
> Deve-se evitar o uso prolongado de cortisol, pois essa substância tem a propriedade de deprimir o sistema de defesa corporal, tornando o organismo mais suscetível a infecções.

» Doenças do sistema endócrino

O diabetes *insipidus* é causado por uma disfunção hormonal da hipófise que implica a baixa produção do hormônio antidiurético (ADH). Com isso, há pequena reabsorção de água nos túbulos renais e, consequentemente, eliminação de grande volume de urina, que pode chegar a mais de 20 litros por dia. As pessoas com esse problema têm sede insaciável e devem beber muita água para repor a que foi perdida.

Hipotireoidismo

O hipotireoidismo (Quadro 5.32) ocorre quando os níveis de T3 e T4 no sangue tornam-se baixos. Durante a gestação ou na infância, causa o **cretinismo**, que pode comprometer o desenvolvimento físico e psíquico da criança se não for tratado.

» DEFINIÇÃO

Cretinismo é uma doença congênita, provocada pela ausência da tiroxina, hormônio produzido pela tireoide. O hipotiroidismo neonatal é responsável por degeneração física, como a manifestação de anismo, insuficiência da tireoide, órgãos genitais subdesenvolvidos e atraso mental. O cretinismo ocorre quando há um déficit de iodo na alimentação da gestante, principalmente no primeiro trimestre. A identificação da doença se faz pelo teste do pezinho.

Quadro 5.32 » Hipotireoidismo

Sintomas	No adulto, resulta em cansaço excessivo, pele seca e bócio (inchaço na região do pescoço), além de apatia, lentidão dos movimentos, sonolência, ganho de peso sem aumento da ingestão de alimento, frequência cardíaca reduzida, pouca produção de calor com baixa tolerância ao frio e, às vezes, inchaço.
Tratamento	Medicamentos específicos.

>> Agora é a sua vez!

Uma mulher de 36 anos procurou atendimento médico. Após realizar alguns exames, o diagnóstico foi hipotireoidismo.

a) Qual é a localização anatômica da glândula tireoide?

b) Que hormônios são secretados pela glândula tireoide? Como é regulada essa secreção?

c) Para a produção de seus hormônios, a tireoide se utiliza de um íon. Que elemento é esse?

Hipertireoidismo

O hipertireodismo (Quadro 5.33) ocorre quando a glândula tireoide torna-se muito ativa. A falta de iodo na alimentação de uma população pode levar ao "**bócio endêmico**" ou "**bócio carencial**". Nesse caso, o crescimento da glândula tireoide é um mecanismo de compensação, que permite à pessoa absorver o máximo possível de iodo disponível, já que a dieta é pobre nesse elemento. Para controlar o problema, uma lei determina que no Brasil o sal de cozinha seja iodado. O sal é consumido por todos diariamente, e o iodo não altera o preço ou as propriedades do produto.

>> DEFINIÇÃO

O bócio, popularmente conhecido como papo ou papeira, é o nome que se dá ao aumento da glândula tireoide. Esse crescimento anormal pode tomar toda a glândula e tornar-se visível na frente do pescoço ou, então, surgir sob a forma de um ou mais nódulos (bócio nodular), que talvez não sejam perceptíveis externamente.

Quadro 5.33 >> Hipertireoidismo

Sintomas	Nervosismo, perda de peso (apesar do aumento da ingestão de alimento), batimentos cardíacos acelerados, produção excessiva de calor e suor, tremores, fraqueza, bócio e olhos saltados (exoftalmia).
Tratamento	Medicamentos que inibem a produção dos hormônios ou cirurgia para a retirada da glândula, seguida do uso de medicamentos com os hormônios da glândula.

Diabetes melito tipo I

O diabetes melito tipo I (Quadro 5.34), também conhecido como diabetes dependente de insulina ou diabetes juvenil, é provocado pela deficiência de insulina causada pela destruição das células beta presentes no pâncreas (p. ex., em consequência de uma doença autoimune). Geralmente acomete pessoas com menos de 25 anos.

Quadro 5.34 » Diabetes melito tipo I

Sintomas	Vontade frequente de urinar, sede exagerada, cansaço constante, sonolência, infecções urinárias ou de pele, visão turva, coceira, perda de peso, eventuais feridas que demoram a cicatrizar.
Tratamento	A pessoa precisa aplicar injeções diárias do hormônio para suprir a falta da insulina, além de seguir uma dieta indicada pelo médico.

Diabetes melito tipo II

O diabetes melito tipo II (Quadro 5.35), também conhecido como diabetes não dependente de insulina ou diabetes tardio, é o tipo mais comum da doença e costuma ocorrer em pessoas obesas com mais de 40 anos. Pode ser provocado por defeito ou diminuição dos receptores de insulina na célula ou por incapacidade da célula de processar o sinal enviado pela insulina ao se ligar a esses receptores.

Quadro 5.35 » Diabetes melito tipo II

Sintomas	Vontade frequente de urinar, sede exagerada, cansaço constante, sonolência, infecções urinárias ou de pele, visão turva, coceira, perda de peso, eventuais feridas que demoram a cicatrizar.
Tratamento	Pode ser controlada com dieta, atividades físicas e medicamentos específicos.

>> Agora é a sua vez!

1. Uma das complicações do diabetes melito é a presença de úlceras na região dos pés, causadas por alterações vasculares. Como o técnico em enfermagem deve orientar os clientes portadores de diabetes a prevenir o "pé diabético"?
2. A hipoglicemia ocorre quando há uma diminuição dos níveis glicêmicos para valores abaixo de 60 a 70 mg/dL. Normalmente, essa queda causa sintomas neuroglicopênicos. Descreva a manifestação clínica da hipoglicemia.

Para mais atividades sobre o sistema endócrino, acesse o ambiente virtual de aprendizagem Tekne.

>> Sistema nervoso

Você queima um dedo e a dor logo se manifesta. Mesmo sem olhar para o ferimento, você sabe qual dos dedos foi afetado e imediatamente, sem pensar, afasta a mão da fonte de calor, em uma reação instintiva de proteção do organismo. Você vai lembrar inúmeros outros tipos de dor, que variam em causa, duração e intensidade. Todos, em algum momento, temos dores ocasionais ou crônicas, originárias de estímulos internos ou externos. Na maioria dos casos, a dor tem um significado e representa um mecanismo adaptativo que aumenta as chances de sobrevivência. Você consegue imaginar por que a dor é tão importante?

O sistema nervoso vale-se de mensagens elétricas que caminham pelos nervos com mais rapidez do que os hormônios pelo sangue. Além de coordenar as diversas funções no organismo, contribuindo para seu equilíbrio, ele permite que reajamos de modo rápido a estímulos do meio ambiente (Tabela 5.3).

Tabela 5.3 » Organização do sistema nervoso humano

Divisão	Partes	Funções gerais
Sistema nervoso central (SNC)	Encéfalo e medula espinal	Processamento e integração de informações
Sistema nervoso periférico (SNP)	Nervos e gânglios	Condução de informações entre órgãos receptores de estímulos, o SNC e órgãos efetuadores (músculos)

SISTEMA NERVOSO CENTRAL
- Encéfalo
- Medula espinal

SISTEMA NERVOSO PERIFÉRICO
- Nervos periféricos

O sistema nervoso surge de um tubo neural situado dorsalmente. A parte anterior desse tubo aumenta, dilata-se e compõe o **encéfalo**. O restante forma a **medula espinal**, também conhecida como medula raquidiana ou nervosa. Essas duas partes são ricas em neurônios de associação e constituem o **sistema nervoso central** (SNC), que está protegido pela **coluna vertebral**, pelo **crânio** e por três membranas, as **meninges** (Figura 5.25).

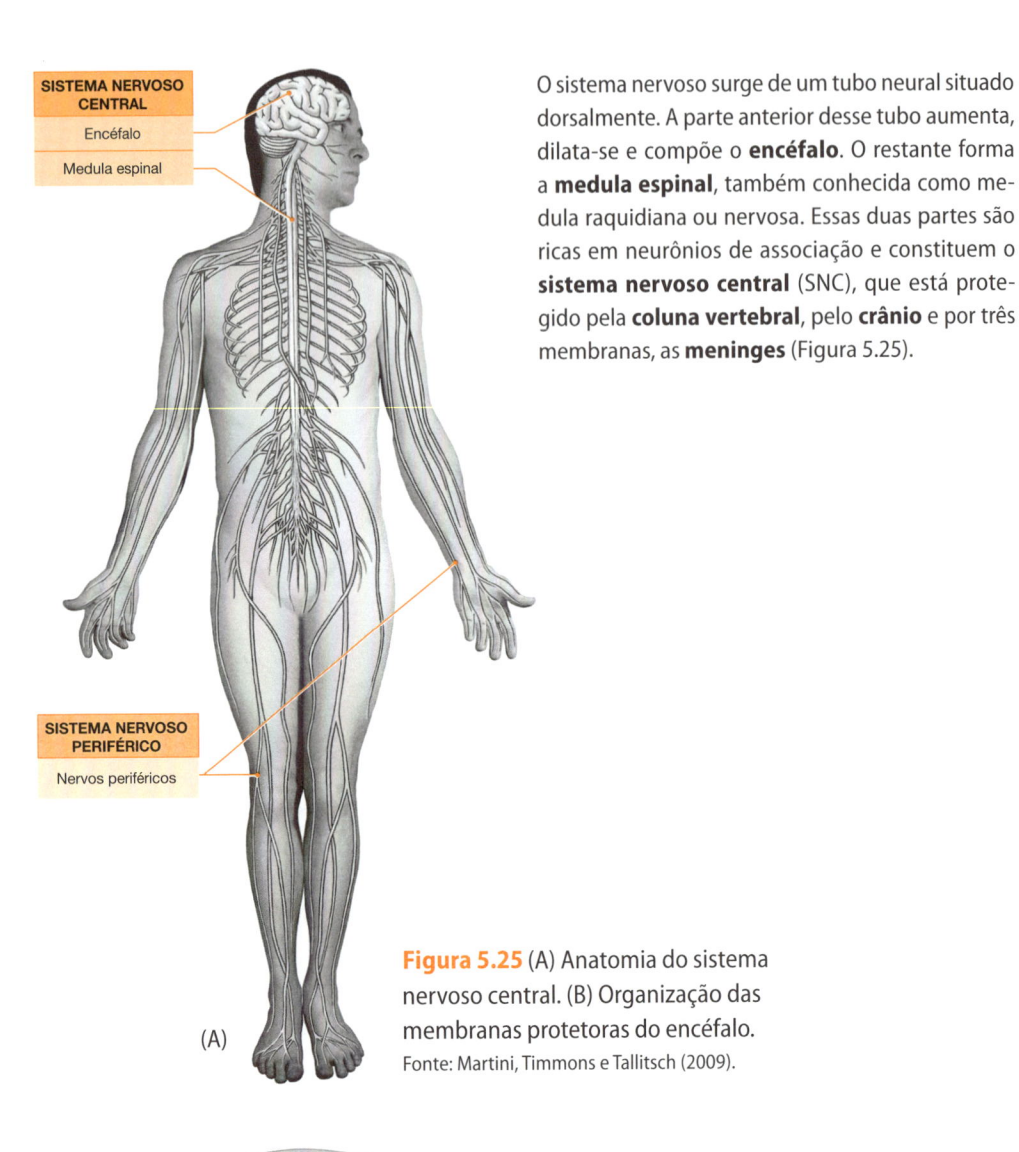

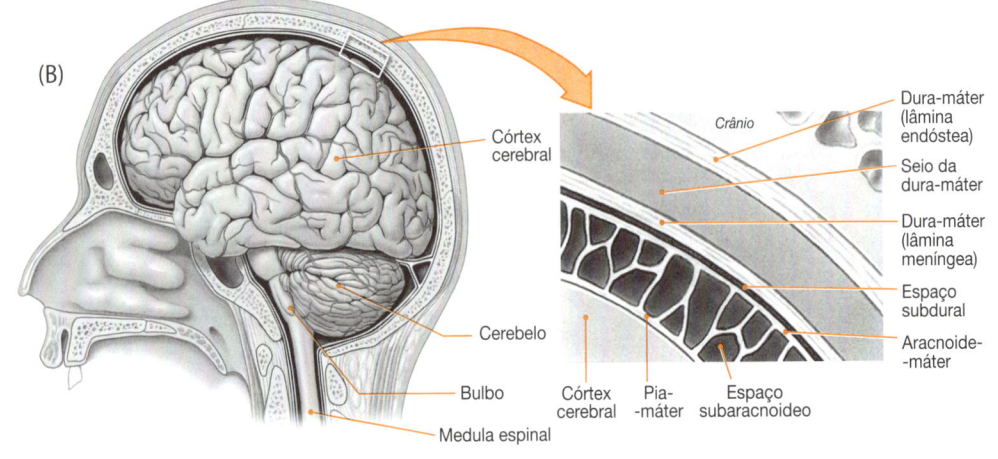

Figura 5.25 (A) Anatomia do sistema nervoso central. (B) Organização das membranas protetoras do encéfalo.
Fonte: Martini, Timmons e Tallitsch (2009).

(A)

(B)
- Córtex cerebral
- Cerebelo
- Bulbo
- Córtex cerebral
- Pia-máter
- Espaço subaracnoideo
- Medula espinal
- Crânio
- Dura-máter (lâmina endóstea)
- Seio da dura-máter
- Dura-máter (lâmina meníngea)
- Espaço subdural
- Aracnoide-máter

O cérebro (Figuras 5.6A e B) está dividido em dois hemisférios cerebrais, que se ligam pelo corpo caloso. Cada hemisfério se divide em quatro lobos, separados por sulcos ou pregas e que recebem o nome dos ossos do crânio que os envolvem: **frontal**, **parietal**, **temporal** e **occipital**. O **córtex cerebral** é muito desenvolvido (por causa das muitas dobras que aumentam sua área) e formado por numerosos corpos celulares de neurônios, que lhe conferem cor cinza (**substância cinzenta**). A camada inferior é branca (**substância branca**), composta pelos prolongamentos dos neurônios (**dendritos** e **axônios**) que saem do córtex ou chegam a ele.

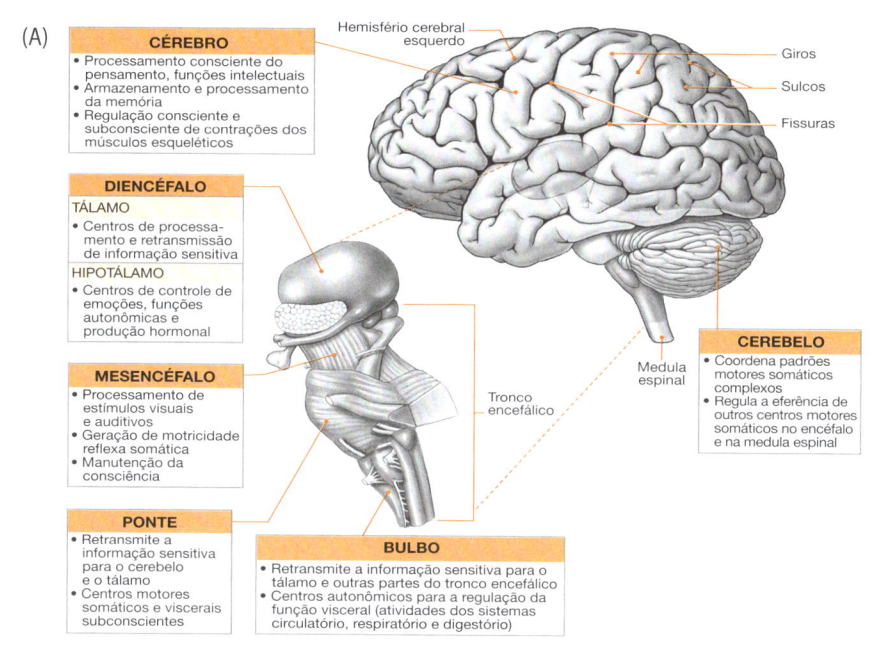

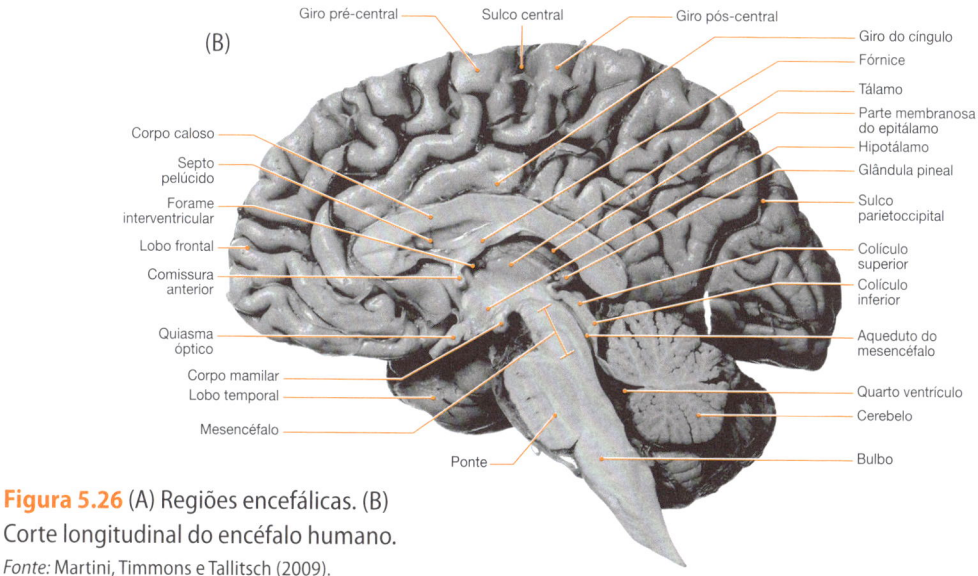

Figura 5.26 (A) Regiões encefálicas. (B) Corte longitudinal do encéfalo humano.
Fonte: Martini, Timmons e Tallitsch (2009).

Controlador (com outras partes do encéfalo) da percepção, das emoções (região envolvida é a **amígdala**) e dos atos voluntários, o córtex recebe e processa as informações dos órgãos dos sentidos, sendo a sede do pensamento, da aprendizagem, da linguagem, da consciência, da memória (da qual participa o **hipocampo**) e da inteligência. O tálamo recebe impulsos dos órgãos dos sentidos (exceto do olfato) e os transmite às regiões correspondentes no córtex cerebral. As informações originadas no córtex também passam pelo tálamo e seguem para a medula ou para outras partes do encéfalo.

> » **DEFINIÇÃO**
> Homeostase é a capacidade de o organismo apresentar uma situação físico-química característica e constante, dentro de determinados limites, mesmo diante de alterações impostas pelo meio ambiente.

No hipotálamo, estão localizados os centros nervosos responsáveis pelo controle da pressão sanguínea, pela conservação da água no corpo, pela produção de suor, pela temperatura corporal, pelas sensações de fome, sede, raiva e medo, pelo comportamento agressivo, pelo prazer e instinto sexual, pelo ciclo menstrual, pelo controle hormonal da hipófise e pela produção de hormônios da neuro-hipófise. Portanto, o hipotálamo exerce um papel importante na **homeostase** e nas emoções, estabelecendo a ligação, pela hipófise, entre as glândulas endócrinas e o sistema nervoso.

O sistema límbico, um grupo de estruturas localizadas em torno do tronco encefálico, inclui a amígdala, o hipocampo e partes do tálamo. Estas estruturas possuem funções diversas, incluindo emoções, motivação, olfato, comportamento e memória.

O mesencéfalo controla os reflexos de audição, como o movimento da cabeça para localizar um som, e os movimentos oculares. Além disso, nele há um grupo de neurônios, presentes também no bulbo, na ponte e no tálamo, que forma o **sistema reticular**, encarregado de "filtrar" as mensagens que se dirigem às partes conscientes do cérebro. Portanto, esse sistema desempenha um papel fundamental na atenção e interfere na passagem da vigília para o sono, mantendo ou não uma pessoa desperta.

As funções automáticas (p. ex., batimento cardíaco, respiração, pressão do sangue) e os reflexos (p. ex., salivação, tosse, espirro e o ato de engolir) são controlados pelo **bulbo** (vida vegetativa). A **ponte** é um centro de retransmissão de impulsos do cérebro para o cerebelo e participa de algumas atividades do bulbo, como o controle da respiração, servindo ainda de passagem para as fibras nervosas que ligam o cérebro à medula espinal. O **cerebelo** trabalha em conjunto com o cérebro e coordena os movimentos do corpo, a manutenção da postura, o equilíbrio e o tônus muscular, envolvendo-se também na memória de movimentos rotineiros, como caminhar.

A medula espinal possui uma substância cinzenta (interna), na qual ficam concentrados os corpos celulares dos neurônios, e uma substância branca (externa), na qual estão as fibras nervosas (dendritos e axônios). A mielina dos axônios é responsável pela cor branca dessa região. Pela parte ventral (**raiz ventral**) da substância branca saem prolongamentos dos **neurônios motores** ou eferentes. Na região dorsal (**raiz dorsal**), há prolongamentos dos **neurônios sensitivos** ou aferentes, cujos corpos celulares estão no interior de gânglios nervosos.

>> **PARA SABER MAIS**

Para mais informações sobre os neurônios, consulte o Capítulo 4.

O **sistema nervoso periférico** (SNP) é formado por gânglios nervosos: **nervos cranianos**, que saem do encéfalo, e **nervos espinais** ou **raquidianos**, que saem da medula espinal. Temos 31 pares de nervos, sendo que cada nervo é formado por dezenas e até centenas de prolongamentos de neurônios, as **fibras nervosas** ou **neurofibras**. Nesse sistema, os nervos sensoriais recolhem informações dos órgãos dos sentidos e dos órgãos internos, e os nervos motores levam as mensagens do sistema nervoso central para os músculos e para as glândulas (Figura 5.27).

Sistema Nervoso							
Ambiente (externo e interno)	→	Sistema Nervoso Periférico (SNP)	→	Sistema Nervoso Central (SNC)	→	Sistema Nervoso Periférico (SNP)	→ Músculos e Glândulas

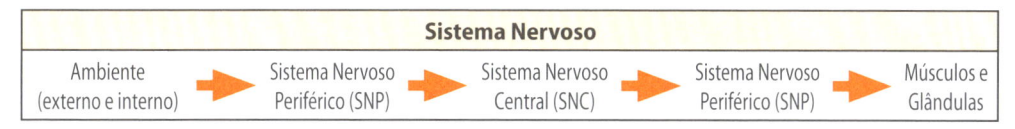

Figura 5.27 Sentido de propagação dos impulsos nervosos.
Fonte: As autoras.

O **sistema nervoso somático** possui nervos motores que regulam os músculos esqueléticos, comandando as respostas ao ambiente externo que podem ser controladas conscientemente (respostas voluntárias). No entanto, muitas vezes essas respostas ocorrem de modo involuntário, como nos atos ou arcos reflexos, nos quais elas voltam pela medula espinal antes de chegarem ao cérebro. Assim, podemos dizer que o sistema nervoso somático controla a vida de relação com o ambiente.

Os nervos que levam impulsos aos músculos lisos, às glândulas e ao músculo cardíaco fazem parte do **sistema nervoso autônomo**, autonômico ou vegetativo. Esse sistema controla as atividades involuntárias que fazem parte da vida vegetativa, ou seja, é responsável, junto com os hormônios, pelo controle da homeostase. A maioria dos órgãos controlados pelo sistema autônomo recebe dois tipos de nervos: um que estimula (**SNP autônomo simpático**) e outro que inibe (**SNP autônomo parassimpático**) o seu funcionamento. Os nervos simpáticos originam-se na região mediana da medula, e os parassimpáticos saem do bulbo e da extremidade final da medula (Figura 5.28).

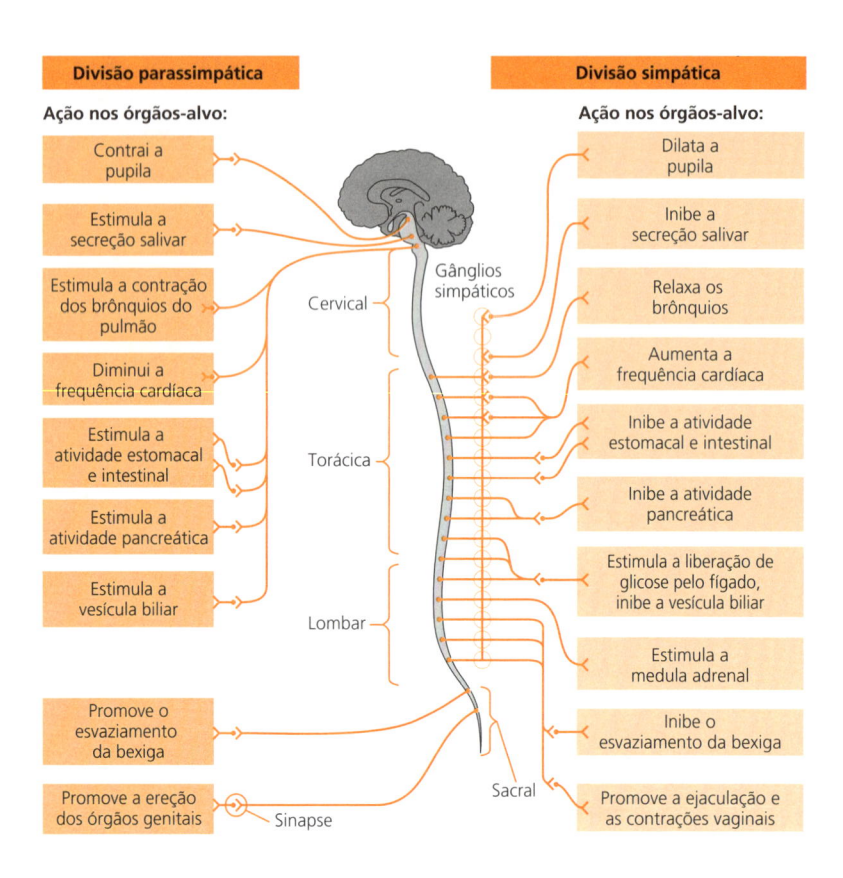

Figura 5.28 Sistema nervoso periférico autônomo simpático e parassimpático.
Fonte: Campbell e Reece (2010).

> **NA INTERNET**
> Pesquise onde é produzido e onde está localizado o líquido cerebrospinal, também chamado líquor.

O neurotransmissor dos nervos do sistema parassimpático é a **acetilcolina**. No simpático, há a liberação de **noradrenalina** nos nervos que saem dos gânglios e se dirigem para os órgãos (**nervos pós-ganglionares**) e de **acetilcolina** nos nervos que saem da medula e se dirigem para os gânglios (**nervos pré-ganglionares**). O coração é estimulado pelo sistema autônomo simpático e inibido pelo parassimpático. Na musculatura do tubo digestório, ocorre o contrário: o simpático diminui a **peristalse**, e o parassimpático a aumenta. O efeito de cada sistema varia de órgão para órgão.

» CURIOSIDADE

É comum ouvir expressões como "Meu coração disparou", "Fiquei tão nervoso que comecei a suar", "Senti a boca seca". Estas reações, características de um estado emocional alterado, são controladas pelo sistema nervoso autônomo.

Doenças do sistema nervoso

Cefaleias

Conhecidas popularmente como dores de cabeça, as cefaleias (Quadro 5.36) podem se propagar pela face e atingir os dentes e o pescoço.

Quadro 5.36 » Cefaleias

Prevenção	Estão associados a fatores como tensão emocional, distúrbios visuais e hormonais, hipertensão arterial, infecções, sinusite, entre outros.
Tratamento	Medicamentos específicos, práticas saudáveis de alimentação e práticas alternativas como relaxamento e acupuntura, entre outros.

Acidente vascular encefálico

O acidente vascular encefálico (AVE) (Quadro 5.37) pode ser causado pela obstrução de uma artéria, com consequente falta de irrigação de uma área do cérebro (isquêmico: AVE-I), ou por uma ruptura arterial com derrame de sangue (hemorrágico: AVE-H).

Quadro 5.37 » Acidente vascular encefálico

Sintomas	Dependem da localização e extensão da área afetada.
Prevenção	Alguns fatores predispõem ao AVE, como pressão arterial elevada (hipertensão arterial), taxa elevada de colesterol no sangue, obesidade, diabetes melito, uso de pílulas anticoncepcionais e tabagismo.
Tratamento	Cirúrgico ou medicamentoso.

Doença de Alzheimer

A doença de Alzheimer (Quadro 5.38) é a forma mais comum de **demência**, responsável por dois terços dos casos de clientes com mais de 60 anos, e afeta duas vezes mais mulheres do que homens. Consiste na perda de neurônios encefálicos, e, à medida que a doença progride, o encéfalo torna-se menor e mais leve. Existem diversas formas da doença, estando algumas delas relacionadas com variações genéticas.

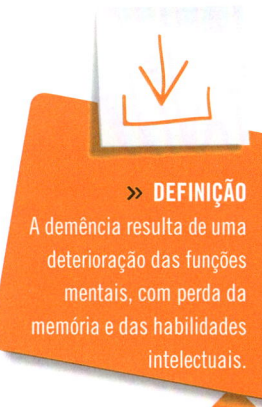

> **» DEFINIÇÃO**
> A demência resulta de uma deterioração das funções mentais, com perda da memória e das habilidades intelectuais.

> **NA INTERNET**
>
> Em instituições de longa permanência para idosos, encontramos vários portadores da doença de Alzheimer, com diversos graus de dependência. Pesquise como deve ser a assistência de enfermagem a essas pessoas.

Quadro 5.38 » Doença de Alzheimer

Sintomas	As primeiras manifestações incluem perda de memória temporária e incapacidade de tomar decisões. Estes sintomas se agravam com a progressão da doença e o cliente torna-se incapaz de reter novas informações e de manter relacionamentos sociais saudáveis. Os últimos estágios são caracterizados por completa perda das capacidades de aprender, falar e controlar as diversas funções corporais.
Tratamento	Medicamentos específicos.

Doença de Parkinson

Os clientes acometidos pela doença de Parkinson (Quadro 5.39) apresentam alterações nos neurônios de importantes centros motores do cérebro, com acentuada redução na quantidade de dopamina (substância neurotransmissora fabricada nesses locais). Ligeiramente mais frequentes em homens do que em mulheres, os sintomas começam a se manifestar em geral a partir dos 60 anos de idade, mas podem surgir em pessoas com até cerca de 30 anos.

Quadro 5.39 » Doença de Parkinson

Sintomas	Caracteriza-se por tremores corporais incontroláveis, rigidez corporal, lentidão e dificuldade de locomoção.
Tratamento	Uso de medicamentos para alívio dos sintomas.

» Agora é a sua vez!

A equipe do Programa de Saúde da Família (PSF) de um determinado bairro realiza periodicamente reuniões com os portadores da doença de Parkinson, nas quais fornecem orientações para melhorar a qualidade de vida. Como você, técnico em enfermagem, pode contribuir nessas orientações? Elabore um roteiro abordando os sintomas e o tratamento da doença.

>> Eletroencefalograma

A atividade elétrica do cérebro é registrada por meio de eletrodos presos à cabeça, no exame denominado eletroencefalograma (EEG). Esse registro é útil em casos de anormalidade grave, quando há grande alteração no funcionamento do cérebro. Por exemplo, utiliza-se o EEG para detectar tumores e certas doenças, como a epilepsia.

Além do EEG, a pesquisa e o tratamento de doenças do cérebro contam com vários outros aparelhos que permitem visualizar as regiões em atividade do cérebro durante algum acontecimento. A **tomografia por emissão de pósitrons**, por exemplo, permite localizar regiões que estão em atividade durante a aprendizagem de certos conceitos ou quando se experimentam determinados tipos de emoção.

>> Agora é a sua vez!

O derrame (acidente vascular encefálico, AVE) ocorre quando há alguma interferência no suprimento de sangue no cérebro (p. ex., quando um vaso sanguíneo rompe). Como consequência de um derrame, a pessoa pode apresentar, entre outros sintomas, distúrbios na fala, na movimentação e na visão. Explique por que o EEG acusa atividade elétrica menor na região que sofreu o derrame e por que a ruptura de um vaso pode provocar esse tipo de distúrbio.

Para mais atividades sobre o sitema nervoso, acesse o ambiente virtual de aprendizagem Tekne.

>> Sistema sensorial

Por meio dos sentidos, identificamos alimentos, detectamos possíveis riscos à integridade do corpo, reconhecemos os fatores ambientais, percebemos algumas funções corporais importantes e monitoramos constantemente o nosso meio interno, o que é fundamental para a manutenção da homeostase. Na escola, geralmente no Ensino Fundamental, ao ver que a criança está apresentando dificuldade para ler e escrever, o professor chama os pais e os orienta a procurar o serviço de saúde. Após consulta com o médico oftalmologista, a criança passa a usar óculos, e o seu rendimento escolar melhora muito. Mas, o que ocorre na visão para que muitas pessoas necessitem de óculos?

Os receptores sensoriais no corpo humano são estruturas que reagem a mudanças no ambiente externo e interno. Eles podem ser formados por simples terminações nervosas dos neurônios, ou por células epiteliais especializadas, e estar reunidos nos órgãos dos sentidos, como nos da visão e da audição. O conjunto de receptores e de órgãos dos sentidos constitui o **sistema sensorial**.

Cada receptor está organizado de maneira a responder a determinado tipo de estímulo. Há receptores ativados pela luz (**fotorreceptores**), por estímulos mecânicos (**mecanorreceptores**), por substâncias químicas (**quimiorreceptores**) e pela variação de temperatura (**termorreceptores**). Esses estímulos são convertidos em impulsos nervosos e levados para o sistema nervoso, que os interpreta, os armazena, e encaminha respostas para as glândulas e para o sistema muscular, que, com o sistema esquelético, participa dos movimentos.

» Visão

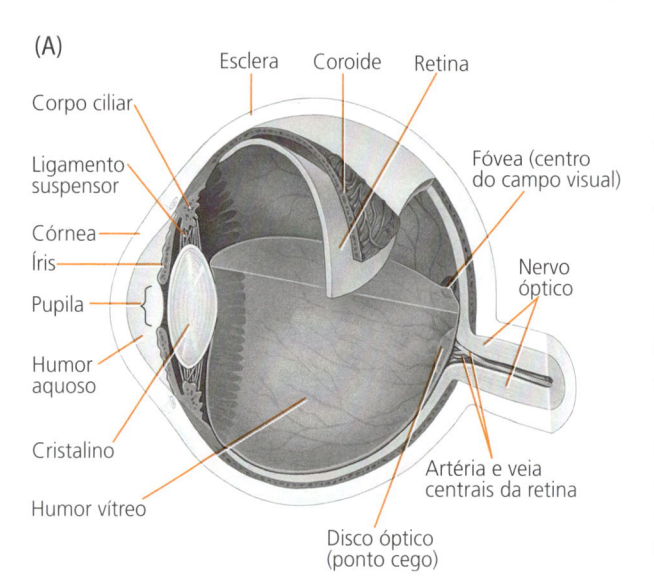

O **olho** (Figura 5.29A) é um órgão capaz de receber o estímulo luminoso e gerar um impulso nervoso. Ele é coberto por uma camada protetora de tecido conectivo fibroso, a **esclerótica** (o "branco do olho"), que é transparente na parte anterior, formando a **córnea**. Parte da esclerótica e a superfície interna das pálpebras são revestidas por uma membrana, a **conjuntiva**. Mais internamente, se situa a **coroide**, com vasos sanguíneos e melanina (substância responsável pela cor dos olhos e vista na íris, localizada na parte anterior da coroide). No centro da íris, existe uma abertura, a **pupila**, pela qual entra a luz. A íris pode se contrair, abrindo ou fechando a pupila e controlando a quantidade de luz que entra no olho (Figuras 5.29B e C).

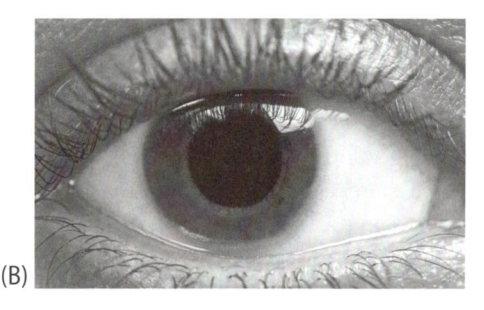

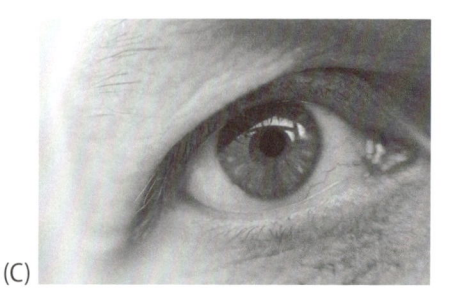

Figura 5.29 (A) Esquema do olho humano. (B) Abertura e (C) fechamento da pupila em consequência de menor ou maior intensidade luminosa.

Fontes: (A) Campbell e Reece (2010); (B) Samsonovs/iStock/Thinkstock; (C) Ingram Publishing/Thinkstock.

Os raios luminosos que chegam aos olhos são desviados (sofrem refração) ao passarem pela córnea, pelo **humor aquoso** (líquido claro), pelo **cristalino** (lente gelatinosa) e pelo **humor vítreo** (líquido bastante viscoso). Esse conjunto funciona como um sistema de lentes convergentes e forma uma imagem na parte sensível do olho, a **retina**. A região onde os axônios dos neurônios da retina se agrupam e compõe o **nervo óptico**, que sai da retina e se dirige ao cérebro levando os impulsos nervosos, é o **ponto cego**. Por causa da ausência de fotorreceptores nessa região, não há formação de imagens nela.

Na retina, há dois tipos de células fotossensíveis (Figura 5.30): os **bastonetes** (incapazes de distinguir cores) captam imagens mesmo com pouca luz e são importantes para a visão na obscuridade; já os **cones** (capazes de distinguir cores) são estimulados apenas por intensidades mais altas de luz, funcionando melhor na claridade do dia, quando formam imagens mais nítidas do que os bastonetes.

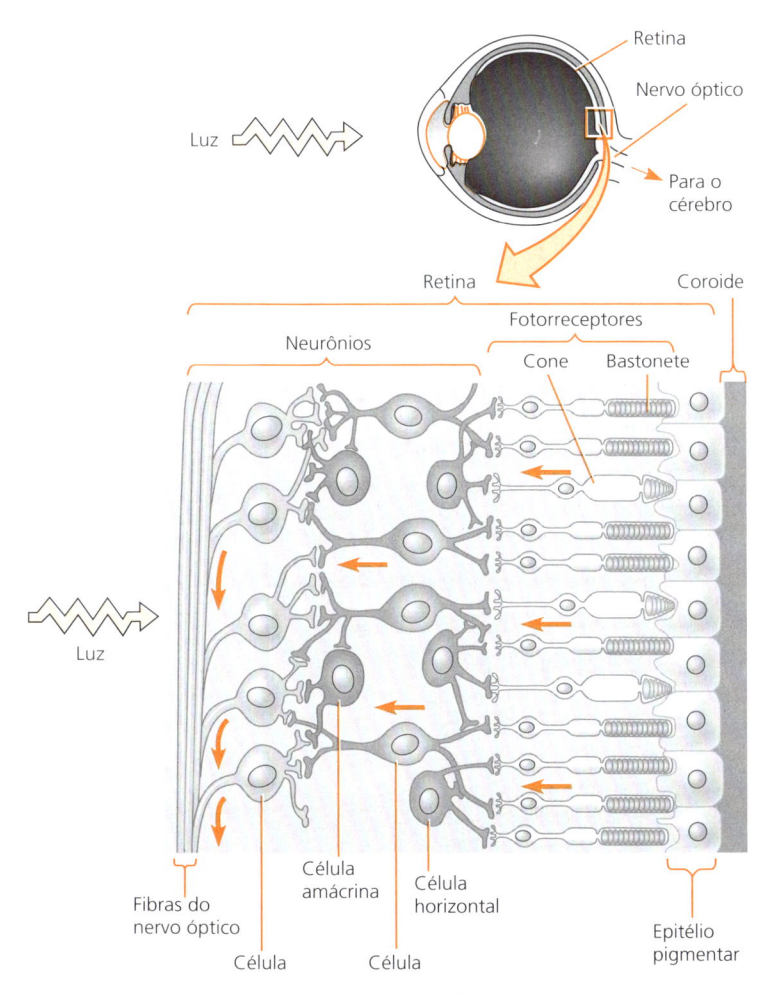

Figura 5.30 Desenho da estrutura microscópica da retina.
Fonte: Campbell e Reece (2010).

Embora essas células estejam em toda a retina, os cones estão mais concentrados em uma pequena região, a **mácula lútea**. No centro da mácula, existe uma depressão, a **fóvea**, na qual há apenas cones. É nessa depressão que a imagem se forma com maior nitidez.

Nos bastonetes, há um pigmento vermelho chamado **rodopsina**. Quando uma pessoa permanece muito tempo na claridade, grande parte da sua rodopsina decompõe-se. Por isso, ao entrar em um ambiente pouco iluminado, ela terá dificuldade para enxergar. Com a permanência nesse ambiente, sua visão melhora à medida que a rodopsina é ressintetizada. Nos cones, o pigmento sensível à luz é a **fotopsina**.

» CURIOSIDADE

Entre as alterações mais comuns da visão temos a miopia (visão melhor para perto), a hipermetropia (visão melhor para objetos distantes) e o astigmatismo (visão sem muita nitidez). Em consequência dessas alterações, a imagem de um objeto não se formará na retina e, para a correção do defeito, torna-se necessário o uso de óculos. Na presbiopia (vista cansada), a focalização de objetos próximos fica difícil e a visão é corrigida com o uso de lentes convergentes.

» Doenças dos olhos

Os Quadros 5.40 a 5.44 reúnem informações acerca das principais doenças dos olhos.

Quadro 5.40 » Glaucoma	
Descrição	Acúmulo de humor vítreo que aumenta a pressão intraocular, o que pode lesionar o nervo óptico. Se não tratada a tempo, provoca cegueira irreversível por destruição do nervo óptico.
Sintomas	Dores no olho.
Tratamento	Medicamentos específicos ou cirurgia.

Quadro 5.41 » Catarata

Descrição	O cristalino perde parte da transparência, dificultando a visão. É mais comum após os 50 anos.
Sintomas	Dificuldades para enxergar.
Tratamento	Cirurgia (retirada do núcleo do cristalino e colocação de uma lente artificial no local).

Quadro 5.42 » Tracoma

Descrição	Grave infecção da conjuntiva que pode levar à cegueira em consequência de ulcerações. É mais comum em recém-nascidos, quando se infectam com as secreções genitais da mãe durante o parto.
Diagnóstico	Feito pingando-se gotas de nitrato de prata no globo ocular do bebê, no momento do parto.
Tratamento	Uso de antibióticos: tetraciclinas e sulfas.

Quadro 5.43 » Conjuntivite

Descrição	Inflamação da conjuntiva causada por bactérias, vírus, entre outros.
Sintomas	Os olhos ficam avermelhados e há uma sensação incômoda, como se houvesse "areia" nos olhos.
Tratamento	Medicamentos específicos para cada tipo de conjuntivite.

Quadro 5.44 » Estrabismo

Descrição	Perda do paralelismo entre os olhos causada pela fragilidade na musculatura do sistema ocular. O estrabismo pode ser convergente (desvio de um dos olhos para dentro), divergente (desvio para fora) ou vertical (um olho fica mais alto ou mais baixo do que o outro).
Sintomas	Olho "torto" ou "vesgo", dores de cabeça e torcicolo.
Tratamento	Utilização de óculos ou cirurgia.

Daltonismo ou cegueira à cor

Certas doenças afetam os cones da retina, provocando a chamada cegueira à cor. Raramente faltam os três tipos de cone e, nesse caso, a pessoa vê tudo em preto e branco. Em outros casos, o defeito genético afeta um dos três tipos de **opsina**, faltando um dos tipos de cone, e a pessoa não distingue uma ou mais cores. A falta de cones sensíveis ao vermelho leva a pessoa a ver a cor vermelha como se fosse verde. Essa é a forma mais comum de cegueira à cor, conhecida como **daltonismo**.

A falta de cones sensíveis ao verde impede que a pessoa distinga a cor vermelha da cor verde. A falta de cones sensíveis ao azul faz a pessoa não diferenciar a cor púrpura (vermelho-escuro, tendendo ao violeta) da cor vermelha. É possível também que a pessoa apresente os três tipos de cone, mas que um ou mais deles funcionem mal, causando problemas na distinção de certas tonalidades.

O diagrama a seguir (Figura 5.31) é utilizado para detectar cegueira a cores do tipo vermelho-verde (daltonismo). Pessoas com visão normal distinguem com facilidade um número formado pelos pontos. Pessoas daltônicas não conseguem ver o número.

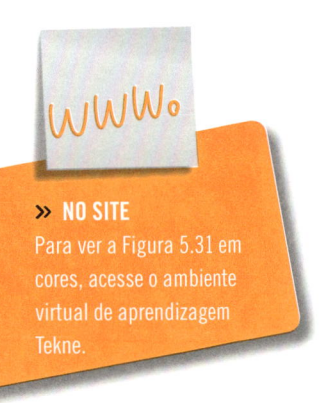

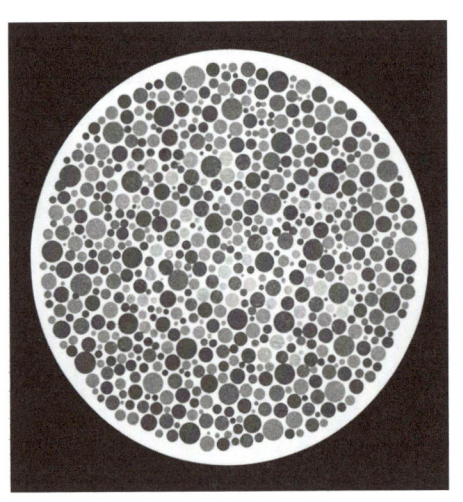

> **» NO SITE**
> Para ver a Figura 5.31 em cores, acesse o ambiente virtual de aprendizagem Tekne.

Figura 5.31 Teste para daltonismo ou cegueira à cor.
Fonte: Sadava et al. (2009).

» Audição

A estrutura que recebe os sons e onde estão os receptores sensoriais é a **orelha** (Figura 5.32), antigamente conhecida como ouvido. Dividimos essa estrutura em três regiões: orelha externa, orelha média e orelha interna.

A **orelha externa** é composta pelo **pavilhão auditivo**, que capta o som, e pelo **meato acústico externo** ou canal auditivo. Neste, há pelos e glândulas produtoras de **cerúmen** (ou cera) que protegem a orelha da entrada de poeira e microrganismos. No fim do canal auditivo, está o **tímpano**, que marca o início da orelha média e vibra de acordo com o som que lhe chega. Essas vibrações são transmitidas para três pequenos ossos, **martelo**, **bigorna** e **estribo**, articulados entre si e que funcionam como um sistema de alavancas que pode amplificar ou diminuir as vibrações do tímpano.

A **orelha média** comunica-se com a garganta e, consequentemente, com o exterior pela **tuba auditiva** (antigamente chamada trompa de Eustáquio). A vibração do tímpano é transmitida pelos três pequenos ossos para a **janela oval** (uma membrana), que a passa para um líquido no interior da **cóclea** (tubo enrolado como a concha de um caracol), já na **orelha interna**. Nesta, há **membrana basilar**, com células sensitivas ciliadas (mecanorreceptores) que se agrupam no órgão espiral (antigamente chamado órgão de Corti). Elas detectam a vibração do líquido e estimulam o **nervo coclear**. A informação é transmitida ao cérebro, onde o som é interpretado. Na orelha interna, há ainda o **sáculo**, o **utrículo** e os **canais semicirculares**, que atuam no equilíbrio.

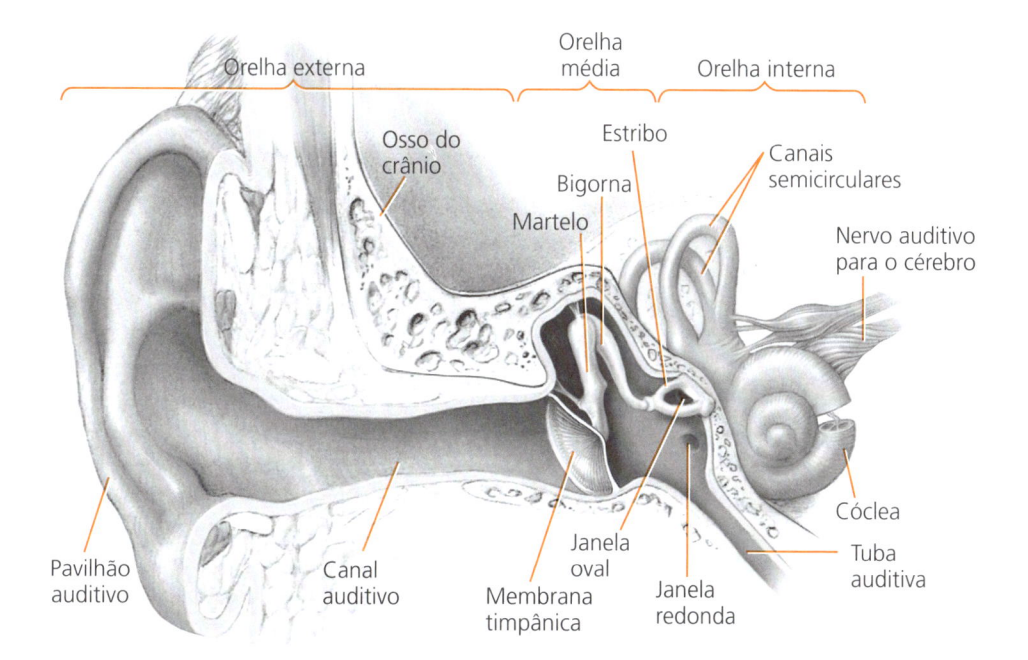

Figura 5.32 Estrutura da orelha humana.
Fonte: Campbell e Reece (2010).

>> IMPORTANTE

A perda parcial ou total da audição (**surdez**) pode ser provocada por lesões no mecanismo de transmissão dos sons até a cóclea, na cóclea ou no nervo vestibulococlear. Alguns tipos de surdez são de origem hereditária, outros são provocados por exposição a sons muito intensos, infecções ou uso de certos medicamentos. Em alguns casos, essa perda pode ser corrigida ou diminuída com medicamentos, cirurgia, aparelhos amplificadores ou implantes de cóclea.

>> CURIOSIDADE

Se não houvesse a comunicação da orelha média com a garganta pela tuba auditiva, o tímpano permaneceria inchado para fora ou para dentro sempre que a pressão se alterasse, o que diminuiria sua flexibilidade e prejudicaria a audição. É o que ocorre quando se sobe uma serra de carro ou de ônibus. A pressão atmosférica fica menor do que a do ar na orelha média, e o tímpano é pressionado de dentro para fora e fica um pouco curvado. A saída de parte do ar pela tuba auditiva equilibra as pressões e resolve o problema.

Labirintite

O utrículo, o sáculo e os canais semicirculares formam o **aparelho vestibular** ou **labirinto**. Daí o nome popular "labirintite" para os problemas nessa região: vertigens, desequilíbrios, tonturas, zumbido, náuseas, entre outros. Em seu interior, há células sensoriais ciliadas que enviam mensagens ao sistema nervoso sobre as mudanças de posição do corpo. Em resposta, o sistema nervoso envia sinais aos músculos para ajustar a postura e manter o equilíbrio.

No utrículo e no sáculo, existe uma substância gelatinosa com **otólitos**. Quando uma pessoa começa a se movimentar, os otólitos deslocam-se e os cílios das diferentes células sensoriais são estimulados. Nos canais semicirculares, há regiões dilatadas (**ampolas**) com células sensoriais cobertas por material gelatinoso. Movimentos da cabeça fazem o líquido no interior dos canais se movimentar, pressionando as células sensoriais. A disposição dos canais permite que eles recebam informações dos três planos de movimento da cabeça no espaço e as enviem ao sistema nervoso para que ele faça os ajustes na postura e na posição dos olhos.

Olfato

O órgão sensorial que abriga os receptores relacionados ao olfato é o **nariz**, especificamente o epitélio que reveste o teto das cavidades nasais (Figura 5.33). Ali estão os quimiorreceptores que reconhecem as moléculas existentes no ar, correspondendo aos **odores** (o olfato detecta partículas emitidas por objetos distantes do organismo). A ativação dos receptores provoca o estímulo do **nervo olfatório**, que o retransmite ao cérebro.

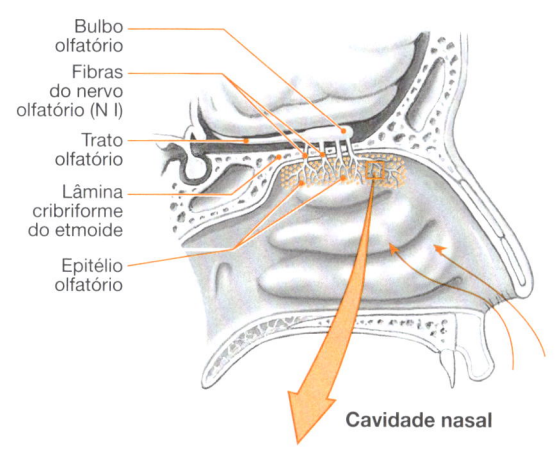

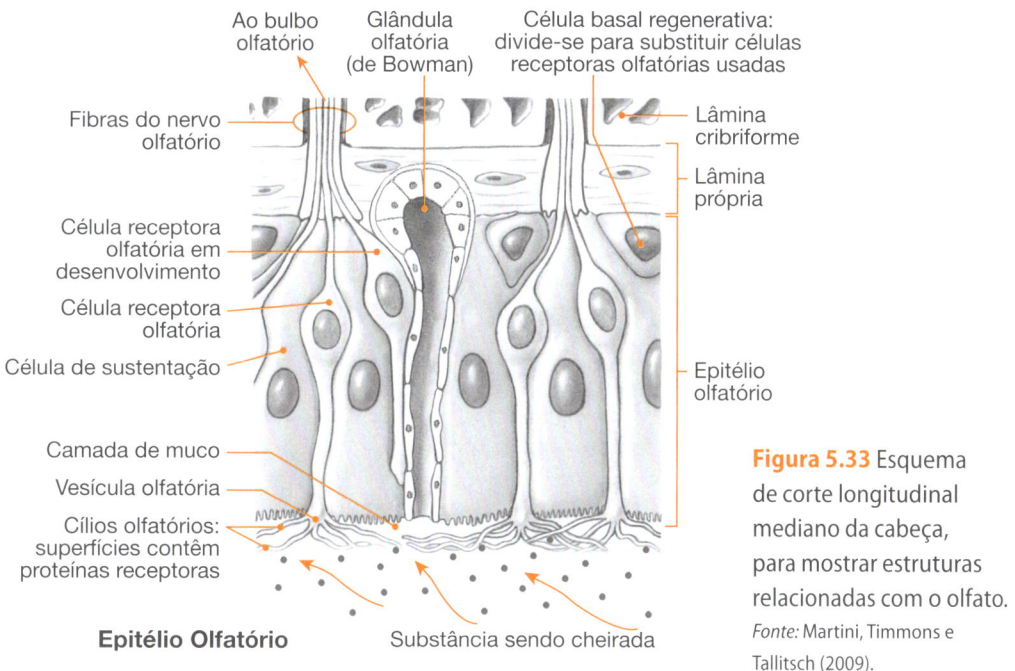

Figura 5.33 Esquema de corte longitudinal mediano da cabeça, para mostrar estruturas relacionadas com o olfato.
Fonte: Martini, Timmons e Tallitsch (2009).

Paladar

Os receptores relacionados ao paladar estão na boca, mais precisamente na língua, concentrados em pequenas projeções, as **papilas gustativas** (Figura 5.34). Ali estão os quimiorreceptores que reconhecem as moléculas existentes no alimento, correspondendo aos **sabores** (o paladar é estimulado por objetos em contato direto com o organismo). As pupilas distinguem os sabores salgado, doce, amargo e azedo, sendo que um único alimento pode estimular mais de um tipo de quimiorreceptores. Os estímulos são enviados ao cérebro, que "identifica" os sabores.

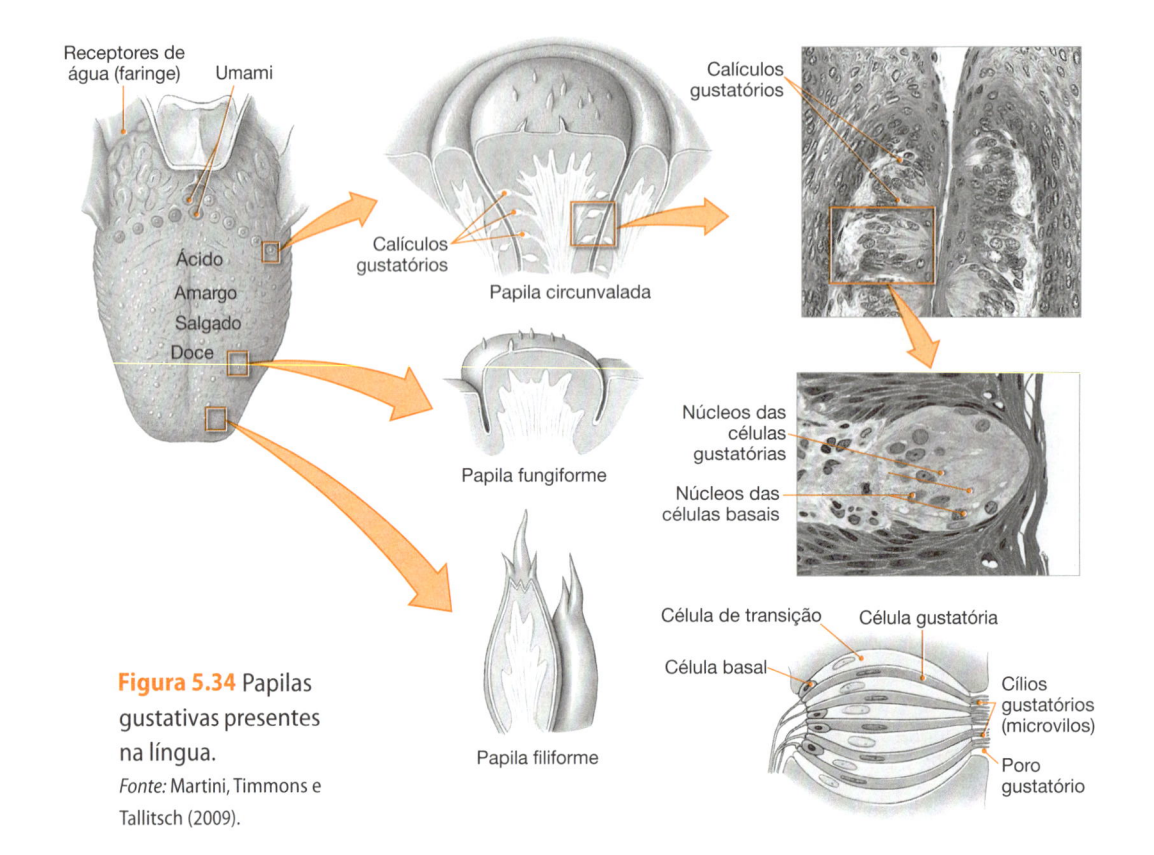

Figura 5.34 Papilas gustativas presentes na língua.
Fonte: Martini, Timmons e Tallitsch (2009).

» CURIOSIDADE

O que imaginamos muitas vezes ser o sabor de um alimento é, na realidade, um odor percebido pelos receptores olfatórios, uma vez que as partículas desse alimento dispersam-se pela cavidade nasal. Temos uma prova disso quando a mucosa nasal está muito inflamada por uma gripe ou uma alergia, pois, nesse caso, quase não sentimos o sabor da comida. Além disso, ao tapar as narinas e prender a respiração, também não sentimos bem o sabor ruim de um remédio colocado na língua. Portanto, conclui-se que a gustação e o olfato normalmente interagem, resultando daí nossa percepção da qualidade química dos alimentos ingeridos. Tente saborear pequenos cubos de banana, manga, batata cozida, entre outros, com as narinas tapadas, prendendo a respiração. Não sentindo o olfato, você terá dificuldade em reconhecer o tipo de alimento.

» Tato

O órgão relacionado ao sentido do tato é a **pele** (Figura 5.35), sendo composta por pelos, glândulas sudoríparas e receptores. Nos seres humanos, os pelos presentes na pele são formados por queratina e funcionam como isolantes térmicos. As glândulas sudoríparas têm a função de eliminar o suor e regular a temperatura corporal. Já os receptores são responsáveis pelas **sensações táteis** (tato e pressão). Os **receptores somestésicos** (ou externoceptores) localizam-se na pele e na base dos pelos e detectam vibrações, toques e distensões da pele, estímulos térmicos (quente e frio) e nocivos (que provocam a sensação de dor) (Tabela 5.4).

Certas regiões da pele abrigam uma concentração maior de receptores, sendo, por isso, mais sensíveis. É o caso das mãos e do rosto. O grau de sensibilidade em algumas regiões do corpo pode variar de pessoa para pessoa. Há também os **receptores somestésicos internos** (ou proprioceptores), que detectam o estado geral do interior do corpo (músculos, tendões e vísceras).

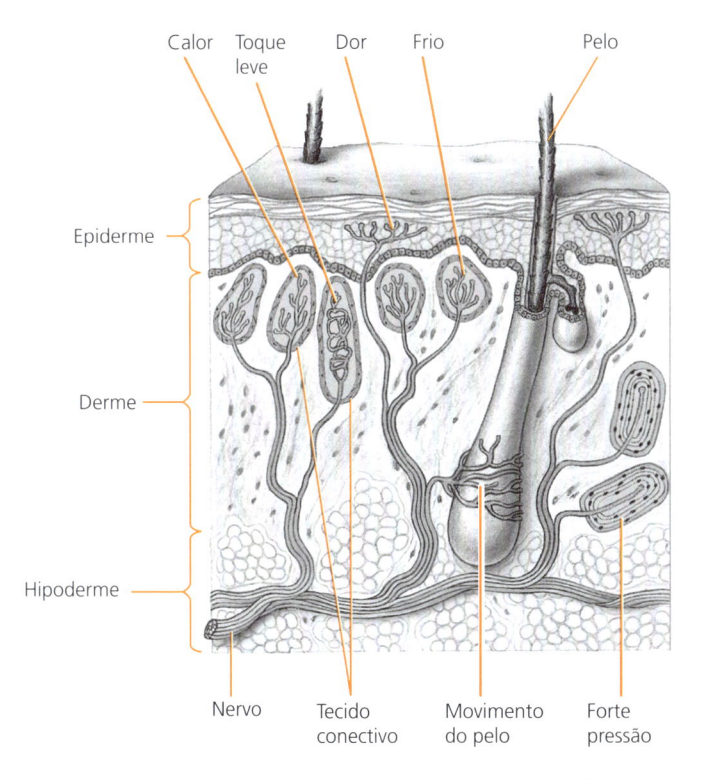

Figura 5.35 Receptores presentes na pele responsáveis pelas sensações táteis.
Fonte: Campbell e Reece (2010).

Tabela 5.4 » Tipos de mecanorreceptores presentes na pele, sua localização e função

Localização	Função
Epiderme (extremidade dos dedos, das mãos, dos pés, dos lábios e dos órgãos genitais externos)	Identificam tato e pressão
Derme (pontas dos dedos das mãos e nos pés, nos lábios e nos genitais externos)	Estímulos finos do tato
Derme profunda (articulações)	Responde a estímulos táteis
Derme (ao redor dos folículos pilosos)	Identificam tato, dor e variações de temperatura
Derme profunda e tecido adiposo subcutâneo (palma das mãos e na sola dos pés)	Respondem a vibrações e pressão

» Sistema muscular

Existem três tipos de tecido muscular: o **músculo estriado esquelético**, o **músculo liso** e o **músculo cardíaco**. Em geral, os músculos estriados esqueléticos agem junto com os ossos, que atuam como uma alavanca para eles nos **movimentos de locomoção**. Esses músculos estão ligados aos ossos por **tendões**, constituídos de tecido cartilaginoso (Figura 5.36A). É comum a disposição aos pares, como o bíceps braquial e o tríceps braquial, localizados no braço. Quando um contrai, o outro relaxa. Músculos que trabalham assim se chamam **antagonistas**.

Cada músculo estriado esquelético contém **feixes de fibras musculares**. A fibra muscular corresponde à célula muscular, que é alongada e possui numerosos núcleos e mitocôndrias. Cada fibra muscular possui em seu citoplasma as chamadas **miofibrilas**, nas quais estão arranjadas as proteínas filamentares responsáveis pela contração muscular. Essas proteínas são a **actina** e a **miosina**.

O aspecto estriado que dá nome a esse tipo de musculatura se deve ao arranjo dessas proteínas nos **sarcômeros**, unidades que se repetem formando a miofibrila (Figura 5.36B). Cada sarcômero apresenta uma região mais escura entre duas regiões mais claras, resultando no aspecto estriado (em bandas) observado nas miofibrilas quando visualizadas no microscópio. A região mais clara (**banda I**) corresponde à zona do sarcômero em que está a actina, formada por filamentos finos. A região mais escura (**banda A**) corresponde aos filamentos grossos da miosina intercalados por filamentos de actina.

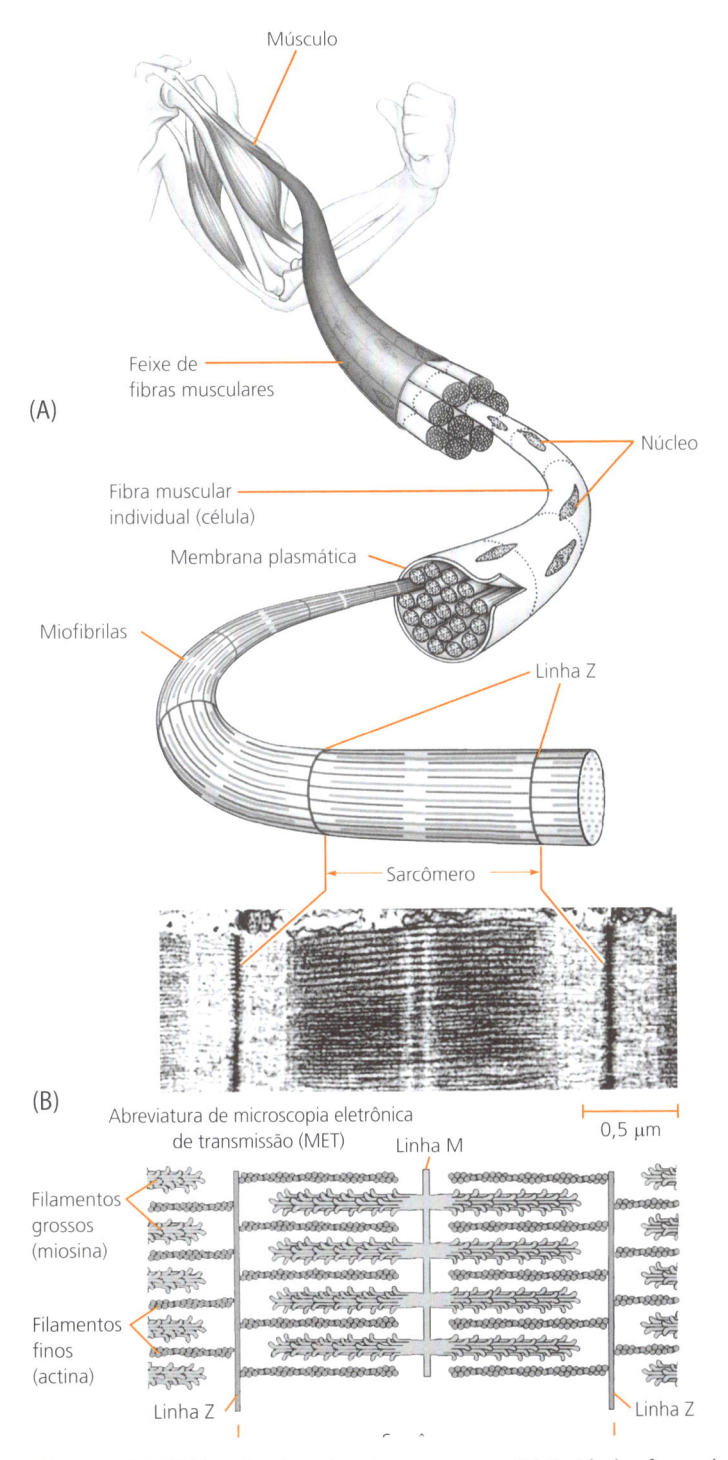

Figura 5.36 (A) Ligação do músculo com o osso. (B) Unidades formadoras do músculo estriado esquelético.

Fonte: Campbell e Reece (2010).

>> CURIOSIDADE

O comprimento de um sarcômero pode variar. Quando os sarcômeros se encurtam, toda a fibra muscular sofre encurtamento, e o músculo contrai. Esse estado é ativo, ou seja, demanda grande quantidade de energia. Quando os sarcômeros voltam ao comprimento inicial, toda a fibra muscular se estende, e dizemos que o músculo está relaxado (processo passivo).

As células musculares obtêm energia para a contração na quebra da molécula de **ATP** (adenosina trifosfato), gerando ADP (adenosina difosfato) ou AMP (adenosina monofosfato). Para produzir ATP, as células realizam respiração aeróbia nas mitocôndrias. Há um "estoque" de glicose nos músculos, sob a forma de **glicogênio**, e o **oxigênio** é transportado pelo sangue. Essas células possuem **fosfocreatina**, um composto que armazena a energia utilizada na contração.

>> CURIOSIDADE

O músculo serve de reservatório para os medicamentos, que são lentamente absorvidos pelos vasos sanguíneos da região. No entanto, nem todos os músculos podem receber aplicações de injeção. Os músculos mais usados para as injeções intramusculares são o deltoide, o glúteo máximo (injeções com maior volume de líquido) e o vasto lateral da coxa.

>> CURIOSIDADE

Além de possibilitar movimentos e fornecer estabilidade postural para o corpo, o sistema muscular ajuda a regular e manter constante a temperatura corporal.

Além dos músculos, o sistema muscular é composto por nervos e tecidos conectivos. Sua tarefa mais óbvia é permitir o movimento do corpo, que acontece por meio de sinais elétricos recebidos do cérebro. Estas conexões são tão complexas que um músculo com problemas pode causar repercussões no sistema inteiro. Dessa forma, as doenças que envolvem o sistema muscular normalmente estão ligadas a disfunções nas conexões neuromusculares. No Quadro 5.45 estão listadas as doenças que acometem o sistema muscular.

Quadro 5.45 » Doenças do sistema muscular

Doença	Descrição
Atonia	Refere-se a um estado no qual os músculos não conseguem manter a elasticidade normal e se tornam flácidos.
Atrofia	Refere-se a um estado em que o tecido muscular definha e cada fibra do músculo encolhe, podendo ser causado por desuso do músculo ou quando os impulsos nervosos tornam-se ineficazes.
Distonia	Refere-se a distúrbios neurológicos dos movimentos caracterizados por contrações involuntárias e espasmos. É classificada como uma doença do sistema nervoso.
Distrofia muscular	É uma doença hereditária que torna as fibras musculares susceptíveis a danos. Os músculos vão ficando progressivamente mais fracos, e a fibra muscular é substituída por gordura e outros tecidos. Os sintomas incluem falta de coordenação, fraqueza e perda de mobilidade progressiva. Não existe cura para essa doença, mas algumas terapias e medicamentos ajudam a diminuir seu avanço.
Esclerose lateral amiotrófica (ELA)	É uma doença neurodegenerativa que ataca os neurônios motores. Conforme esses neurônios tornam-se incapacitados, eles não conseguem alcançar os músculos, o que deteriora a função de controle motor. Os primeiros sintomas incluem fraqueza nos braços e nas pernas e dificuldade de engolir, respirar e falar. Em estágios avançados, pode ocorrer paralisia e atrofia dos membros. A doença também é conhecida por Lou Gehrig.
Paralisia cerebral	É uma desordem que prejudica a função motora, a postura e o equilíbrio de uma pessoa. Ocorre quando há danos na região do cérebro responsável pelo tônus muscular ou pela quantidade de resistência imposta a um músculo. Os sintomas variam de acordo com a gravidade de cada caso. Normalmente, a pessoa tem dificuldade para realizar tarefas físicas.

>> Agora é a sua vez!

1. Após uma partida de futebol, João Carlos começou a sentir uma dor muscular muito forte na coxa posterior direita. Procurou atendimento médico, e o diagnóstico foi distensão muscular devida ao esforço físico. O médico receitou uma dose de anti-inflamatório para ser administrado por via intramuscular.

   a) Ao administrar uma injeção intramuscular, descreva quais são as camadas da pele percorridas a partir da entrada da agulha até o músculo.

   b) Descreva quais são os locais utilizados para a administração de medicamentos por via intramuscular.

2. Um cliente de 45 anos encontra-se internado em uma clínica ortopédica com diagnóstico de miastenia grave.

   a) Descreva os sinais e sintomas mais comuns dessa doença.

   b) Descreva o tratamento e as intervenções de enfermagem para essa doença.

>> DEFINIÇÃO

Distensão muscular é o alongamento exagerado de um músculo ocasionando ruptura de algumas fibras. Os sintomas associados são dor aguda, enfraquecimento muscular, edema e alterações de cor da pele.

Miastenia grave é uma doença crônica e autoimune, caracterizada por fadiga e fraqueza dos músculos esqueléticos.

>> Sistema esquelético

O **sistema esquelético** (Figura 5.37), também chamado **sistema locomotor**, é formado pelos ossos que se encontram no corpo humano. Ele sustenta o corpo, protege vários órgãos internos, fornece pontos de apoio para a fixação dos músculos estriados esqueléticos, colabora nos movimentos, armazena cálcio e, em seu interior, são produzidos elementos do sangue. Constituído de peças ósseas (aproximadamente 206 ossos em um indivíduo adulto) e cartilaginosas articuladas que formam um conjunto de alavancas movimentadas pelos músculos, esse sistema é responsável por aproximadamente 14% da massa corporal.

>> CURIOSIDADE

O maior osso do corpo é o fêmur (osso da coxa), com aproximadamente 45 cm de comprimento; os menores ossos são os da orelha média (bigorna, martelo e estribo), com cerca de 0,25 cm cada um.

O sistema esquelético é composto de duas partes: **esqueleto axial** (crânio, coluna vertebral, costelas e o esterno) e **esqueleto apendicular** (cintura escapular, formada pelas escápulas e clavícula; cintura pélvica, formada pelos ossos ilíacos; e membros superiores e inferiores).

As **articulações** são os pontos em que os ossos se encontram. Nas articulações imóveis (suturas), os ossos estão bem unidos e não há movimento entre eles (p. ex., ossos do crânio, com exceção da mandíbula, que possui uma articulação móvel). A articulação móvel compara-se à dobradiça de uma porta e permite movimentos em uma única direção (p. ex., cotovelo e joelho). No ombro, no quadril e nas pernas, o tipo de articulação permite movimentos em várias direções.

>> Agora é a sua vez!

O sistema esquelético, ou esqueleto humano, consiste em um conjunto de ossos, cartilagens e ligamentos que se interligam para formar o arcabouço do corpo e desempenhar várias funções. Liste as funções do sistema esquelético.

>> CURIOSIDADE

O cálcio é muito importante para o organismo. Aproximadamente 1,5 a 2% do peso corporal é formado por cálcio. Desse percentual, 99% estão nos ossos e dentes.

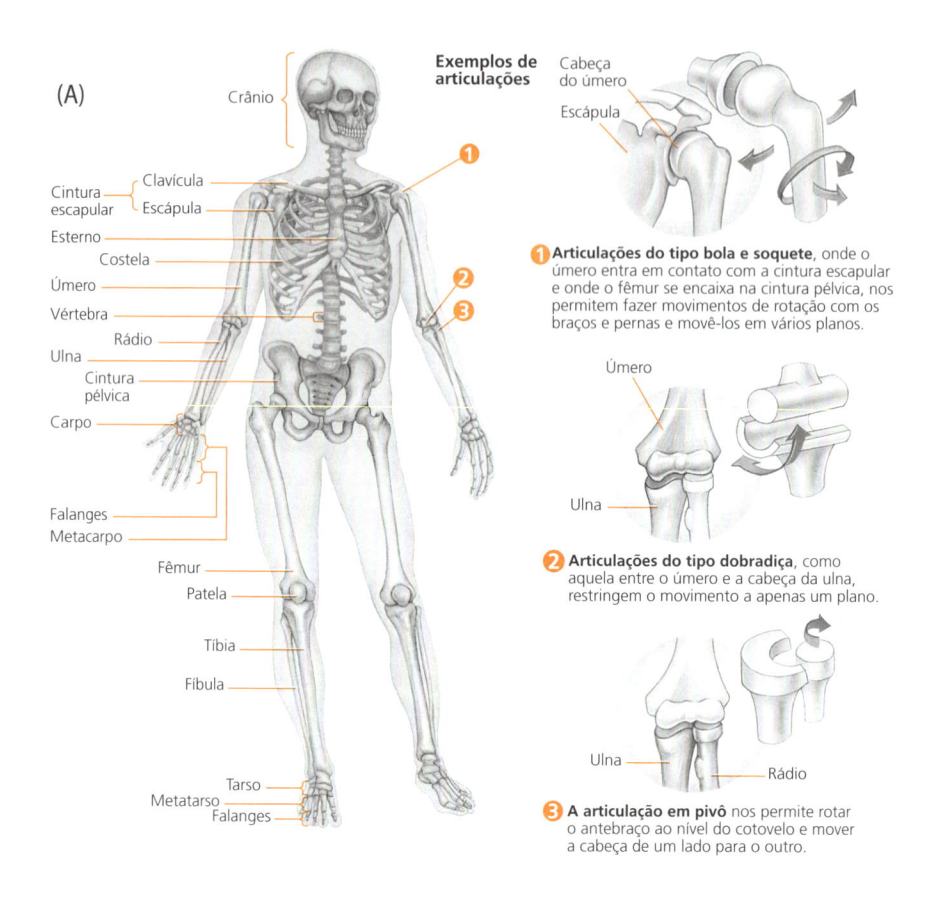

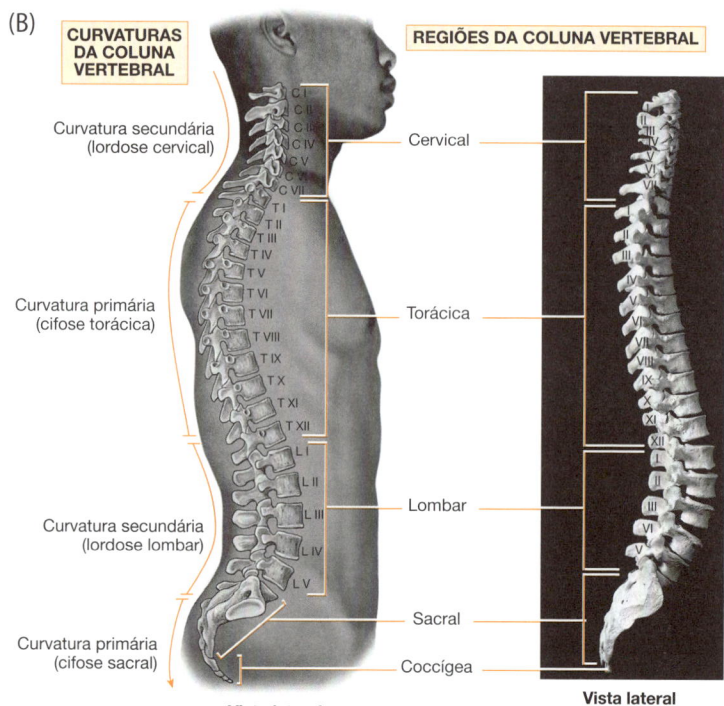

Figura 5.37 Anatomia do esqueleto humano.
Fontes: (A) Campbell e Reece (2010); (B e C) Martini, Timmons e Tallitsch (2009).

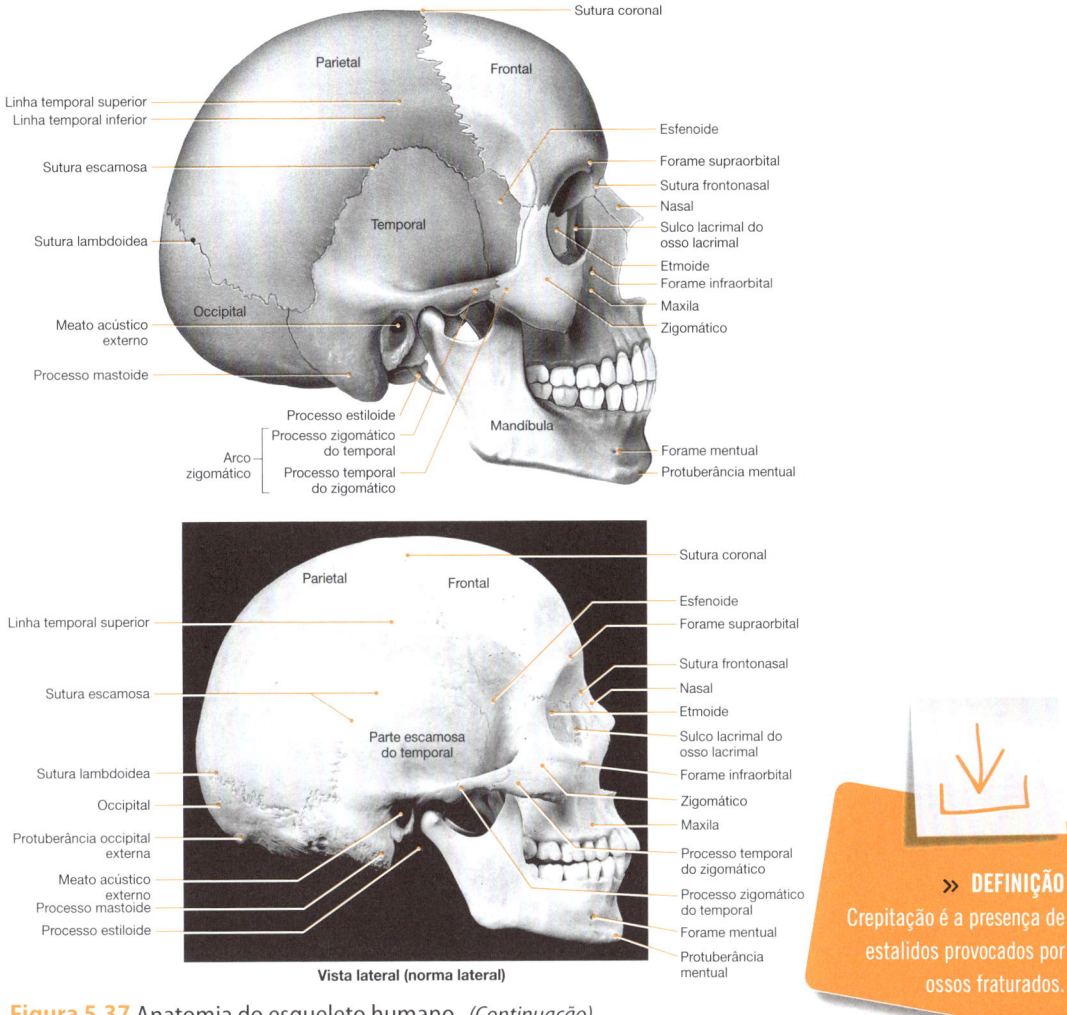

Figura 5.37 Anatomia do esqueleto humano. *(Continuação)*

> **DEFINIÇÃO**
> Crepitação é a presença de estalidos provocados por ossos fraturados.

» Fraturas

As **fraturas ósseas** são descritas segundo a localização anatômica e a direção do traço da fratura como simples ou cominutivas, com ou sem desvio, completas ou incompletas, expostas ou fechadas, além de traumáticas ou não traumáticas.

Em clientes ortopédicos, determinadas condições exigem o uso de **tração**, que reduz, alinha e imobiliza fraturas, além de minimizar deformidades e espasmos musculares. Baseia-se na lei da física que se refere ao estado do movimento, também conhecida como terceira Lei de Newton. A tração é um sistema de tratamento que visa a tracionar os ossos fraturados durante todo o tempo por meio de um sistema de pesos, roldanas e polias. Pode ser cutânea ou esquelética.

> **DEFINIÇÃO**
> Luxação é o deslocamento repentino, parcial ou total de um ou mais ossos de uma articulação. Esse fato compromete a movimentação da articulação.

A **imobilização** tem a função de garantir o alinhamento correto, podendo utilizar gesso, faixas e armações metálicas. O aparelho gessado serve para imobilizar a fratura reduzida, corrigir deformidades e estabilizar as articulações. O uso desse aparelho restringe o cliente ao leito.

Agora é a sua vez!

Descreva os cuidados de enfermagem para os clientes internados com fratura no fêmur.

Curvaturas da coluna vertebral

Em uma vista lateral, a coluna apresenta várias curvaturas consideradas fisiológicas. São elas:

- cervical e lombar (convexa ventralmente);
- torácica e pélvica ou sacro-cóccix (côncava ventralmente).

Quando uma destas curvaturas está aumentada, chamamos **hipercifose** (região dorsal e pélvica) ou **hiperlordose** (região cervical e lombar).

Escoliose é um desvio da coluna vertebral para a esquerda ou para a direita. Outra alteração comum na coluna vertebral é a **hérnia de disco**.

A coluna vertebral é composta por vértebras, em cujo interior existe um canal por onde passa a medula espinhal ou nervosa. Entre as vértebras cervicais, torácicas e lombares, estão os discos intervertebrais, estruturas em forma de anel, constituídas por tecido cartilaginoso e elástico, cuja função é evitar o atrito entre uma vértebra e outra e amortecer o impacto. Os discos intervertebrais desgastam-se com o tempo e o uso repetitivo, o que facilita a formação de hérnias de disco, ou seja, parte deles sai da posição normal e comprime os nervos que emergem da coluna. O problema é mais frequente nas regiões lombar e cervical, por serem áreas mais expostas ao movimento e que suportam mais carga.

» Atividade

Hérnia de disco é uma combinação de fatores biomecânicos, alterações degenerativas do disco e situações que levam ao aumento de pressão sobre tal estrutura. Consiste na projeção da parte central do disco intervertebral na espinha para fora de sua posição normal, o que gera pressão nos nervos vizinhos, podendo ocorrer em qualquer área da coluna.

a) Quais são os sinais característicos que indicam a presença de hérnia de disco?

b) Cite os fatores de risco para o desenvolvimento da hérnia de disco.

Para mais atividades, acesse o ambiente virtual de aprendizagem Tekne.

REFERÊNCIAS COMPLEMENTARES

CAMPBELL, N. A.; REECE, J. B. *Biologia*. 8. ed. Porto Alegre: Artmed, 2010.

MARTINI, F. H.; TIMMONS, M. J.; TALLITSCH, R. B. *Anatomia humana*. 6. ed. Porto Alegre: Artmed, 2009.

SADAVA, D. et al. *Vida:* a ciência da biologia. 8. ed. Porto Alegre: Artmed, 2009.

SILVERTHORN, D. U. *Fisiologia humana*: uma abordagem integrada. 5. ed. Porto Alegre: Artmed, 2010.

LEITURAS RECOMENDADAS

ASSOCIAÇÃO BRASILEIRA DOS PORTADORES DE DOENÇA PULMONAR OBSTRUTIVA CRÔNICA. *DPOC*. É bom ou ruim Dr.? São Paulo: ABP DPOC, [20--?]. Disponível em: <http://www.dpoc.org.br/_downloads/Apoio_001_Livreto_
DPOC.pdf>. Acesso em: 11 jun. 2014.

ATKINSON, L. D.; MURRAY, M. E. *Fundamentos de enfermagem:* introdução ao processo de enfermagem. Rio de Janeiro: Guanabara Koogan, 1989.

BRASIL. Ministério da Saúde. Biblioteca Virtual de Saúde. [Site]. Brasília: Ministério da Saúde, [20--?]. Disponível em: <http://bvsms.saude.gov.br>. Acesso em: 20 jan. 2014.

BRASIL. Ministério da Saúde. *Profissionalização de auxiliares de enfermagem:* cadernos do aluno: fundamentos de enfermagem. 2. ed. Brasília: Ministério da Saúde; Rio de Janeiro: Fiocruz, 2003.

GUYTON, A.; HALL, J. E. *Tratado de fisiologia*. 12. ed. Rio de Janeiro: Elsevier, 2011.

INSTITUTO NACIONAL DE CÂNCER JOSÉ ALENCAR GOMES DA SILVA. [Site]. Rio de Janeiro: INCA, [20--?]. Disponível em: <http://www2.inca.gov.br>. Acesso em: 02 fev. 2014.

SOCIEDADE BRASILEIRA DE PNEUMOLOGIA E TISIOLOGIA. [Site]. Brasília: SBPT, [20--?]. Disponível em: <http://www.sbpt.org.br>. Acesso em: 12 fev. 2014.

SOCIEDADE BRASILEIRA DE UROLOGIA. [Site]. Rio de Janeiro: SBU, [20--?]. Disponível em: <http://www.sbu.org.br>. Acesso em: 30 jan. 2014.

ZORZETTO, N. L. *Atlas de Anatomia Humana*. São Paulo: IBEP, 1985.

capítulo 6

Reprodução e desenvolvimento

Neste capítulo, mostraremos a importância de identificar as estruturas anatômicas e conhecer o funcionamento dos sistemas reprodutores masculino e feminino, que sofrem forte ação hormonal. Abordamos, ainda, o processo de fecundação (culminando no nascimento), enfatizando o desenvolvimento embrionário, e as fases do crescimento humano, bem como a importância de aspectos relacionados à genética humana a fim de elaborar intervenções de enfermagem pautadas no conhecimento científico.

Expectativas de aprendizagem

» Identificar as estruturas anatômicas do sistema reprodutor masculino e feminino.
» Reconhecer as funções dos hormônios que atuam no sistema reprodutor masculino e feminino.
» Compreender como ocorre a divisão das células para a reprodução humana e o processo de fecundação.
» Relacionar os métodos de planejamento familiar.
» Reconhecer como ocorre o desenvolvimento embrionário.
» Identificar as fases do crescimento humano em seus diferentes estágios.
» Identificar a importância do aconselhamento genético.
» Identificar a importância do sistema ABO e Fator Rh.

Bases tecnológicas

» Planejamento familiar
» Gestação
» Parto e nascimento
» Assistência de enfermagem ao recém-nascido
» Crescimento e desenvolvimento humano
» Transfusão sanguínea
» Eritroblastose fetal

Bases científicas

» Sistema reprodutor
» Reprodução humana
» Desenvolvimento embrionário humano
» Crescimento e desenvolvimento humano
» Genética humana
» Sistema ABO e Fator RH

>> Sistema reprodutor

A gravidez envolve várias modificações físicas e psicológicas na mulher, sendo as mais importantes o crescimento do útero e as alterações nas mamas. Esse período também é marcado por preocupações sobre o futuro da criança que irá nascer.

O **sistema reprodutor masculino** (Figura 6.1) é constituído por bolsa escrotal (que possui os testículos e o epidídimo), canal deferente, vesícula seminal, próstata, glândula bulbouretral e pênis. Nos testículos, existem pequenos tubos enovelados (**túbulos seminíferos**) nos quais são produzidos os espermatozoides. Pelos **ductos** ou **vasos deferentes**, os espermatozoides são transportados para outro tubo, o **epidídimo**, no qual adquirem mobilidade. Do epidídimo passam ao **ducto** ou **canal deferente**, que desemboca na uretra, de onde saem durante a ejaculação.

>> CURIOSIDADE

A secreção das vesículas seminais é rica em substâncias nutritivas que facilitam a sobrevivência dos espermatozoides durante sua viagem em direção ao óvulo.

O **sêmen**, ou **esperma**, é constituído, além de espermatozoides, de secreções produzidas pelas **glândulas bulbouretrais** (ou de Cowper), pelas **vesículas seminais** e pela **próstata**. As glândulas bulbouretrais liberam um líquido que, aparentemente, ajuda a diminuir a acidez da uretra (canal que passa pelo pênis), e a próstata produz um líquido alcalino que neutraliza a acidez não só da uretra, mas também das secreções vaginais. O pênis possui tecidos esponjosos ricos em vasos sanguíneos, os **corpos cavernosos** e o **corpo esponjoso**. Durante a excitação sexual, estímulos nervosos dilatam as artérias do pênis, acumulando sangue nesses tecidos e comprimindo as veias, o que obstrui o retorno venoso. O resultado é a ereção: aumento do volume e enrijecimento do pênis.

Os testículos são estimulados por dois hormônios produzidos pela hipófise: o **hormônio folículo estimulante** (FSH) e o **hormônio luteinizante** (LH) ou hormônio estimulador das células intersticiais (ICSH). O FSH estimula os epiteliócitos sustentadores (ou células de Sertoli que, nutrem os espermatozoides) a desencadear a **espermiogênese**. O LH estimula as células intersticiais (ou de Leydig) a secretar testosterona, hormônio responsável pelas características sexuais masculinas.

> **>> DEFINIÇÃO**
> Espermiogênese é a transformação das espermátides (gametas resultantes da meiose) em espermatozoides.

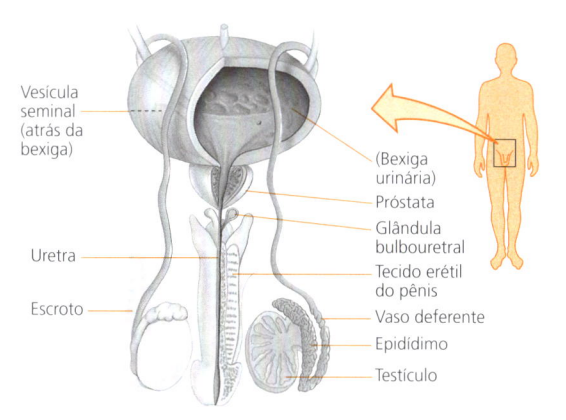

Figura 6.1 Anatomia do sistema reprodutor masculino.
Fonte: Campbell e Reece (2010).

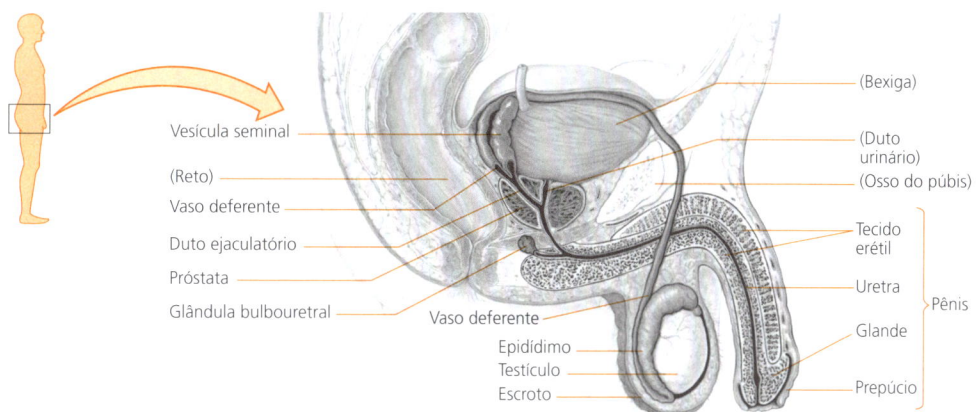

O **sistema reprodutor feminino** (Figura 6.2) é constituído por um par de ovários, um par de tubas uterinas (direita e esquerda), útero e vagina, bem como pelas estruturas externas – lábios maior (ou grandes lábios) e menor (ou pequenos lábios).

Os pares de **ovários** e de **tubas uterinas** (ou trompas de Falópio) desembocam no **útero**, órgão musculoso e oco que aloja o embrião durante a gravidez. Dele sai a **vagina**, que se abre na **vulva** (órgãos genitais externos) e recebe o pênis durante o ato sexual. Através dela o bebê sai no momento do parto. A abertura da vagina e da uretra é protegida pelos **grandes** e **pequenos lábios** (dobras de pele e mucosa).

Um pouco acima do orifício da uretra está o **clitóris**, que, por possuir inúmeras terminações nervosas, é muito sensível a estímulos, além de apresentar tecidos que se enchem de sangue durante a excitação sexual. Em mulheres virgens, há uma membrana perfurada que fecha parcialmente a abertura da vagina, chamada **hímen**. Em geral, ela rompe-se no primeiro ato sexual.

Os ovários começam a funcionar, já na fase embrionária, estimulados pelo **hormônio gonadotrofina coriônica humana** (HCG), que é produzido pela placenta. Por ocasião do nascimento, os futuros óvulos situam-se no interior de "cachos" de células, os **folículos primários** ou primordiais. Em cada folículo, apenas uma **ovogônia** cresce, transforma-se em **ovócito primário** e inicia a primeira divisão da meiose.

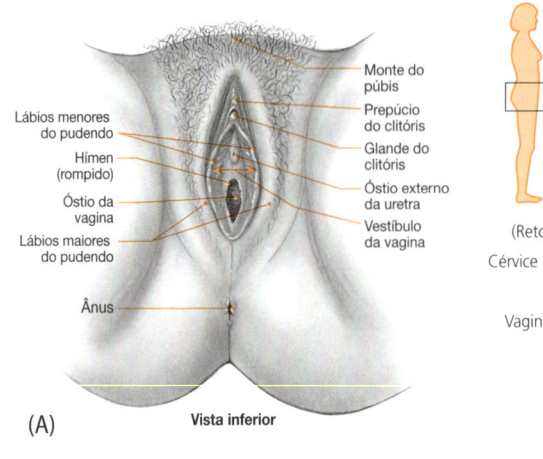

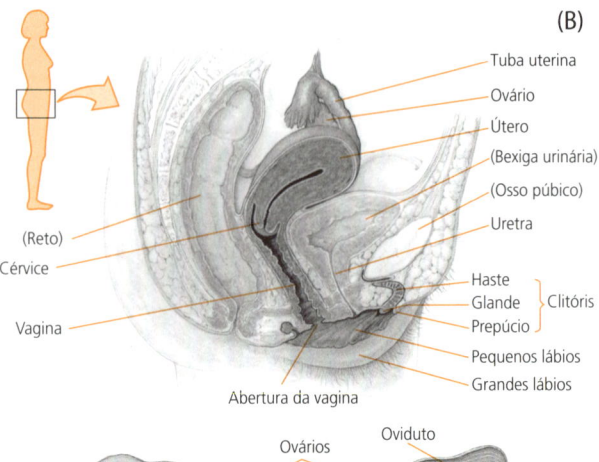

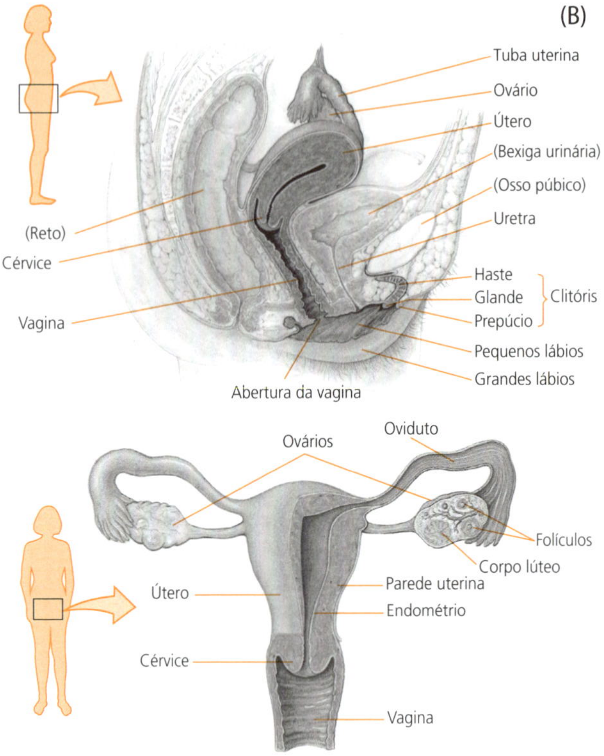

Figura 6.2 Anatomia do sistema reprodutor feminino.
Fonte: (A) Martini, Timmons e Tallitsch (2009); (B) Campbell e Reece (2010).

Em média, uma vez por mês, o ovário lança um cito II na tuba uterina (**ovulação**), e o útero prepara-se para receber um embrião. Se houver a fecundação, o embrião se implanta e cresce no útero. Caso não haja, ocorre a involução do corpo lúteo e, consequentemente, queda brusca dos hormônios ovarianos produzidos por ele. Essa queda da concentração hormonal causa a degeneração e a necrose do tecido endometrial (camada de revestimento interno do útero) que era estimulado pela ação desses hormônios. O ovócito não fecundado se degenera e é eliminado pela vagina com a camada superficial do útero (endométrio), sangue e hormônios (menstruação). Essa série de acontecimentos no ovário e no útero é controlada pelo FSH e pelo LH e constitui o **ciclo menstrual**, que se divide em três fases (Figura 6.3).

Na fase **folicular** ou **proliferativa**, o folículo cresce estimulado pelo FSH e produz **estrógenos**, hormônio que provoca o crescimento do **endométrio**. Em geral, apenas um folículo termina seu crescimento e transforma-se em folículo maduro ou de Graaf. O ovócito primário termina a primeira divisão da meiose ao mesmo tempo em que o folículo crescido se rompe, lançando o ovócito secundário na tuba uterina.

> » **DEFINIÇÃO**
> Endométrio é a membrana que forra o útero, na qual o embrião se fixa e cresce.

> » **CURIOSIDADE**
> No nascimento, o processo de meiose é interrompido. Depois, na puberdade, quando a menina é capaz de produzir seus próprios hormônios, esse processo continua até a menopausa.

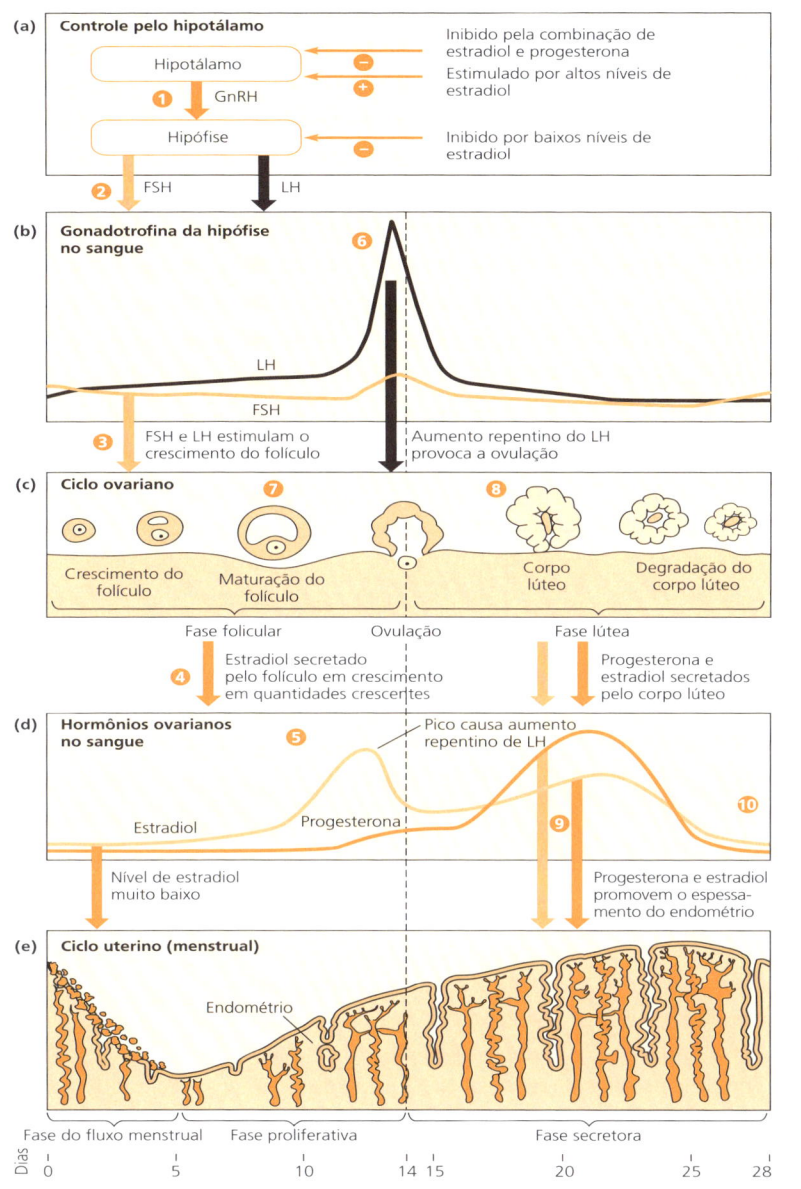

Figura 6.3
Esquema geral do ciclo menstrual.
Fonte: Campbell e Reece (2010).

Na fase **lútea** ou **secretora**, sob a ação do LH, o folículo rompido transforma-se no corpo amarelo ou lúteo, glândula que secreta os hormônios estrogênio e **progesterona**. Este último é responsável por tornar o endométrio espesso, vascularizado e cheio de secreções nutritivas.

Na fase do fluxo **menstrual**, o útero "espera" pelo embrião até cerca de 14 dias após a ovulação. Se não ocorre a fecundação, o corpo lúteo degenera ao longo da segunda fase do ciclo e se transforma em "cicatriz" (**corpo branco** ou **albicans**), deixando de produzir os hormônios. A queda de progesterona provoca a degeneração e a eliminação de parte do endométrio. A menstruação pode durar de 3 a 7 dias.

>> **DEFINIÇÃO**
Hormônios sexuais são substâncias que, no sistema reprodutor feminino, promovem interações que regulam o ciclo menstrual.

Agora é a sua vez!

Analise a possibilidade de ocorrência das vias **A**, **B** e **C**, apresentadas no esquema a seguir, e faça o que se pede.

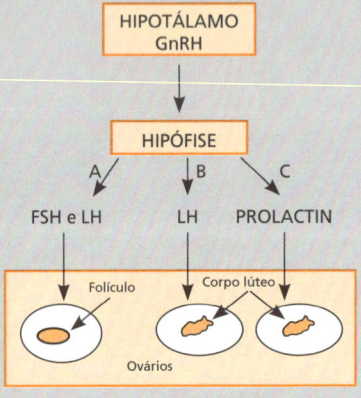

HIPOTÁLAMO
GnRH
↓
HIPÓFISE
A / B ↓ C \
FSH e LH   LH   PROLACTIN
↓ Folículo   ↓ Corpo lúteo   ↓
Ovários

a) Qual das vias indica a fase pós-ovulatória? Justifique sua resposta.
b) O que acontecerá se a ovulação e a fecundação ocorrerem, mas o corpo lúteo não se desenvolver? Justifique sua resposta.
c) A produção de hormônios é controlada por mecanismos de retroalimentação negativa (*feedback* negativo). Explique como ocorre esse mecanismo, utilizando o esquema para exemplificá-lo.

Confira as respostas deste exercício no ambiente virtual de aprendizagem Tekne: www.grupoa.com.br/tekne.

>> Métodos contraceptivos

Algumas doenças infecciosas e certos problemas no feto ou na gestante podem provocar um aborto espontâneo. O aborto induzido, feito quando a mulher engravida e não quer ter o filho, é considerado crime no Brasil e permitido apenas quando a gestante apresentar problemas e não houver outro meio de salvar sua vida ou quando a gravidez é resultado de estupro. Apesar disso, o aborto é praticado clandestinamente em nosso país e sempre envolve riscos. Por isso, se o casal não quer ter filhos, é preciso se prevenir, escolhendo com o médico um método anticoncepcional adequado.

O Quadro 6.1 apresenta os métodos para evitar a gravidez. A escolha do método adequado deve ser feita com o auxílio de um médico, pois somente ele pode indicar a melhor opção para cada caso. A técnica da contracepção de emergência, popularmente conhecida como "pílula do dia seguinte", não é propriamente um método anticoncepcional. A rigor, trata-se de um método abortivo, pois permite que ocorra a fecundação, mas interfere na implantação do embrião no endométrio. Seu propósito é, portanto, impedir a gravidez quando houve uma falha em outros métodos contraceptivos.

>> **ATENÇÃO**
Quando feito em condições de higiene precárias, o aborto torna-se muito perigoso e pode provocar infecções, esterilidade e até a morte.

Quadro 6.1 » Métodos contraceptivos

Método anticoncepcional	Descrição
Método da tabela ou "tabelinha"	Consiste em evitar relações sexuais durante o período fértil. Para isso, a mulher precisa saber quando ele acontece (em geral, 14 dias antes da menstruação). Como a duração do ciclo pode variar, é preciso determinar o dia da ovulação. Isso pode ser feito pelo acompanhamento diário da temperatura corporal ao acordar e sua observação do aspecto da secreção vaginal. Na época da ovulação, a temperatura aumenta aproximadamente 0,5 °C, e a secreção vaginal fica pegajosa, parecida com clara de ovo. Para não engravidar, a mulher pode ter relações sexuais 48 horas depois do dia da ovulação. Apesar de não ter efeitos colaterais para a saúde, em geral, esse método apresenta baixa eficácia, sendo necessária uma orientação detalhada do médico.
Métodos hormonais	Consiste na ingestão de pílulas anticoncepcionais, em geral uma mistura de derivados sintéticos de estrogênio e progesterona, que inibem o aumento de LH (hormônio responsável pela ovulação). Algumas pílulas contêm apenas derivados de progesterona. É um método muito eficiente, mas deve ser sempre indicado por um médico. Outra opção são injeções desses hormônios a cada 2 ou 3 meses ou o uso de pequenos tubos de plástico implantados sob a pele, que liberam hormônios. Ainda há a opção da utilização de adesivos colocados sobre a pele, que liberam hormônios.
Dispositivo intrauterino (DIU)	Trata-se de uma pequena peça de plástico recoberta de cobre colocada no útero pelo médico, que verifica periodicamente se ela está bem adaptada. Sua remoção também deve ser feita pelo médico. O cobre destrói parte dos espermatozoides e impede que outros cheguem ao óvulo e o fecundem. Caso haja fecundação, o DIU impedirá que o embrião se fixe no útero. É um método seguro, mas podem ocorrer cólicas, dores e sangramento.
Preservativo (camisinha)	Feminino: tubo de poliuretano (plástico macio e flexível) que se encaixa na vagina. É mais caro que o preservativo masculino. Masculino: membrana de borracha fina que deve ser colocada no pênis ereto antes da penetração.
Diafragma	Trata-se de um disco de borracha flexível que a mulher deve colocar na entrada do útero antes da relação sexual, bloqueando a passagem dos espermatozoides. O tamanho do diafragma correto para cada mulher é determinado pelo médico. Para aumentar sua eficácia, deve-se lubrificar as bordas com gel espermicida e só retirá-lo no mínimo 8 horas depois do ato sexual. Sua eficácia é menor que a da pílula, do DIU e do preservativo.
Procedimentos cirúrgicos	Feminina (laqueadura tubária ou ligadura de trompa): a tuba uterina é cortada, e seus cotos são amarrados. Com isso, embora continue a ser produzido, o óvulo não é fecundado, uma vez que foi interrompida a ligação entre o ovário e o útero. Masculina (vasectomia): é relativamente simples e consiste na secção dos ductos deferentes mediante pequeno corte na pele da bolsa escrotal. Essa operação não modifica o comportamento sexual (a testosterona continua a ser lançada no sangue), e o sêmen continua a ser produzido, embora não contenha espermatozoides.

>> **IMPORTANTE**

O uso de preservativo é o único método anticoncepcional que protege contra doenças sexualmente transmissíveis (DSTs).

>> **ATENÇÃO**

Nem sempre é possível reverter a esterilidade por meio de nova cirurgia. Se o homem ou a mulher quiserem ter filhos novamente, serão necessárias técnicas caras que removam espermatozoides ou óvulos para serem fecundados em laboratório.

>> Agora é a sua vez!

1. Um homem de 38 anos está interessado em realizar vasectomia, pois já tem três filhos e decidiu com sua esposa que esse seria o melhor método contraceptivo para o casal. Ele ainda tem muitas dúvidas a respeito desse procedimento e de suas possíveis complicações, por isso, questionou o técnico em enfermagem durante uma visita domiciliar.
a) Elabore uma resposta que explique a ele como a vasectomia é realizada.
b) Descreva os cuidados após o procedimento ser realizado.
c) Esclareça sobre possíveis complicações da vasectomia.

2. Em uma Unidade Básica de Saúde (UBS), uma pesquisa realizada entre os usuários revelou um grande número de adolescentes grávidas ou que já tiveram filhos.
a) Descreva quais ações podem ser desenvolvidas na UBS a fim de evitar o aumento de casos de gravidez na adolescência.
b) Elabore um manual e uma aula para esclarecer e estimular o uso de métodos contraceptivos.

» Doenças do sistema reprodutor

Vírus, bactérias, protozoários e fungos podem parasitar os sistemas reprodutores masculino e feminino, causando doenças cuja gravidade depende do tipo de agente infeccioso. São exemplos dessas doenças a sífilis, a gonorreia e o HPV (papilomavírus humano). Os Quadros 6.2 a 6.6 apresentam informações sobre as principais doenças que afetam o sistema reprodutor.

> **» PARA SABER MAIS**
>
> Você encontra mais informações sobre doenças causadas por vírus, bactérias, protozoários e fungos no Capítulo 1 deste livro.

Quadro 6.2 »	**Hiperplasia prostática (HPB)**
Descrição	Com a idade, é grande a porcentagem de homens que apresentam diferentes graus de aumento de volume da próstata.
Sintomas	Desconforto, micção dificultada, incontinência urinária e dor.
Prevenção	São recomendados exames específicos regulares a partir dos 40 ou 45 anos de idade.
Diagnóstico	É feito por meio de toque retal, exame de sangue (antígeno prostático específico – PSA) e ultrassonografia transretal.
Tratamento	Uso de medicamentos (alfabloqueadores e inibidores da enzima 5-alfa redutase) e tratamento cirúrgico.

Quadro 6.3 »	**Ovário policístico**
Descrição	Doença na qual há um desequilíbrio nos hormônios sexuais femininos, o que pode causar alterações no ciclo menstrual e na pele, pequenos cistos nos ovários, dificuldade para engravidar e outros problemas.
Sintomas	Alteração menstrual, aumento dos pelos no rosto, obesidade, acne, infertilidade.
Tratamento	Controle dos sintomas e controle da produção de hormônios.

Quadro 6.4 » Câncer de próstata

Descrição	É considerado um câncer da terceira idade, já que cerca de três quartos dos casos no mundo ocorrem a partir dos 65 anos. É caracterizado pelo aumento do volume da próstata.
Sintomas	Dificuldade para urinar, necessidade de urinar mais vezes durante o dia ou a noite. Na fase avançada, pode provocar dor óssea, sintomas urinários ou, quando mais grave, infecção generalizada ou insuficiência renal.
Diagnóstico	É feito por meio de toque retal, exame de sangue (antígeno prostático específico – PSA) e ultrassonografia transretal.
Prevenção	Evitar o consumo excessivo de carne vermelha, gordura e leite. Consumir frutas e vegetais ricos em carotenoides.
Tratamento	Cirurgia (prostatectomia radical) e radioterapia.

Quadro 6.5 » Endometriose

Descrição	Doença que acomete as mulheres em idade reprodutiva, consiste na presença de células endometriais em locais fora do útero.
Sintomas	Alguns casos podem ser assintomáticos. Os principais sintomas são a menstruação dolorosa, dor no baixo ventre, dor durante ou após a relação sexual, dor ao evacuar e dor pélvica ou lombar que pode ocorrer a qualquer momento do ciclo menstrual.
Tratamento	Depende do grau de comprometimento, e varia desde o uso de contraceptivos e anti-inflamatórios até a intervenção cirúrgica.

Quadro 6.6 » Câncer do colo do útero

Descrição	Também conhecido como câncer cervical, é uma doença de evolução lenta que acomete principalmente mulheres acima dos 25 anos. O principal agente causador é o papilomavírus humano (HPV).
Sintomas	Sangramento vaginal, especialmente depois das relações sexuais, no intervalo entre as menstruações ou após a menopausa, corrimento vaginal (leucorreia) de cor escura e com mau cheiro. Nos estágios mais avançados da doença, outros sinais podem aparecer: massa palpável no colo do útero, hemorragias, obstrução das vias urinárias e intestinos, dores lombares e abdominais, perda de apetite e de peso.
Prevenção	Exame de Papanicolau, vacina contra o HPV.
Tratamento	Cirurgia, radioterapia externa ou interna (braquiterapia).

>> Agora é a sua vez!

Um homem de 55 anos procurou o Serviço de Saúde com queixa de desconforto ao urinar, e refere nunca ter realizado algum exame preventivo do câncer de próstata. Após passar pela consulta médica e realizar alguns exames, é constatado o diagnóstico de hiperplasia benigna da próstata. Elabore as orientações que deverão ser dadas a esse cliente sobre seu diagnóstico.

>> Reprodução humana

Reprodução em biologia refere-se às formas pelas quais os seres vivos geram seus descendentes para garantir a continuidade de sua espécie. Para que isso ocorra na espécie humana, é necessário que haja a fecundação, processo em que um espermatozoide penetra em um óvulo, dando origem a uma nova vida.

Nos seres humanos, a reprodução é **sexuada**, forma que tem a vantagem de promover maior **variabilidade genética** e conferir maior poder de adaptação diante das alterações do meio em que vivem. Nesse tipo de reprodução, ocorre a formação de células especiais, os **gametas**, no interior de órgãos especializados, as **gônadas**. As mulheres produzem **óvulos** no interior de seus **ovários**. Os homens produzem gametas móveis, os **espermatozoides**, no interior de seus **testículos**. Com o encontro dos gametas e a consequente **fecundação**, forma-se uma célula única, o **zigoto**, a partir da qual se desenvolverá o novo indivíduo.

Para o entendimento desse processo, inicialmente é preciso compreender os meios pelos quais são produzidas as células reprodutivas (óvulos e espermatozoides). No organismo humano, ocorrem dois tipos de divisão celular: a **mitose**, que forma células com o mesmo número de cromossomos e as mesmas informações genéticas da célula-mãe (células diploides – 2n); e a **meiose**, que reduz esse número à metade (células haploides – n) (Figura 6.4).

Na **meiose,** acontecem duas divisões celulares seguidas, que resultam na formação de quatro células-filhas para cada célula que inicia o processo. Durante esse período, cada cromossomo se duplica apenas uma vez, o que explica a redução do padrão cromossomal de 2n para n e, com a fecundação, a manutenção do número de cromossomos de uma geração para outra.

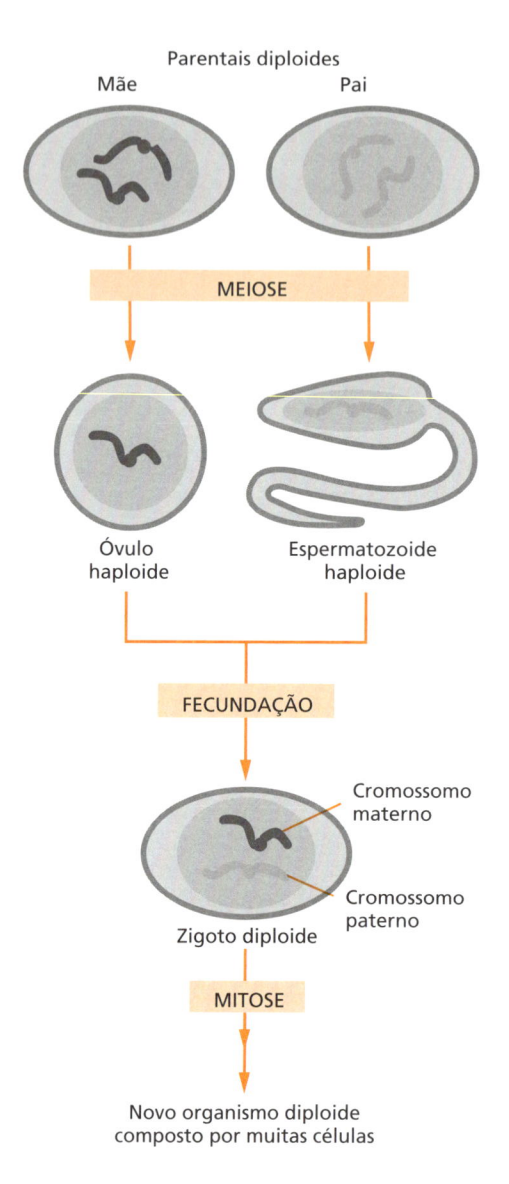

Figura 6.4 A mitose forma células com o mesmo número de cromossomos da célula original. A meiose compensa a fecundação ao produzir células com metade dos cromossomos.
Fonte: Alberts et al. (2011).

O intervalo entre a primeira e a segunda divisão da meiose, chamado **intercinese**, é muito curto, e logo começa uma segunda prófase. É importante observar que não vai ocorrer duplicação do DNA. Como não existem cromossomos homólogos na mesma célula, também não haverá emparelhamento. Assim, os movimentos cromossomais são idênticos aos da mitose. No final da meiose II, o número de cromossomos não se reduz, motivo pelo qual ela é chamada divisão equacional. No entanto, como cada cromossomo duplicado se separa em dois cromossomos simples, não há mais duas cópias de cada molécula de DNA por célula. A Figura 6.5 detalha as etapas da meiose.

Muitos dos acontecimentos da mitose, como a formação do fuso acromático, o desaparecimento da membrana nuclear e o movimento dos cromossomos para o equador e para os polos da célula, também ocorrem na meiose.

MEIOSE I: Separa cromossomos homólogos

Prófase I | **Metáfase I** | **Anáfase I** | **Telófase I e citocinese**

Cromossomos homólogos replicados segmentos pareados e trocados, 2n= 6 neste exemplo

Cromossomos se alinham por pares homólogos

Cada par de cromossomos homólogos se separa

Duas células haploides são formadas; cada cromossomo ainda consiste em duas cromátides-irmãs

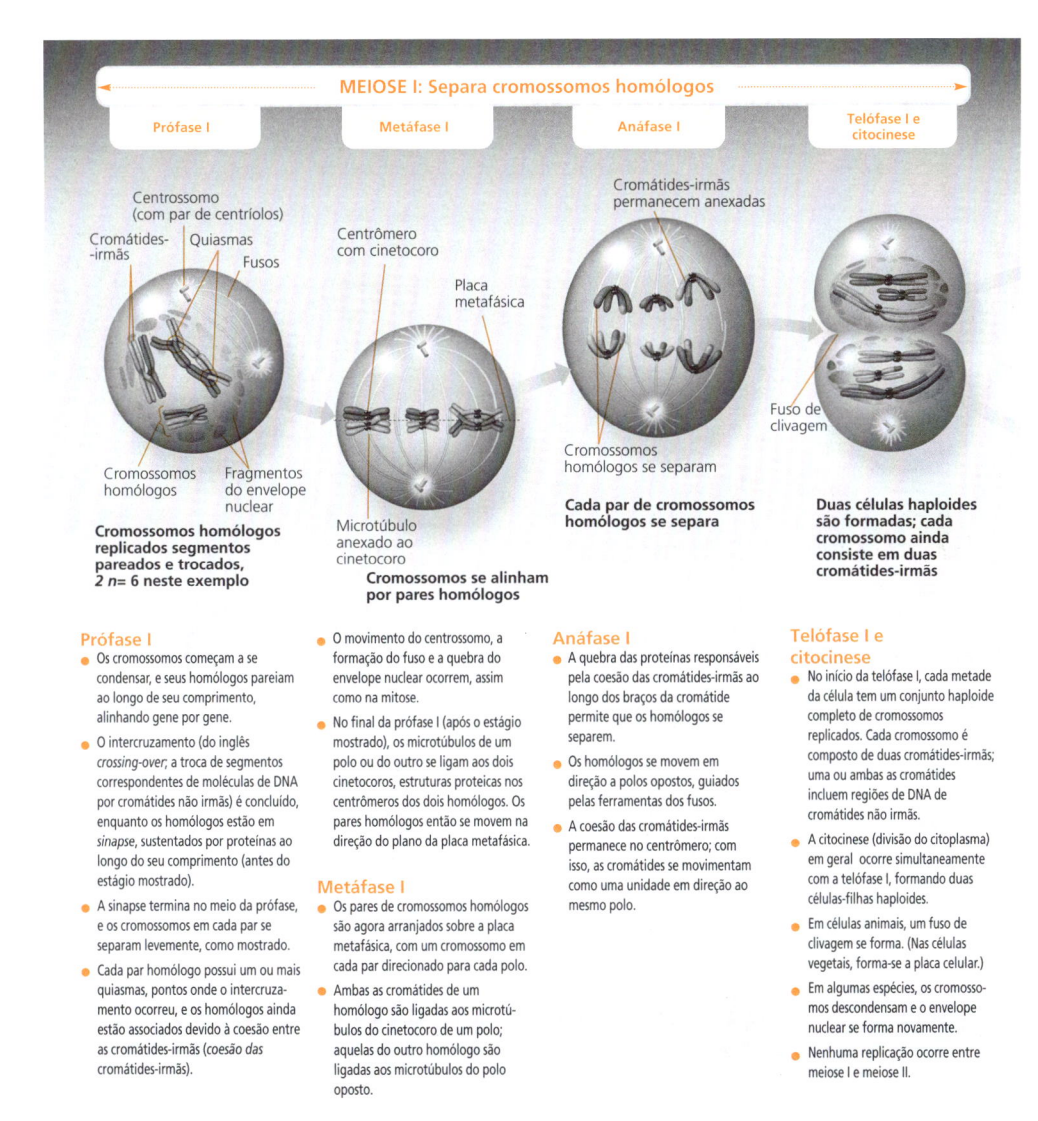

Prófase I
- Os cromossomos começam a se condensar, e seus homólogos pareiam ao longo de seu comprimento, alinhando gene por gene.
- O intercruzamento (do inglês *crossing-over*; a troca de segmentos correspondentes de moléculas de DNA por cromátides não irmãs) é concluído, enquanto os homólogos estão em sinapse, sustentados por proteínas ao longo do seu comprimento (antes do estágio mostrado).
- A sinapse termina no meio da prófase, e os cromossomos em cada par se separam levemente, como mostrado.
- Cada par homólogo possui um ou mais quiasmas, pontos onde o intercruzamento ocorreu, e os homólogos ainda estão associados devido à coesão entre as cromátides-irmãs (coesão das cromátides-irmãs).

- O movimento do centrossomo, a formação do fuso e a quebra do envelope nuclear ocorrem, assim como na mitose.
- No final da prófase I (após o estágio mostrado), os microtúbulos de um polo ou do outro se ligam aos dois cinetocoros, estruturas proteicas nos centrômeros dos dois homólogos. Os pares homólogos então se movem na direção do plano da placa metafásica.

Metáfase I
- Os pares de cromossomos homólogos são agora arranjados sobre a placa metafásica, com um cromossomo em cada par direcionado para cada polo.
- Ambas as cromátides de um homólogo são ligadas aos microtúbulos do cinetocoro de um polo; aquelas do outro homólogo são ligadas aos microtúbulos do polo oposto.

Anáfase I
- A quebra das proteínas responsáveis pela coesão das cromátides-irmãs ao longo dos braços da cromátide permite que os homólogos se separem.
- Os homólogos se movem em direção a polos opostos, guiados pelas ferramentas dos fusos.
- A coesão das cromátides-irmãs permanece no centrômero; com isso, as cromátides se movimentam como uma unidade em direção ao mesmo polo.

Telófase I e citocinese
- No início da telófase I, cada metade da célula tem um conjunto haploide completo de cromossomos replicados. Cada cromossomo é composto de duas cromátides-irmãs; uma ou ambas as cromátides incluem regiões de DNA de cromátides não irmãs.
- A citocinese (divisão do citoplasma) em geral ocorre simultaneamente com a telófase I, formando duas células-filhas haploides.
- Em células animais, um fuso de clivagem se forma. (Nas células vegetais, forma-se a placa celular.)
- Em algumas espécies, os cromossomos descondensam e o envelope nuclear se forma novamente.
- Nenhuma replicação ocorre entre meiose I e meiose II.

Figura 6.5 Etapas da meiose. *(continua)*
Fonte: Campbell e Reece (2010).

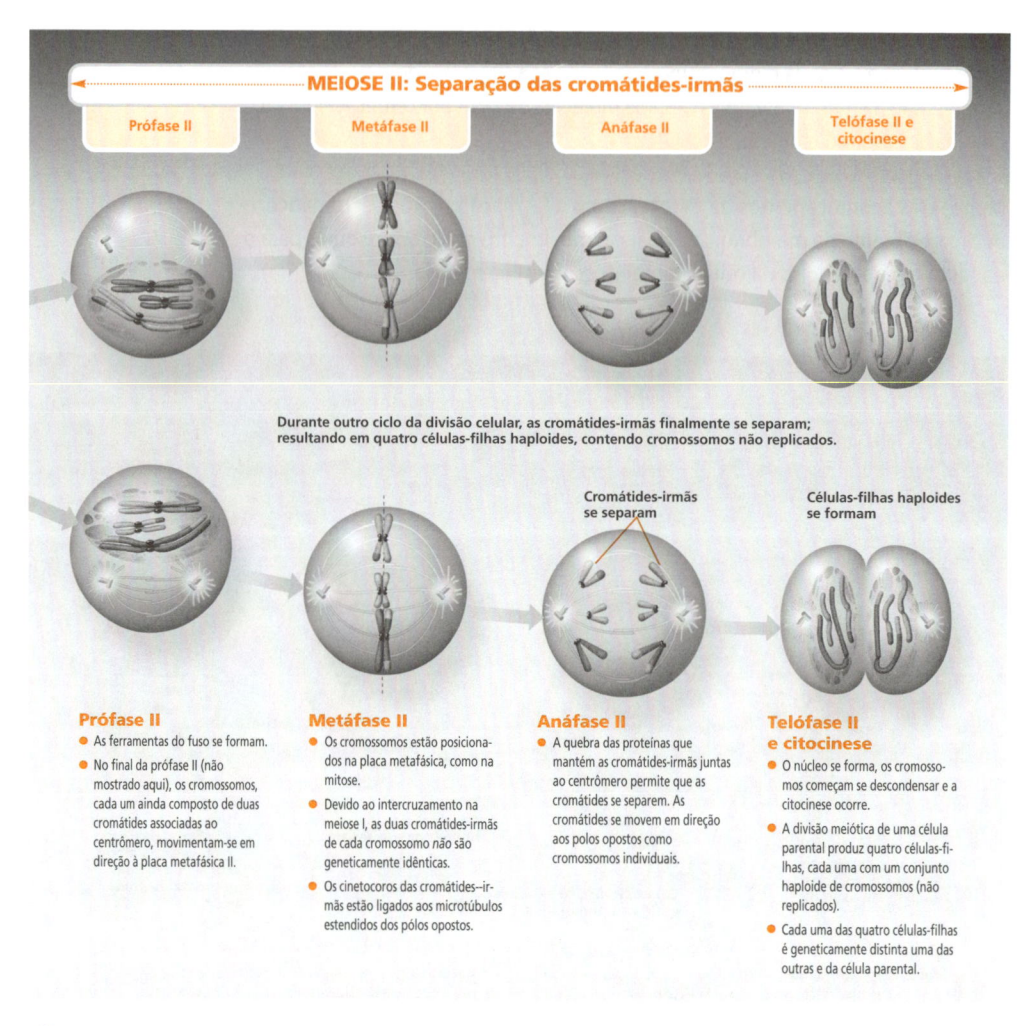

Figura 6.5 Etapas da meiose. *(continuação)*
Fonte: Campbell e Reece (2010).

A **gametogênese** é a produção de gametas e ocorre nas gônadas. Os espermatozoides são produzidos por **espermatogênese** nos testículos, e os óvulos, por **ovulogênese** nos ovários. Nos dois casos, o processo compreende as etapas de multiplicação, crescimento e maturação (Figura 6.6).

Na multiplicação, as células chamadas **gônias** (**espermatogônias** do testículo e **ovogônias** do ovário) multiplicam-se intensamente por divisões mitóticas. As células resultantes iniciam a fase de crescimento. No caso das ovogônias, é um período durante o qual a célula aumenta muito de volume por causa do acúmulo de alimento (**vitelo**) no citoplasma. As células resultantes do período de crescimento, chamadas **cito primário** ou cito I (**espermatócito** e **ovócito primários**), iniciam a fase de maturação, que corresponde a uma meiose.

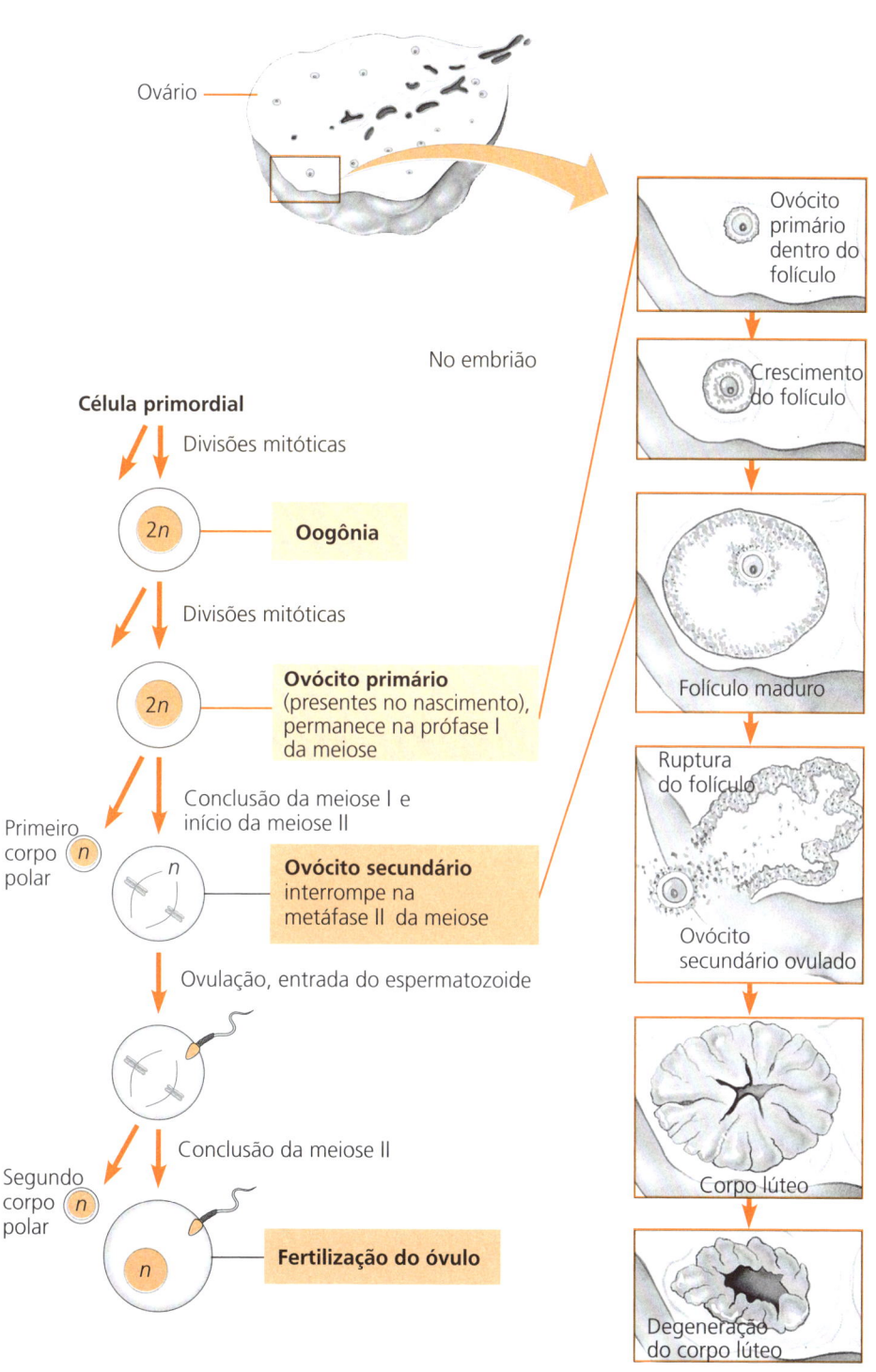

Figura 6.6 Fases da gametogênese. *(continua)*
Fonte: Campbell e Reece (2010).

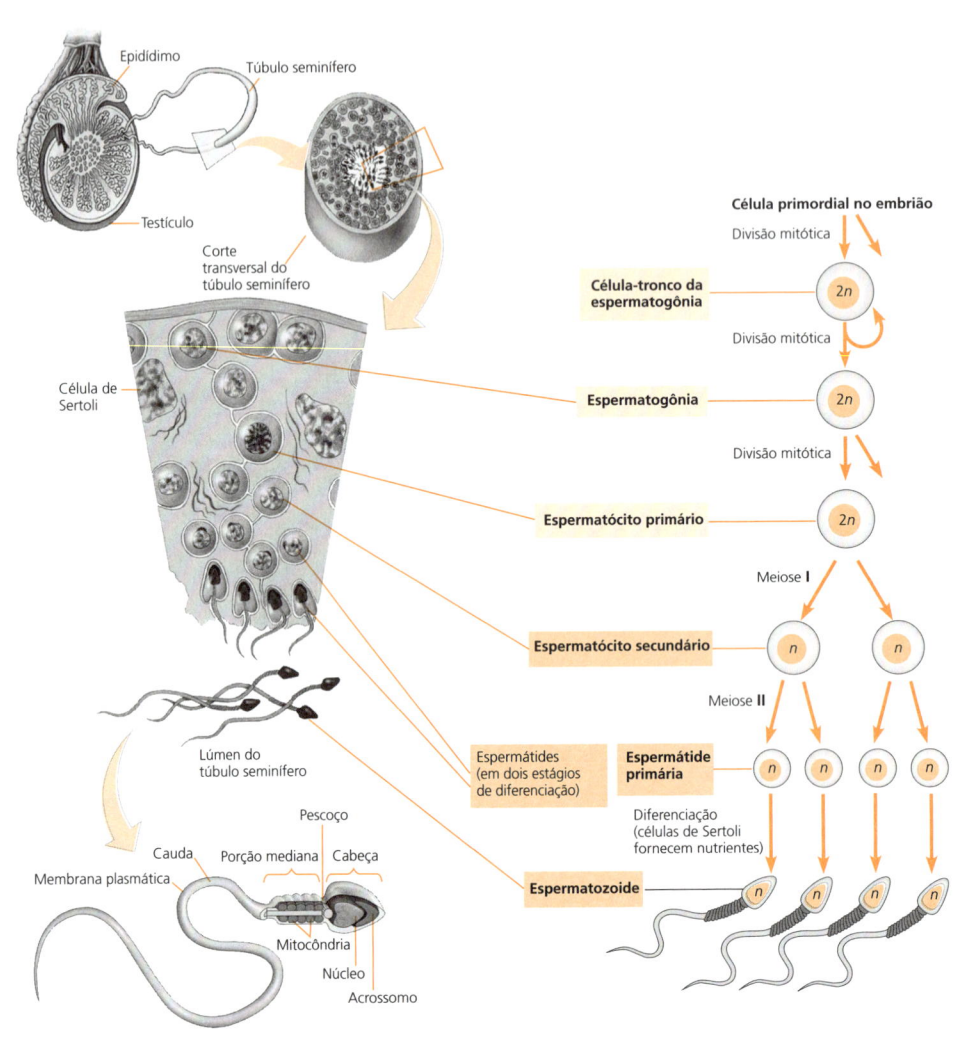

Figura 6.6 Fases da gametogênese. *(continuação)*
Fonte: Campbell e Reece (2010).

Na espermatogênese, essa meiose produz quatro células haploides para cada espermatócito primário que inicia a divisão. As duas células resultantes da primeira divisão da meiose são chamadas **citos secundários** ou citos II (espermatócitos secundários) e as quatro finais são as **espermátides**, que se diferenciam em espermatozoides pelo processo de espermiogênese ou fase de especialização.

Na ovulogênese, a primeira divisão da meiose de cada ovócito primário produz uma célula grande (**ovócito secundário**) e uma atrofiada (primeiro polócito ou primeiro glóbulo polar). O mesmo ocorre na segunda divisão, em que se produzem uma **ovótide** ou óvulo e o **segundo polócito** ou segundo glóbulo polar. Portanto, cada ovócito primário produz apenas um óvulo.

Como resultado do estímulo sexual, o homem elimina seus espermatozoides, contido no sêmen, no momento da ejaculação. Para as mulheres, a ovulação não depende do estímulo sexual, mas sim, das flutuações nas taxas hormonais que controlam o ciclo ovariano.

No interior do pênis, existem os corpos cavernosos (estruturas de aspecto esponjoso) que, no momento da excitação sexual, ficam cheios de sangue e tornam-se enrijecidos, deixando o pênis ereto. Dessa forma, ele pode ser inserido na vagina. A uretra apresenta uma musculatura que se contrai durante a ejaculação, promovendo a eliminação do sêmen.

>> CURIOSIDADE

Em apenas uma ejaculação, podem ser eliminados cerca de 300 milhões de espermatozoides. Aproximadamente um terço desses espermatozoides morre ao entrar em contato com a secreção ácida produzida pela vagina.

Se o ato sexual ocorrer durante o período fértil (próximo ao dia da ovulação), fios de muco do endométrio e leves contrações uterinas "guiam" os espermatozoides até a tuba uterina, onde pode estar o ovócito II (secundário) liberado por um dos ovários. Apenas 200 espermatozoides, em média, conseguem chegar ao ovócito II, sendo que apenas um deles irá fecundá-lo.

Os outros espermatozoides que não conseguem fecundar o gameta feminino degeneram dentro do sistema genital feminino. Isso também acontece no caso de o ato sexual não ocorrer durante o período fértil do ciclo menstrual. Dessa forma, o embrião já tem seu sexo determinado desde o instante da fecundação que o originou, graças à composição cromossômica particular de cada sexo: **dois cromossomos X**, na mulher, e **um cromossomo X** e **um cromossomo Y**, no homem. Assim, se o óvulo for fecundado por um espermatozoide X, o embrião originará um indivíduo do sexo feminino. Se for fecundado por um espermatozoide Y, nascerá um indivíduo do sexo masculino. Portanto, a origem do sexo é determinada exclusivamente pelo espermatozoide.

No entanto, o desenvolvimento adequado dos genitais masculinos e femininos (**características sexuais primárias**) só se completa com a ação das **gonadotrofinas hipofisárias** durante a fase embrionária. Mais tarde, na **puberdade** (por volta dos 10 aos 14 anos de idade, em média), o indivíduo volta a ter suas gônadas estimuladas pelas gonadotrofinas. Nessa etapa, a mesma resposta (produção de hormônios sexuais) leva a consequências mais amplas: o desenvolvimento das **características sexuais secundárias**, isto é, características que distinguem física, psíquica e emocionalmente os adultos dos sexos masculino e feminino, e a **produção de gametas**. Dessa forma, o indivíduo atinge o pleno amadurecimento sexual e tem início a fase de sua vida em que é capaz de reproduzir-se.

Agora é a sua vez!

1. Uma adolescente chegou à Unidade de Saúde ansiosa, pois admitiu ter mantido relação sexual com o namorado na noite anterior sem uso de preservativo. Relatou que não faz uso de método contraceptivo e quis saber se corria o risco de engravidar. Como você, profissional de enfermagem, vai orientá-la?

2. Primos consanguíneos estão com a data do casamento marcada, mas estão preocupados com a possibilidade de gravidez, porque ouviram falar que filhos de pais que são primos consanguíneos podem nascer com algum problema de saúde.
   a) Essa preocupação se justifica?
   b) Você considera importante encaminhá-los a um aconselhamento genético? Por quê?

Desenvolvimento embrionário humano

A gravidez é um período muito importante e especial na vida de uma mulher. O conhecimento de todas as fases envolvidas nesse processo é fundamental para que o profissional de enfermagem desempenhe uma assistência individualizada e com qualidade.

Embriologia é o estudo do desenvolvimento embrionário, que tem início com o **zigoto** e é caracterizado por uma rápida sequência de mitoses e pela diferenciação de células em tecidos e órgãos.

Nos **placentários**, o óvulo quase não tem vitelo, sendo por isso chamado **alécito**. A segmentação é **holoblástica**. O desenvolvimento embrionário é direto, e ocorre no interior do **útero** materno. Os embriões em desenvolvimento ligam-se à parede uterina por meio da **placenta**, órgão formado pela conjugação de tecidos maternos e embrionários. Através da placenta, o embrião recebe nutrientes e gás oxigênio do sangue da mãe e nele elimina gás carbônico e excreções resultantes do metabolismo. Dessa forma, os seres humanos são chamados **vivíparos** (denominação dada em relação ao local de desenvolvimento do embrião).

Com a **fecundação** (união do espermatozoide ao óvulo), há a formação da **célula ovo** ou **zigoto**. O zigoto é, portanto, uma célula diploide, pois contém cromossomos originados do pai e da mãe. O zigoto sofre sucessivas divisões mitóticas, originando novas células diploides. Dessa forma, ocorre um aumento significativo do número de células, sem o aumento do volume total. Esse processo caracteriza a **segmentação** ou **clivagem**. Na primeira fase, forma-se a **mórula** (constituída por um maciço de células). As células da mórula continuam a sofrer divisões mitóticas, gerando a **blástula**, segunda fase. As células que formam a blástula são bem menores do que as da mórula e secretam um líquido que se acumula no interior, formando e preenchendo uma cavidade central, chamada **blastocele**.

Após a formação da blástula, no final da segmentação, inicia-se a gastrulação, que consiste na formação dos **folhetos embrionários**, em um processo de multiplicação celular, com o aumento do volume total. Ao final desta fase, forma-se a **gástrula**. Neste momento, ocorre uma invaginação dos **blastômeros** em direção à blastocele. Em função disso, blastocele diminui de volume e ocorre a delimitação de um novo espaço, o **arquêntero** (intestino primitivo), que mantém um orifício de comunicação com o exterior, denominado **blastóporo**. Este orifício dá origem ao ânus nos **deuterostomados**.

A partir do estágio de gástrula, é marcante o seu alongamento, ficando a região dorsal achatada e com os blastômeros mais espessos, constituindo na linha mediana a chamada **placa neural**. Em seguida, as bordas da placa formam duas pregas, originando um sulco longitudinal, o **sulco neural**, que se fecha gradualmente de trás para frente e forma o **tubo neural**. Ele dará origem ao sistema nervoso. Este estágio é chamado **nêurula** ou **neurulação**. Simultaneamente ao aparecimento do tubo neural, na região dorsal do arquêntero, surge a **notocorda** (que será substituída pela coluna vertebral), uma espécie de bastão flexível de sustentação do corpo, característica dos **cordados**.

No estágio de nêurula, os cordados já apresentam os três folhetos embrionários: **ectoderme**, **mesoderme** e **endoderme**. Neste caso, os humanos são chamados **triblásticos**. A notocorda, o tubo neural e os somitos diferenciam-se, formando o **celoma**. No estágio de nêurula, acentua-se a **organogênese**, pois vão se diferenciando os principais órgãos e sistemas (Quadro 6.7).

Quadro 6.7 » Organogênese

Ectoderme	Mesoderme	Endoderme
Epiderme (pelos, unhas, entre outros)	Músculos	Revestimento epitelial do tubo digestório e do sistema respiratório
Glândulas sudoríparas, sebáceas, mamárias e lacrimais, medula da suprarrenal e hipófise	Tecidos conjuntivos (cartilagens, ossos, derme, tecido hematopoiético)	Fígado, pâncreas, timo, tireoide e paratireoides
Sistema nervoso	Sistemas cardiovascular e linfático	Revestimento da bexiga urinária
Cristalino, retina e córnea	Sistemas urinário e genital	
Revestimento da boca, do nariz e do ânus	Pericárdio, pleura e peritônio (membrana que reveste o coração, o pulmão e o intestino)	
Esmalte dos dentes	Córtex da glândula suprarrenal	

Concomitante à organogênese, várias membranas se formam externamente ao corpo do embrião a partir dos três folhetos embrionários. Tais membranas, chamadas **anexos embrionários**, realizam diversas funções indispensáveis ao completo desenvolvimento embrionário (Quadro 6.8).

Quadro 6.8 » Funções dos anexos embrionários

Anexo embrionário	Função
Saco vitelino ou vesícula vitelina	Hematopoiética
Âmnio	Proteção e hidratação
Placenta	Resultado da associação entre o alantoide e o cório, é responsável pelas trocas metabólicas (trocas gasosas, nutrição e excreção) entre o feto e a mãe. Serve ainda como barreira imunitária.

O desenvolvimento embrionário humano (**embriogênese**) tem início cerca de 30 horas após a fecundação, com a primeira divisão celular do zigoto (Figura 6.7A). Seguem-se divisões sucessivas até a formação de uma estrutura chamada blastocisto. O **blastocisto** corresponde à fase de blástula e é formado por uma camada esférica de células chamadas **trofoblastos**, que participam da formação da placenta e do cório, e pelo botão embrionário, de onde surgirá o **embrião** e os anexos embrionários âmnio, vesícula vitelina e alantoide.

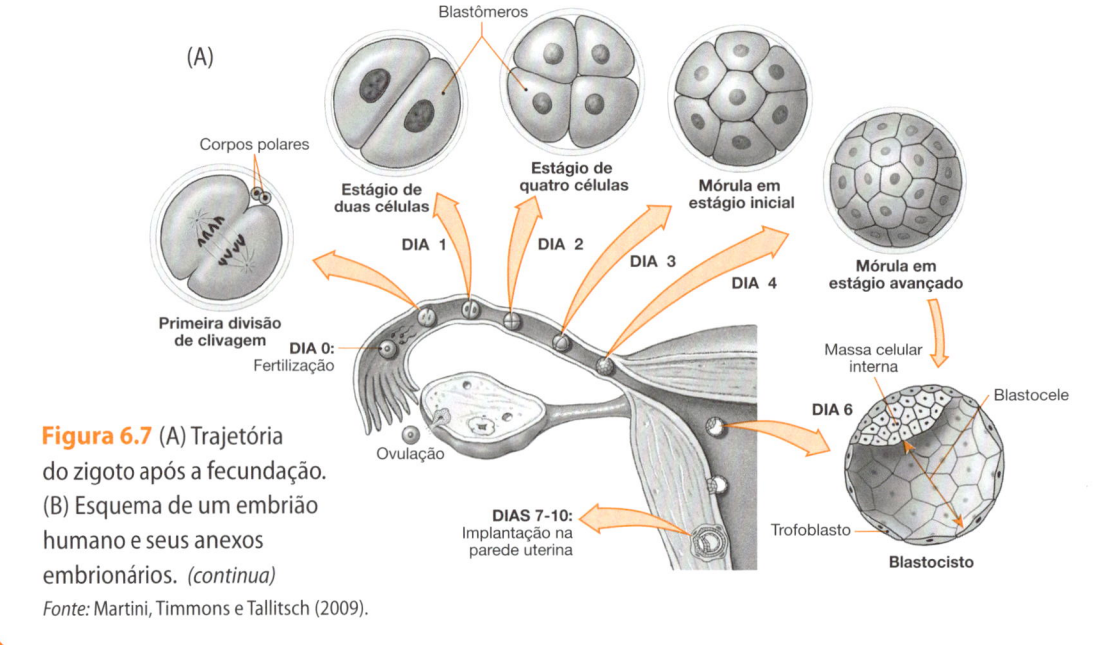

Figura 6.7 (A) Trajetória do zigoto após a fecundação. (B) Esquema de um embrião humano e seus anexos embrionários. *(continua)*
Fonte: Martini, Timmons e Tallitsch (2009).

Por volta do 6º ou 7º dia após a fecundação, ocorre a implantação (**nidação**) do blastocisto na parede do útero. As células do trofoblasto começam a proliferar e penetrar na mucosa uterina, formando as vilosidades coriônicas (derivadas do cório). À medida que o blastocisto implanta-se na mucosa uterina, o botão embrionário sofre modificações, formando os demais anexos embrionários.

Por volta do 10º dia da fecundação, o embrião encontra-se envolto pelo âmnio e ligado à mucosa uterina por um pequeno pedúnculo, que dará origem ao cordão umbilical. Nesse momento, toda essa estrutura está mergulhada na mucosa uterina e envolta por vasos sanguíneos maternos, de onde o embrião obtém nutrientes. Da interação entre as vilosidades coriônicas, o alantoide e a mucosa uterina, forma-se a placenta (Figura 6.7B).

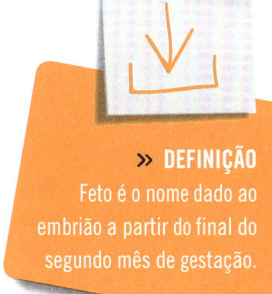

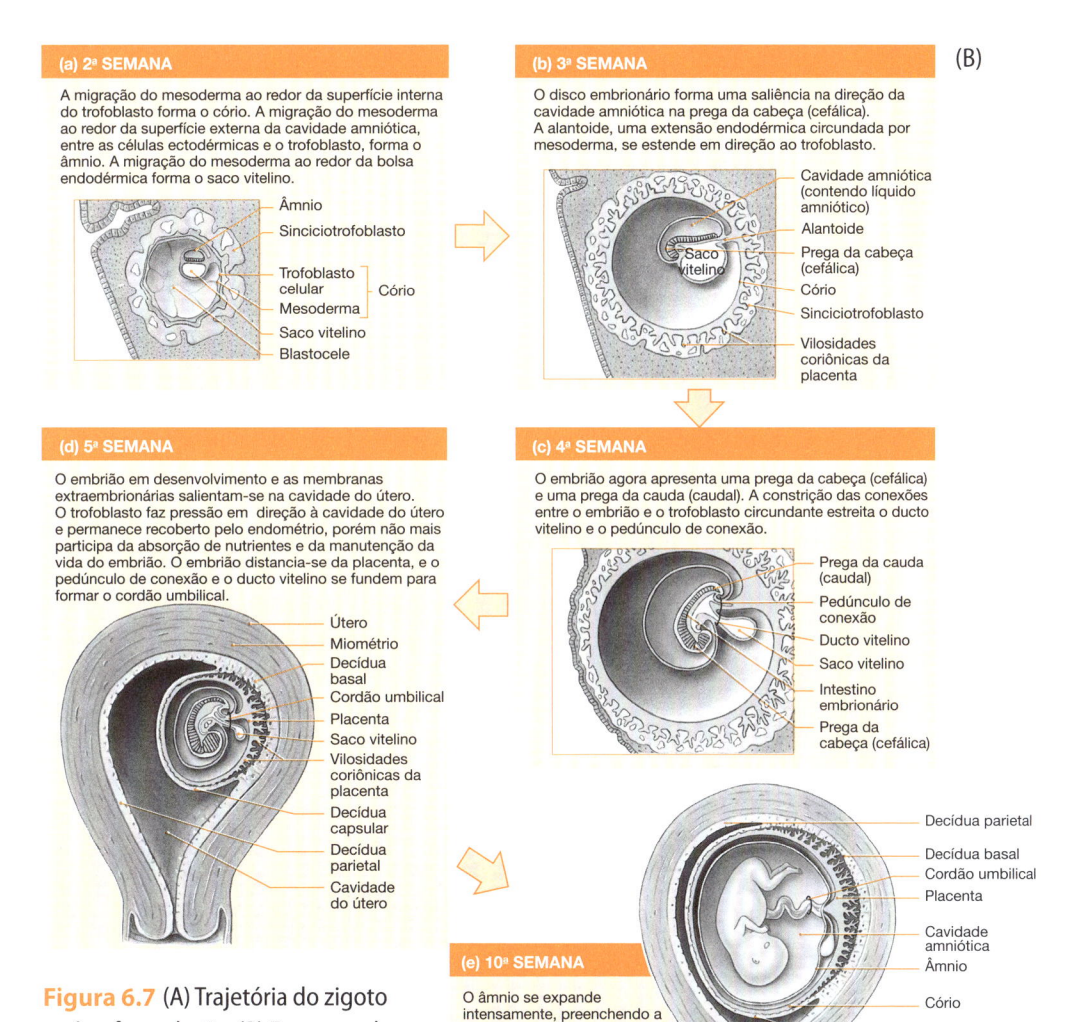

>> **DEFINIÇÃO**
Feto é o nome dado ao embrião a partir do final do segundo mês de gestação.

(B)

(a) 2ª SEMANA
A migração do mesoderma ao redor da superfície interna do trofoblasto forma o cório. A migração do mesoderma ao redor da superfície externa da cavidade amniótica, entre as células ectodérmicas e o trofoblasto, forma o âmnio. A migração do mesoderma ao redor da bolsa endodérmica forma o saco vitelino.

- Âmnio
- Sinciciotrofoblasto
- Trofoblasto celular
- Cório
- Mesoderma
- Saco vitelino
- Blastocele

(b) 3ª SEMANA
O disco embrionário forma uma saliência na direção da cavidade amniótica na prega da cabeça (cefálica). A alantoide, uma extensão endodérmica circundada por mesoderma, se estende em direção ao trofoblasto.

- Cavidade amniótica (contendo líquido amniótico)
- Alantoide
- Saco vitelino
- Prega da cabeça (cefálica)
- Cório
- Sinciciotrofoblasto
- Vilosidades coriônicas da placenta

(d) 5ª SEMANA
O embrião em desenvolvimento e as membranas extraembrionárias salientam-se na cavidade do útero. O trofoblasto faz pressão em direção à cavidade do útero e permanece recoberto pelo endométrio, porém não mais participa da absorção de nutrientes e da manutenção da vida do embrião. O embrião distancia-se da placenta, e o pedúnculo de conexão e o ducto vitelino se fundem para formar o cordão umbilical.

- Útero
- Miométrio
- Decídua basal
- Cordão umbilical
- Placenta
- Saco vitelino
- Vilosidades coriônicas da placenta
- Decídua capsular
- Decídua parietal
- Cavidade do útero

(c) 4ª SEMANA
O embrião agora apresenta uma prega da cabeça (cefálica) e uma prega da cauda (caudal). A constrição das conexões entre o embrião e o trofoblasto circundante estreita o ducto vitelino e o pedúnculo de conexão.

- Prega da cauda (caudal)
- Pedúnculo de conexão
- Ducto vitelino
- Saco vitelino
- Intestino embrionário
- Prega da cabeça (cefálica)

(e) 10ª SEMANA
O âmnio se expande intensamente, preenchendo a cavidade do útero. O feto está conectado à placenta por um cordão umbilical alongado, que contém uma porção da alantoide, vasos sanguíneos e os remanescentes do ducto vitelino.

- Decídua parietal
- Decídua basal
- Cordão umbilical
- Placenta
- Cavidade amniótica
- Âmnio
- Cório
- Decídua capsular

Figura 6.7 (A) Trajetória do zigoto após a fecundação. (B) Esquema de um embrião humano e seus anexos embrionários. *(continuação)*
Fonte: Martini, Timmons e Tallitsch (2009).

>> **CURIOSIDADE**

Durante a gravidez, a mulher sofre intensas mudanças em seu organismo. A sua quantidade de sangue se eleva em cerca de 30%, e o útero se expande. O ritmo cardíaco torna-se mais intenso, as glândulas mamárias aumentam e os ossos da pelve sofrem pequenos deslocamentos para acomodar o feto que começa a crescer.

Por volta do 16º dia após a fecundação, o embrião em desenvolvimento e envolto pelo âmnio passa a ocupar a cavidade uterina, ligado à placenta pelo cordão umbilical (Tabela 6.1). A **gravidez ectópica** acontece quando o embrião começa a se desenvolver fora do útero, na cavidade abdominal ou nas tubas uterinas. Em ambas as situações, a gravidez não poderá prosseguir por falta de condição e desenvolvimento da placenta. Dependendo da localização do embrião, a mulher sentirá fortes dores, podendo inclusive ocorrer ruptura do tecido com a presença de hemorragia. São situações graves em que a cirurgia é o tratamento indicado.

O nascimento ocorre por **parto natural** ou normal, que tem início com o rompimento da bolsa que contém o líquido amniótico. Iniciam-se as contrações uterinas que empurram o bebê em direção à vagina (Figura 6.8), que se dilata. Após a saída da criança, o cordão umbilical é cortado, e ela respira ar pela primeira vez, expulsando o líquido amniótico que preenchia seus pulmões. A placenta é então eliminada. Em determinadas situações e a critério do médico, o nascimento ocorre por um procedimento cirúrgico, a **cesariana**.

O puerpério é o período pós-parto e divide-se em imediato, mediato e tardio. Cada período tem características próprias, e os cuidados de enfermagem precisam ser direcionados de forma específica. O puerpério **imediato** vai do momento do parto até 24 horas depois; o **mediato** tem início 25 horas após o parto e prolonga-se até aproximadamente 10 dias; e o **tardio** estende-se até aproximadamente 45 dias após o parto.

Tabela 6.1 » Fases do desenvolvimento fetal humano

Idade gestacional (meses)	Tamanho e peso	Tegumento comum	Sistema esquelético	Sistema muscular
1	5 mm 0,02 g		(i) Somitos	(i) Somitos
2	28 mm 2,7 g	(i) Vales da unha (leitos ungueais), folículos pilosos e glândulas sudoríferas (sudoríparas)	(i) Cartilagens dos esqueletos apendicular e axial	(t) Rudimentos de musculatura axial
3	78 mm 26 g	(i) Aparecimento das camadas epidérmicas	(i) Disseminação dos centros de ossificação	(t) Rudimentos de musculatura apendicular
4	133 mm 150 g	(i) Pelos e glândulas sebáceas (t) Glândulas sudoríferas	(i) Articulações (t) Organização da face e do palato ósseo	Início da movimentação do feto
5	185 mm 460 g	(i) Produção de queratina e de unhas		
6	230 mm 823 g			(t) Músculos do períneo
7	270 mm 1.492 g	(i) Queratinização, unhas e pelos		
8	310 mm 2.274 g		(i) Cartilagens epifisiais	
9	346 mm 2.912 g			
Desenvolvimento pós-natal		Modificação dos pelos em consistência e distribuição	Continuação da formação e do crescimento das cartilagens epifisiais	Aumento da massa e do controle muscular
Resumos de embriologia por sistema		Desenvolvimento do tegumento comum	Desenvolvimento do crânio Desenvolvimento da coluna vertebral Desenvolvimento do esqueleto apendicular	Desenvolvimento dos músculos

Nota: (i) início da formação; (t) término da formação.

(continua)

Tabela 6.1 » **Fases do desenvolvimento fetal humano** *(continuação)*

Idade gestacional (meses)	Sistema nervoso	Órgãos dos sentidos "especiais"(sensoriais)	Sistema endócrino
1	(i) Tubo neural	(i) Olho e orelha	
2	(i) Organização das partes central (SNC) e periférica (SNP) do sistema nervoso, crescimento do cérebro	(i) Calículos gustatórios, epitélio olfatório	(i) Timo, glândula tireoide, hipófise e glândula suprarenal
3	(t) Estrutura básica do encéfalo e da medula espinal		(t) Timo e glândula tireoide
4	(i) Rápida expansão do cérebro	(t) Estrutura básica do olho e da orelha (i) Receptores periféricos	
5	(i) Mielinização da medula espinal		
6	(i) Tratos da parte central do sistema nervoso (SNC) (t) Estratificação do córtex cerebral		(t) Glândula suprarenal
7		(t) Pálpebras se abrem, retina sensível à luz	(t) Hipófise
8		(t) Receptores gustatórios funcionais	
9			
Desenvolvimento pós-natal	Continuação da mielinização, estratificação e formação dos tratos do SNC		
Resumos de embriologia por sistema	Introdução ao desenvolvimento do sistema nervoso Desenvolvimento da medula espinal e dos nervos espinais Desenvolvimento do encéfalo e dos nervos cranianos	Desenvolvimento dos órgãos dos sentidos "especiais"	Desenvolvimento do sistema endócrino

Nota: (i) início da formação; (t) término da formação.

Tabela 6.1 » Fases do desenvolvimento fetal humano

Idade gestacional (meses)	Sistemas circulatório e linfático	Sistema respiratório	Sistema digestório
1	(i) Batimentos cardíacos	(i) Traqueia e pulmões	(i) Trato gastrintestinal, fígado e pâncreas (t) Saco vitelino
2	(t) Estrutura básica do coração, grandes vasos sanguíneos, linfonodos e ductos linfáticos (i) Formação de sangue no fígado	(i) Extensa ramificação bronquial no mediastino (t) Diafragma	(i) Partes do trato gastrintestinal, vilosidades e glândulas salivares
3	(i) Tonsilas, formação de sangue na medula óssea		(t) Vesícula biliar e pâncreas
4	(i) Migração de linfócitos para os órgãos linfáticos, formação de sangue no baço		
5	(t) Tonsilas	(t) Narinas abertas	(t) Partes do trato gastrintestinal
6	(t) Baço, fígado e medula óssea	(i) Alvéolos pulmonares	(t) Organização epitelial e glândulas
7			(t) Pregas intestinais
8		Ramificação pulmonar e formação alveolar completas	
9			
Desenvolvimento pós-natal	Modificações cardiovasculares ao nascimento; o sistema linfático aos poucos torna-se plenamente operacional		
Resumos de embriologia por sistema	Desenvolvimento do coração Desenvolvimento do sistema circulatório Desenvolvimento do sistema linfático	Desenvolvimento do sistema respiratório	Desenvolvimento do sistema digestório

Nota: (i) início da formação; (t) término da formação.

(continua)

Tabela 6.1 » Fases do desenvolvimento fetal humano *(continuação)*

Idade gestacional (meses)	Sistema urinário	Sistema genital
1	(t) Alantoide	
2	(i) Rins (forma adulta)	(i) Glândulas mamárias
3		(i) Gônadas, ductos e órgãos genitais externos definitivos
4	(i) Degeneração dos rins embrionários	
5		
6		
7		(i) Descenso dos testículos
8	Formação completa dos néfrons ao nascimento	Completa-se o descenso dos testículos próximo ao nascimento ou ao nascimento
9		
Desenvolvimento pós-natal		
Resumos de embriologia por sistema	Desenvolvimento do sistema urinário	Desenvolvimento do sistema genital

Nota: (i) início da formação; (t) término da formação.

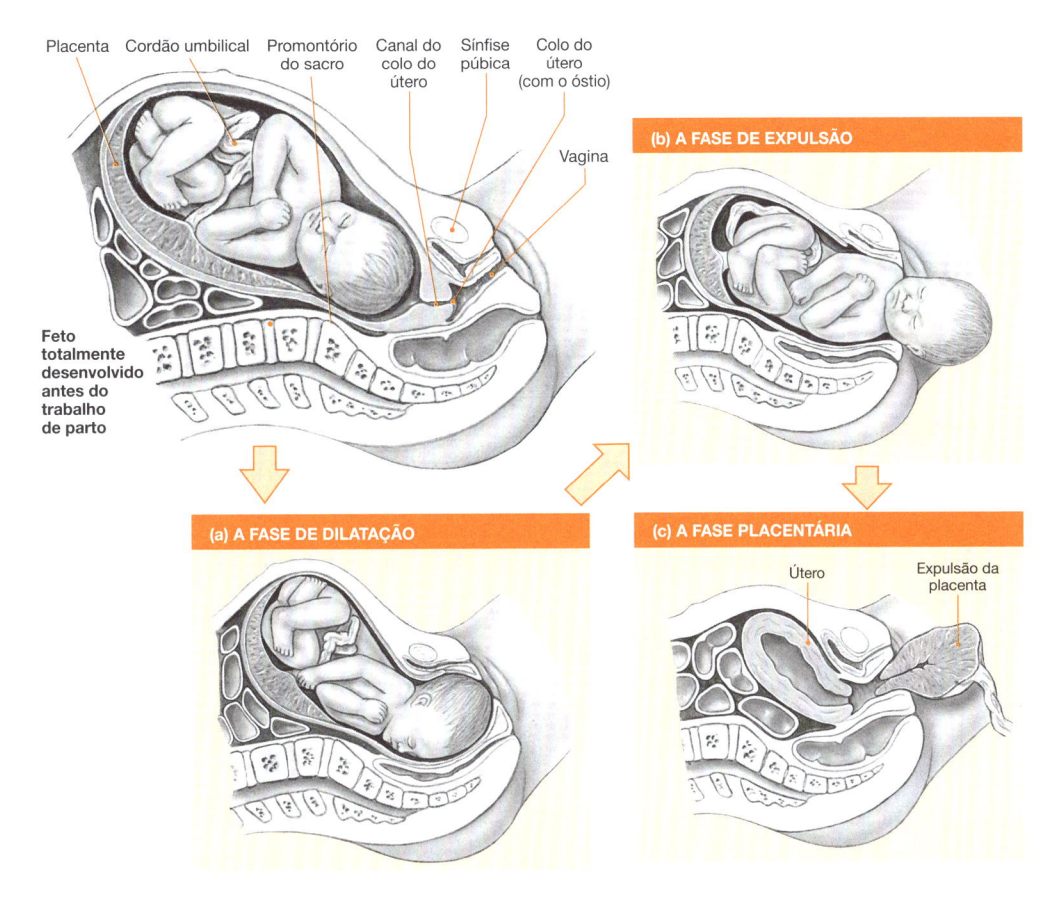

Figura 6.8 Desenho ilustrativo do parto natural.
Fonte: Martini, Timmons e Tallitsch (2009).

Agora é a sua vez!

1. Um médico solicitou um raio X para uma cliente, mas, ao chegar à sala de exame, ela informou ao técnico de radiologia e ao enfermeiro que a acompanhava que está com suspeita de gravidez. Qual deve ser o procedimento adotado? Por quê?

2. Uma mulher primigesta com 36 semanas de gestação dá entrada na emergência de um hospital com perda de líquido amniótico e contrações uterinas e é encaminhada ao setor de obstetrícia. Como saber se chegou a hora do parto? Por quê?

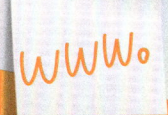

>> **NO SITE**
No ambiente virtual de aprendizagem Tekne, você encontra diversos exercícios sobre os temas abordados neste capítulo.

» Gêmeos

Na espécie humana, quase sempre se desenvolve apenas um embrião por gestação. Quando nascem duas ou mais crianças em uma gestação, fala-se em gêmeos. Estes podem ser tão diferentes quanto dois irmãos quaisquer (gêmeos dizigóticos) ou ser do mesmo sexo e muito parecidos fisicamente (gêmeos monozigóticos) (Quadro 6.9).

Quadro 6.9 » Tipos de gêmeos

Gêmeos dizigóticos	Gêmeos monozigóticos
(fraternos, falsos ou divitelínicos)	(idênticos, verdadeiros ou univitelínicos)
São lançados na tuba uterina dois ou mais óvulos e cada um é fecundado por um espermatozoide	Formam-se de um único óvulo fecundado por um único espermatozoide
Originam dois embriões ao mesmo tempo	Originam dois ou mais zigotos em vez de apenas um embrião
Há sempre dois córions, com duas placentas e dois âmnios	Compartilham o mesmo córion e placenta, mas com cavidades amnióticas separadas

» Crescimento e desenvolvimento humano

» CURIOSIDADE

Com 1 mês de idade, a audição do bebê está totalmente madura: as crianças dessa fase muitas vezes respondem a sons altos e vozes familiares. Quanto ao desenvolvimento cognitivo, com 1 ano de idade a criança é capaz de encontrar objetos perdidos depois de ver alguém escondê-los. Embora cada criança tenha seu ritmo de desenvolvimento, os pais devem observar atrasos psicomotores e relatá-los a um pediatra.

Os estágios de crescimento humano dependem da idade e das fases de desenvolvimento psicomotor. O processo de crescimento e desenvolvimento começa no nível celular mesmo antes da concepção no útero e continua ao longo de toda a vida. O crescimento humano é dividido em fases de acordo com a idade, e o desenvolvimento psicomotor é avaliado à medida que a criança desenvolve habilidades motoras e atinge marcos cognitivos.

A maioria das etapas de crescimento e desenvolvimento humanos ocorre na infância e na adolescência. O período de tempo entre o nascimento e a adolescência é comumente dividido em quatro fases de crescimento: infância, meia-infância, fase juvenil e adolescência. Segundo o *site* da American Academy of Pediatrics, cada uma tem metas específicas.

» Infância

Fase que vai desde o nascimento até o 1º ano de vida. Durante esse 1º ano, os bebês desenvolvem habilidades que serão utilizadas ao longo da vida. Os pediatras procuram marcadores específicos de crescimento e desenvolvimento durante esse período. Aprender a controlar a cabeça, a engatinhar e a sentar são **habilidades motoras**. Usar o polegar e o dedo para pegar pedaços de comida e segurar a chupeta é uma habilidade motora fina.

Habilidades sensoriais envolvem a capacidade de um bebê ver, ouvir, tocar, sentir o sabor e cheirar. As competências linguísticas são evidentes no 1º ano de vida, quando um bebê emite sons, aprende algumas palavras básicas e responde à palavra falada. Finalmente, as **habilidades sociais** incluem a forma como um bebê interage com a família e os colegas.

» Meia infância

Depois de 1 ano de idade, o crescimento físico da criança diminui consideravelmente, e ela se torna mais móvel e exploradora. A meia-infância ocorre aproximadamente até os 8 anos de idade, e as crianças têm um melhor senso sobre o certo e o errado. Elas também tendem a se tornar mais independentes, pois começam a vestir-se por si mesmas e a passar mais tempo na escola e com os amigos. Entre as alterações cognitivas está o rápido crescimento mental, com uma maior capacidade de discutir situações e focar no ambiente ao seu redor, em vez delas serem autocentradas.

» Fase juvenil

Conforme as crianças se aproximam dos 9 até os 11 anos, elas se tornam mais independentes e começam a apresentar as mudanças físicas da puberdade. É possível que um grande surto de crescimento ocorre nesse momento, conforme o corpo inicia o desenvolvimento sexual. Isso também pode representar um momento de estresse para as crianças, já que a pressão dos colegas é desagradável. A imagem do corpo, associada às mudanças emocionais, muitas vezes diminui sua confiança. Nessa fase, as crianças assumem mais responsabilidades escolares e mantêm o foco na definição e na realização de metas.

» Adolescência

Entre os 12 e 18 anos, as crianças experimentam várias mudanças físicas e mentais. O início do ciclo menstrual de uma menina normalmente ocorre dois anos após o início da puberdade. Os meninos não possuem um marco característico para a puberdade, e seus órgãos genitais tendem a amadurecer aos 16 ou 17 anos. Durante esse tempo de mudança física, os adolescentes talvez tornem-se mais autocentrados. Ao final da adolescência, acostumam-se ao seu corpo e estão prontos para viver um romance. O comportamento adolescente em geral inclui ações que evidenciam um afastamento dos pais e de figuras de autoridade para estabelecer a sua própria autoidentidade e tomar decisões por conta própria.

» Fase adulta

Considera-se na idade adulta uma pessoa com idade e comportamento adequado para ter responsabilidades. O processo de amadurecimento não termina na adolescência e continua ao longo da vida adulta conforme as necessidades psicológicas, de segurança e de autorrealização são atendidas. A maioridade é dividida em três categorias: jovem-adulto, meia-idade e terceira idade.

» Agora é a sua vez!

Os alunos de um curso técnico em enfermagem que realizavam um estágio no Programa de Saúde da Família iniciaram um mutirão para a pesagem das crianças de um bairro. Mediante visitas a uma creche e consultas de puericultura, todas as crianças de até 5 anos foram pesadas e tiveram sua estatura medida. Gráficos percentuais e estatísticos foram empregados para identificar problemas nutricionais e de desenvolvimento.

a) Que medidas antropométricas foram realizadas pelo grupo?

b) Como o crescimento pôndero-estatural é classificado de acordo com a Sociedade Brasileira de Pediatria?

c) Na consulta de puericultura, um técnico em enfermagem realiza a pré e a pós-consulta de enfermagem. Dentre outras atividades, verifica as medidas de peso e altura e dos perímetros cefálico e torácico das crianças de até 1 ano de idade. Pesquise a relação entre os perímetros cefálico e torácico do nascimento até o 1º ano de idade.

Genética humana

A partir do projeto Genoma Humano, foi possível evidenciar grandes avanços na área da genética humana, revolucionando o entendimento da relação saúde-doença e as possibilidades de diagnóstico, proporcionando medidas preventivas e terapêuticas inovadoras dos distúrbios genéticos. Essa descoberta representa um grande desafio para os profissionais da saúde, exigindo mais conhecimentos sobre a genética clínica e o aconselhamento genético a fim de fornecer informações sobre o modo de herança, diagnóstico, tratamento e risco de ocorrência das doenças genéticas.

Quando estudamos genética humana, são frequentes as questões que envolvem a probabilidade de algum evento ocorrer. Estudos dos **heredogramas** mostram-nos a história familiar e a probabilidade de um casal ter um filho com determinada doença, por exemplo. Uma aplicação prática dessa área da genética é o **aconselhamento genético**.

> » **DEFINIÇÃO**
> Heredogramas são gráficos utilizados em genética para expor a genealogia de um indivíduo ou de uma família. Por meio de símbolos e sinais convencionais, são caracterizados todos os integrantes da linhagem sobre a qual se questiona alguma coisa.

> » **PARA SABER MAIS**
> Saiba mais sobre o projeto Genoma Humano acessando o ambiente virtual de aprendizagem Tekne.

» Aconselhamento genético

Muitos casais procuram a orientação dos profissionais de saúde sobre como proceder quando há risco de algum de seus descendentes apresentar uma doença genética ou quando, em uma mesma família, se observa a ocorrência de muitos casos da mesma patologia: como saber se isso está relacionado à herança genética?

> » **DEFINIÇÃO**
> Aconselhamento genético é uma atividade multidisciplinar que consiste em verificar a probabilidade de uma doença genética ocorrer em uma família, dando orientações para casais que pensam em ter filhos e apresentam grande probabilidade de transmitir alguma patologia ou malformação a seus descendentes.

Por meio do aconselhamento, é possível observar essas probabilidades, bem como as consequências para o bebê e para a família, ajudando, assim, nas decisões a respeito do futuro reprodutivo de um casal. É dada aos pais a opção de iniciar a intervenção quando existe alguma, embora muitas dessas doenças não possuam tratamento efetivo ou medidas preventivas.

Ele auxilia os interessados no resultado ou sua família a:

- compreender o diagnóstico, o provável curso da doença e as condutas disponíveis para o caso;
- esclarecer o modo como a hereditariedade contribui para a doença e o risco de recorrência para parentes específicos;
- entender as alternativas para lidar com o risco de recorrência;
- definir o que fazer em virtude do risco, dos objetivos familiares, dos padrões éticos e religiosos, atuando de acordo com essa decisão;
- adequar-se, da melhor maneira possível, à situação imposta pela ocorrência do distúrbio na família, bem como à perspectiva de sua recorrência.

O aconselhamento genético é indicado para pessoas com histórico de câncer ou doenças degenerativas em parentes próximos, bem como para casais com idade avançada que pretendem ter filhos, que são portadores de alguma doença genética ou que possuem filhos com malformações e/ou anomalias. O aconselhamento também se aplica a casais que apresentam laços familiares (como primos) e em casos de aborto de repetição e infertilidade.

Para realizar o aconselhamento genético, são necessárias algumas etapas. Inicialmente, o cliente ou o casal será submetido a uma série de perguntas para investigar os riscos reais de alguma doença genética e/ou hereditária. Essa investigação é essencial para conhecer o histórico familiar de cada um. Em geral, é uma fase demorada, pois muitas informações devem ser apuradas. Em seguida, serão realizados exames físicos e, finalmente, alguns exames complementares, como o de **cariótipo**.

>> DEFINIÇÃO

O **cariótipo** representa o conjunto diploide (2n) de cromossomos das células somáticas de um organismo, e é representado por meio de imagem dos cromossomos (cariograma) ou pela ordenação de acordo com o tamanho dos cromossomos em esquema fotográfico (idiograma). Com sua montagem, determina-se a normalidade ou anormalidade (síndromes cromossômicas), ocasionadas por alterações mutagênicas, polissomias ou monossomias.

Concluído o diagnóstico, iniciam-se os esclarecimentos sobre as probabilidades e o modo como deverá ser feita a prevenção, quando possível. O casal e/ou o portador deve ser informado sobre todos os riscos e consequências. O principal ponto é orientar o cliente sobre como será sua vida a partir desse momento, pois uma doença genética gera riscos e limitações psicológicas e até consequências econômicas.

A realização de exames para verificar a presença ou não de um gene defeituoso é complexa. O diagnóstico precoce é fundamental em certas doenças, entretanto, como muitas permanecem sem cura, algumas pessoas optam por não realizar esse tipo de exame. Outro ponto bastante difícil diz respeito ao diagnóstico de doenças no bebê ainda durante a gestação. Em alguns casos, o diagnóstico pode ser muito doloroso e traumático, por isso, a melhor opção é realizar o aconselhamento antes da gestação.

» Doença genética

As anomalias genéticas são responsáveis por um grande impacto na saúde da família e da sociedade, uma vez que são crônicas, afetam vários órgãos e sistemas, além de os métodos diagnósticos e terapêuticos serem caros e nem sempre estarem acessíveis à maioria da população. O caráter hereditário predispõe a família a possuir mais de um filho comprometido, gerando problemas médicos, psicológicos e econômicos. Por isso, as anomalias genéticas, além de estarem entre as principais causas de morbimortalidade infantil, são um problema de saúde pública, o que torna o diagnóstico pré-natal e o aconselhamento muito importantes.

As **mutações gênicas** e mutações ou aberrações, também chamadas de **anomalias genéticas**, são causadas por um defeito em um **gene** ou nos **cromossomos**, seja na estrutura ou no número (Tabela 6.2).

Tabela 6.2 » Algumas anomalias genéticas

Nome clínico	Descrição
Fenilcetonúria	Doença causada pela ausência de fenilalanina hidroxilase, enzima que transforma a fenilalanina em outro aminoácido, a tirosina. Em pessoas afetadas, ocorre um acúmulo severo de fenilalanina, o que pode causar lesões no sistema nervoso e levar à deficiência mental. O nome da doença vem do fato de haver eliminação excessiva de fenilacetato e de outras cetonas na urina dos doentes.
Albinismo	Causado pela ausência parcial ou total de pigmento melanina na pele, no cabelo e nos olhos. A melanina também está relacionada ao metabolismo da fenilalanina. Há vários tipos de albinismo. No mais comum, falta a enzima 3, que converte tirosina em dopa (substância intermediária na produção de melanina).

(continua)

Tabela 6.2 » **Algumas anomalias genéticas** *(continuação)*

Nome clínico	Descrição
Alcaptonúria	Ocorre o acúmulo de ácido homogentísico (alcaptona) nas cartilagens e no tecido conectivo, causando artrite. A urina e as cartilagens das pessoas doentes escurecem quando expostas ao oxigênio, devido à presença de ácido homogentísico. A alcaptona também está relacionada ao metabolismo da fenilalanina, o ácido homogentísico não é metabolizado em gás carbônico e água, acumulando-se.
Fibrose cística (Mucoviscidose)	Distúrbio no funcionamento de algumas glândulas exócrinas, prejudicando a secreção de muco, suor, saliva, lágrima e suco digestivo. Ocorre o acúmulo de muco nas vias respiratórias, o que favorece o surgimento de infecções crônicas nos pulmões. A doença também afeta o aparelho digestório (pâncreas e fígado) e o sistema reprodutor.
Anemia falciforme (siclemia)	A doença causa alterações nas moléculas de hemoglobina (pigmento contido no interior das hemácias e responsável pelo transporte dos gases respiratórios), diminuindo sua capacidade de realizar as trocas gasosas, o que implica severas deficiências que afetam o desenvolvimento físico e mental da criança. As hemácias têm forma de foice.
Hemofilia	Anomalia em que a capacidade de coagulação do sangue é prejudicada. Qualquer ferimento em um hemofílico, por pequeno que seja, pode causar hemorragias graves e levar o indivíduo à morte.
Daltonismo	Anomalia caracterizada pela dificuldade em distinguir cores, principalmente o verde do vermelho.
Distrofia muscular progressiva	Os meninos apresentam fraqueza e degeneração muscular, que progride das extremidades para o resto do corpo.
Raquitismo resistente à vitamina D	Distúrbio no metabolismo do fosfato e do cálcio, que pode provocar problemas ósseos (não confundir com o raquitismo nutricional, causado pela falta de vitamina D na dieta).

Durante a divisão celular, na meiose, é possível haver alterações nos cromossomos da célula, chamadas mutações genéticas. Essas alterações podem ser numéricas (número dos cromossomos) ou estruturais (sequência de genes de um cromossomo). O resultado é a formação de gametas com falta ou excesso de cromossomos, os quais constituirão zigotos com um número anormal de cromossomos em todas as células, o que, em geral, representará alguma síndrome, como a síndrome de Down, em que são encontrados três cromossomos 21 em uma única célula.

Gene é um trecho de DNA com informações para a produção de uma proteína. Alterações acidentais na sequência do DNA (mutações) podem levar a modificações dessas proteínas, muitas das quais são enzimas, com papel fundamental no metabolismo humano. O defeito nos genes tem transmissão hereditária, aparecendo nas proporções características na descendência.

Os cromossomos podem apresentar defeitos na estrutura, que acontecem na sequência de genes de um cromossomo, provocados, por exemplo, por vírus, radiação e substâncias químicas. Quando ocorrem durante a mitose, seus efeitos são mínimos, pois algumas células serão atingidas, embora, em alguns casos, a célula alterada venha a se transformar em uma célula cancerosa e constituir um tumor. Se houver alterações durante a meiose, elas serão transmitidas aos descendentes, que terão cromossomos anormais em todas as células. As consequências variarão de acordo com o tipo de alteração, que pode ser: **inversão**, **deleção**, **duplicação** e **translocação**.

Outras vezes, o problema está no número de cromossomos nas células do indivíduo, ocasionado, por exemplo, por vírus, radiação e substâncias químicas, que interferem na formação do fuso acromático durante a divisão celular. Se a não formação do fuso acromático ocorrer em células germinativas (óvulos ou espermatozoides), os **cromossomos homólogos** podem não se separar e deixam de migrar um para cada polo, como acontece na meiose. O resultado é a geração de gametas defeituosos, com falta ou excesso de cromossomos, os quais constituirão zigotos com um número anormal de cromossomos. Se o embrião se desenvolver, forma-se um indivíduo com um número anormal de cromossomos em todas as células e que, em geral, apresentará uma síndrome (Tabela 6.3).

Tabela 6.3 » Características de algumas síndromes

Nome clínico	Constituição cromossômica	Tipo de aneuploidia	Descrição
Síndrome de Down	47, XX + 21 47, XY + 21	Trissomia (Cromossomo 21)	As crianças apresentam língua protusa, altura abaixo da média, orelhas com implantação baixa, pescoço grosso e adiposo, mãos curtas e largas (com uma única linha palmar) e olhos oblíquos, com uma prega cutânea na pálpebra superior. Apresentam também: deficiência mental, problemas cardíacos, maior risco de infecções e leucemia e expectativa de vida em torno de 30 ou 40 anos. A alteração pode ser descoberta logo no início da gravidez.
Síndrome do Triplo X	47, XXX	Trissomia	Mulheres férteis, embora com distúrbios sexuais e, às vezes, retardamento mental.

(continua)

Tabela 6.3 » Características de algumas síndromes *(continuação)*

Nome clínico	Constituição cromossômica	Tipo de aneuploidia	Descrição
Síndrome de Klinefelter	47, XXY	Trissomia	Homens de estatura geralmente maior do que a média. Órgãos genitais pouco desenvolvidos, ausência de espermatozoides, desenvolvimento das mamas e alterações sexuais secundárias. Distúrbios de comportamento e QI levemente inferior à média
Síndrome do Duplo Y	47, XYY	Trissomia	Homens férteis, fenotipicamente normais, um pouco mais altos do que a média, podendo apresentar algum grau de retardamento mental.
Síndrome de Patau	47, XX + 13 47, XY + 13	Trissomia (Cromossomo 13)	As crianças morrem em alguns meses e apresentam microcefalia, micrognatia, fissura labiopalatal, defeitos cardíacos, renais e do tubo digestório.
Síndrome de Edwards	47, XX + 18 47, XY + 18	Trissomia (Cromossomo 18)	As crianças morrem em alguns meses e apresentam microftalmia, defeitos de flexão dos dedos, defeitos cardíacos, renais e hérnia umbilical.
Síndrome de Turner	45, X0	Monossomia	Mulheres estéreis, baixa estatura, pescoço alargado, sem desenvolvimento das glândulas mamárias, ovários rudimentares e defeitos vasculares. Parece não causar retardamento mental. O gameta sem o cromossomo sexual parece ser, em 75% dos casos, o espermatozoide.
-	45, Y0	Monossomia	Não forma embriões viáveis, devido à falta de cromossomo X, portador de vários genes indispensáveis ao desenvolvimento.

Entre as alterações cromossomais numéricas, estão as alterações nos cromossomos sexuais. Nas células de uma mulher, existe uma mancha mais corada do que o resto do núcleo, a **cromatina sexual** ou **corpúsculo de Barr**, que corresponde a um cromossomo X que permanece "enrolado" durante a interfase. Com o exame da cromatina sexual, são identificadas diversas anomalias sexuais.

Teste do pezinho

Também conhecido como **triagem neonatal** ou **teste de Guthrie**, o teste do pezinho é realizado entre o 3º e o 7º dia de vida do bebê e diagnostica precocemente doenças provocadas por erros inatos do metabolismo, permitindo o acompanhamento clínico do indivíduo, evitando ou amenizando os efeitos da doença. O teste está disponível gratuitamente no Sistema Único de Saúde (SUS).

As doenças detectadas pelo teste do pezinho básico incluem:

- Fenilcetonúria: causa comprometimento neurológico no desenvolvimento da criança.
- Hipotireoidismo congênito: pode levar a retardamento mental e a malformações físicas.
- Anemia falciforme: pode levar a alterações em todos os órgãos e sistemas do corpo.
- Hiperplasia adrenal congênita: provoca na criança deficiência de alguns hormônios e exagero na produção de outros, o que pode, inclusive, levar à morte.
- Fibrose cística: leva à produção de uma grande quantidade de muco, comprometendo o sistema respiratório e afetando também o pâncreas.
- Deficiência de biotinidase: causa convulsões, falta de coordenação motora, atraso no desenvolvimento e queda dos cabelos.

As doenças detectadas pelo teste do pezinho básico variam conforme o estado brasileiro, mas obrigatoriamente a fenilcetonúria e o hipotireoidismo congênito são sempre pesquisados.

> **» PARA SABER MAIS**
>
> Você encontra mais informações sobre o teste do pezinho no ambiente virtual de aprendizagem Tekne.

» Sistema ABO e fator Rh

Na prática da enfermagem, frequentemente nos deparamos com situações em que é preciso realizar uma transfusão de sangue para garantir a vida de uma pessoa enferma. Para que esse procedimento seja realizado com segurança, é necessário conhecer o tipo sanguíneo do doador e do receptor. Além disso, o sangue doado passa por uma série de exames antes de ser utilizado. Mas, por que esse cuidado é necessário?

> **» ATENÇÃO**
> Em hemoterapia, antes das transfusões de sangue, é necessário identificar o tipo sanguíneo relacionado ao sistema ABO e o fator Rh do doador e do receptor para o sucesso da transfusão.

Pela aplicação do sistema ABO, se o doador tiver aglutinogênio A, só poderá doar para um receptor que não tenha aglutinina anti-A no plasma, ou seja, indivíduos do grupo A ou AB. Se a doação for feita para uma pessoa do grupo B ou O, ocorrerá aglutinação das hemácias doadas no interior dos vasos sanguíneos do receptor, devido à aglutinina anti-A contida em seu plasma, causando sérias consequências ao receptor (Tabela 6.4).

A transfusão é um processo de transferência de tecido conectivo sanguíneo de um doador a um receptor, envolvendo preferencialmente pessoas do mesmo grupo genotípico (O, A, B ou AB). Logo, é importante que o aglutinogênio característico do doador seja compatível com a aglutinina presente no plasma do receptor. Caso contrário, ocorrerá aglutinação das hemácias recebidas, provocando sérios problemas ao receptor.

Na espécie humana, existem quatro grupos sanguíneos do **sistema ABO** – **A**, **B**, **AB** e **O** –, relacionados à presença de certos antígenos na membrana dos glóbulos vermelhos (hemácias). As pessoas do grupo A apresentam um antígeno chamado **aglutinogênio A**, as do grupo B, o antígeno aglutinogênio B, as do grupo AB possuem os dois antígenos, e as do grupo O não apresentam nem A nem B.

Além dos aglutinogênios nas hemácias, são encontrados no plasma anticorpos contra esses aglutinogênios, chamados **aglutininas**. O termo aglutinina indica que esses anticorpos provocam a aglutinação das hemácias. Desse modo, os anticorpos impedem que as hemácias, ou outros organismos invasores, se espalhem pelo organismo, auxiliando no processo de fagocitose pelos glóbulos.

Tabela 6.4 » Sistema ABO

Genótipo*	Grupo sanguíneo (Fenótipo**)	Hemácias	Plasma	Transfusão
I^AI^A I^Ai	A	Aglutinogênio A	Aglutininas anti-B	–
I^BI^B I^Bi	B	Aglutinogênio B	Aglutininas anti-A	–
I^AI^B	AB	Aglutinogênio AB	–	Receptor universal
ii	O	–	Aglutininas anti-A e anti-B	Doador universal

* Conjunto de genes que um indivíduo possui em suas células.
** Conjunto de características morfológicas ou funcionais do indivíduo.

Dessa forma, as transfusões de sangue são feitas sempre no mesmo grupo, pois sempre há uma chance de as aglutininas do doador aglutinarem as hemácias do receptor (Figura 6.9). Além disso, antes da transfusão, são feitos outros testes para verificar a compatibilidade com outros tipos de grupos sanguíneos, como o **MN** (outro sistema sanguíneo) e o **Rh**.

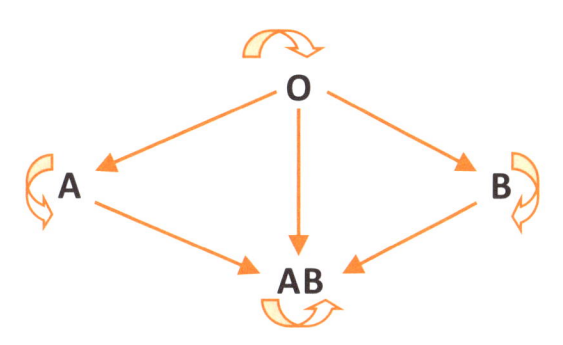

Figura 6.9 Sistema ABO.
Fonte: As autoras.

>> IMPORTANTE

Com a análise dos grupos sanguíneos, é possível esclarecer casos de paternidade duvidosa ou trocas de bebês em maternidade. Entretanto, apenas pelos grupos sanguíneos do sistema ABO nunca se pode provar que um homem é de fato o pai de uma criança, mesmo que seja. Atualmente, com o teste de DNA, a paternidade é esclarecida com altíssimo grau de certeza.

>> CURIOSIDADE

Cerca de 85% das pessoas possuem em suas hemácias o antígeno **Rh** e são chamadas **Rh⁺** (**Rh positivas**). As que não têm esse antígeno são **Rh⁻** (**Rh negativas**).

A **doença hemolítica do recém-nascido (DHRN)** ou **eritroblastose fetal** pode ocorrer apenas em filhos de mãe Rh⁻. Se o filho for Rh⁻, terá o mesmo padrão da mãe, e não haverá incompatibilidade entre eles. Se for Rh⁺, alguns dias antes do nascimento e principalmente durante o parto, uma parte do sangue do feto, através da placenta, passa para o organismo materno, que é estimulado a produzir anticorpos anti-Rh. Como a produção não é imediata, o primeiro filho nascerá livre de problemas. Em uma segunda gestação de filho Rh⁺, os anticorpos maternos, já concentrados no sangue, atravessam a placenta e podem provocar aglutinação das hemácias do feto, que serão fagocitadas e destruídas. A destruição das hemácias do feto e do recém-nascido leva à anemia profunda e icterícia (pele amarelada), devido ao acúmulo de **bilirrubina**, produzida no fígado a partir da hemoglobina das hemácias destruídas. Com isso, os órgãos produtores de sangue são estimulados a produzir e a lançar na circulação hemácias ainda jovens, os **eritroblastos** (daí o nome da doença).

Com a destruição das hemácias ao nascer, além de apresentar anemia e icterícia, a criança pode ter um depósito de bilirrubina no cérebro, o que provoca surdez e deficiência mental. Nos casos mais graves, chega a ocorrer aborto involuntário. Para prevenir a eritroblastose fetal, a mãe Rh⁻ deve receber uma aplicação de anticorpos anti-Rh até três dias após o parto do primeiro filho Rh⁺ (ou um pouco antes) para evitar essa ocorrência.

Teste para determinação do grupo sanguíneo

Duas gotas de sangue são colocadas em uma lâmina de microscopia (Figura 6.10) e adiciona-se a uma gota soro com aglutinina anti-A, e à outra, soro anti-B. Misturando o soro com a gota de sangue, pode-se ver quando há aglutinação das hemácias do sangue. Se elas tiverem os dois aglutinogênios (sangue AB), a aglutinação ocorrerá nas duas gotas analisadas. Se nas hemácias houver apenas aglutinogênio A (sangue A), ocorrerá aglutinação no soro anti-A. Se elas apresentarem apenas aglutinogênio B (sangue B), haverá aglutinação no soro anti-B. Se não houver aglutinação em nenhuma das gotas, as hemácias não possuem os aglutinogênios, e o sangue é do tipo O.

No procedimento para a tipagem sanguínea ABO, o sangue é mistrado com soro anti-A e com soro anti-B

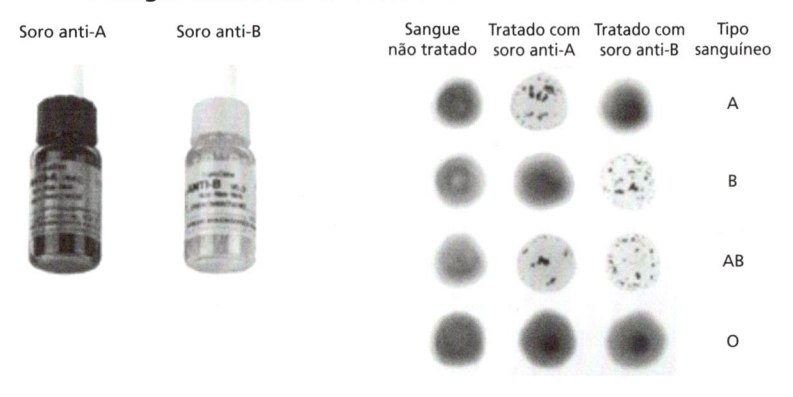

Figura 6.10 Tipagem sanguínea ABO.
Fonte: Tortora & Derrickson (2012).

Atividade

1. Qual é a importância dos sistemas ABO e do fator Rh para as transfusões sanguíneas?
2. A eritroblastose fetal (doença hemolítica do recém-nascido) é caracterizada pela destruição das hemácias do feto que, em caso acentuado, acarreta uma série de complicações. Com base nos conhecimentos acerca do Fator Rh, explique em que situação isso ocorre.
3. Nas transfusões sanguíneas, o doador deve ter o mesmo tipo de sangue que o receptor com relação ao sistema ABO. Em situações de emergência, na falta de sangue do mesmo tipo, podem ser feitas transfusões de pequenos volumes de sangue O para clientes dos grupos A, B ou AB. Pesquise e explique o problema que pode ocorrer se forem fornecidos grandes volumes de sangue O para clientes A, B ou AB
4. No caso da necessidade de transfusão de sangue, descreva quais possibilidades de tipos sanguíneos um indivíduo AB Rh$^+$ poderá receber.
5. Um casal passou pelo processo de aconselhamento genético. Após análise, o médico constatou que se tratava de um homem do grupo sanguíneo considerado receptor universal Rh$^-$ e uma mulher do grupo A Rh$^+$, cuja mãe é doadora universal Rh$^-$. O médico chegou a várias conclusões quanto ao grupo sanguíneo e às doenças que os filhos do casal poderiam ter. Então responda:
    a) Por que esse homem é chamado receptor universal?
    b) Com base na análise genotípica, quais seriam os prováveis grupos sanguíneos dos filhos do casal? Justifique sua resposta.
    c) Em relação ao fator Rh, qual é a possível probabilidade para os filhos do casal?
    d) O casal poderia ter um filho com eritroblastose fetal? Justifique sua resposta.
6. Ao nascer, uma criança apresentou eritroblastose fetal, foi abandonada e encaminhada para adoção, sendo criada por pais adotivos. Anos mais tarde, uma mulher, dizendo ser sua mãe biológica, veio reclamar sua posse. No intuito de esclarecer a situação, o Juiz solicitou exames de tipagem sanguínea da suposta mãe e da criança. O resultado da criança foi grupo O, Rh$^+$; o da suposta mãe biológica foi grupo A, Rh$^+$. Com base neste resultado, a mulher pode ser mãe biológica da criança? Justifique sua resposta.
7. Em um banco de sangue, foram selecionados os seguintes doadores:
Grupo AB – 5
Grupo A – 8
Grupo B – 3
Grupo O – 12.
O primeiro pedido de doação partiu de um hospital que tinha dois pacientes nas seguintes condições:
Cliente I: possui ambos os tipos de aglutininas no plasma.
Cliente II: possui apenas um tipo de antígeno nas hemácias e aglutininas B no plasma. Quantos doadores estavam disponíveis para os clientes I e II, respectivamente?
a) 5 e 11
b) 12 e 12
c) 8 e 3
d) 12 e 20
e) 28 e 11

(continua)

Atividade

8. Explique por que um indivíduo do grupo sanguíneo O pode doar seu sangue a qualquer pessoa e um indivíduo do grupo AB pode receber sangue de qualquer tipo.

9. O exame de paternidade pela comparação de DNA sequenciado vem sendo utilizado para determinar progenitores. É possível determinar o pai de um recém-nascido quando a dúvida sobre a paternidade desse recém-nascido está entre gêmeos univitelinos? Justifique sua resposta.

10. Um casal normal para a hemofilia – doença recessiva ligada ao cromossomo X – gerou quatro crianças: duas normais e duas hemofílicas. Considerando essas informações e outros conhecimentos sobre o assunto, assinale V para afirmação verdadeira e F para afirmação falsa.
( ) A mãe das crianças é heterozigótica para a hemofilia.
( ) A probabilidade de esse casal ter outra criança hemofílica é de 25%.
( ) As crianças do sexo feminino têm fenótipo normal.
( ) O gene recessivo está presente no avô paterno das crianças.

11. Explique por que a frequência de mulheres hemofílicas é muito baixa na população.

12. Descreva como deve ser realizado o teste do pezinho e quais doenças são identificadas neste exame.

REFERÊNCIAS COMPLEMENTARES

ALBERTS, B. et al. *Fundamentos da biologia celular*. 3. ed. Porto Alegre: Artmed, 2011.

CAMPBELL, N. A.; REECE, J. B. *Biologia*. 8. ed. Porto Alegre: Artmed, 2010.

MARTINI, F. H.; TIMMONS, M. J.; TALLITSCH, R. B. *Anatomia humana*. 6. ed. Porto Alegre: Artmed, 2009.

TORTORA, G. J.; DERRICKSON, B. *Corpo humano*: fundamentos de anatomia e fisiologia. 8. ed. Porto Alegre: Artmed, 2012.

LEITURAS RECOMENDADAS

BELTRAME, B. Doenças detectadas pelo teste do pezinho. [S.l: s.n], c2014. Disponível em: <http://www.tuasaude.com/doencas-detectadas-pelo-teste-do-pezinho/>. Acesso em: 16 jul. 2014.

BRASIL ESCOLA. Aconselhamento genético. [São Paulo: Brasil Escola, c2014]. Disponível em: < http://www.brasilescola.com/biologia/aconselhamento-genetico.htm>. Acesso em: 16 jul. 2014.

BRASIL ESCOLA. Cariótipo. [São Paulo: Brasil Escola, c2014]. Disponível em: < http://www.brasilescola.com/biologia/cariotipo.htm>. Acesso em: 16 jul. 2014.

BRUNONI, D. Aconselhamento genético. Ciência e Saúde Coletiva, v. 7, n. 1, p. 101-107, 2002. Disponível em: <http://www.scielo.br/scielo.php?script=sci_arttext&pid=S1413-8123200>. Acesso em: 16 jul. 2014.
CUNHA, V.M.P. et al. Conhecimento da equipe de enfermagem de unidades materno-infantis frente aos distúrbios genéticos. *Revista Rene*, v. 11, n. especial, 2010. p. 215-222. Disponível em: <http://www.revistarene.ufc.br/edicaoespecial/a24v11esp_n4.pdf>. Acesso em: 16 jul. 2014.

MELDAU, D. C. *Heredograma*. [S.l]: InfoEscola, c2014. Disponível em: < http://www.infoescola.com/genetica/heredograma>. Acesso em: 16 jul. 2014.

REDE SIMBIÓTICA DE BIOLOGIA E CONSERVAÇÃO DA NATUREZA. *Desenvolvimento embrionário no homem*. [S.l.]: Simbiótica, [20--?]. Disponível em: <http://simbiotica.org/desenhumano.htm>. Acesso em: 11 jun. 2014.

REDE SIMBIÓTICA DE BIOLOGIA E CONSERVAÇÃO DA NATUREZA. *Sistema reprodutor feminino*. [S.l.]: Simbiótica, [20--?]. Disponível em: <http://www.simbiotica.org/sistemareprodutorfeminino.htm>. Acesso em: 11 jun. 2014.

REDE SIMBIÓTICA DE BIOLOGIA E CONSERVAÇÃO DA NATUREZA. *Sistema reprodutor masculino*. [S.l.]: Simbiótica, [20--?]. Disponível em: <http://www.simbiotica.org/sistemareprodutormasculino.htm>. Acesso em: 11 jun. 2014.

TRANSFUSÃO de sangue. [S.l: s.n], c2014. Disponível em: <http://www.mundoeducacao.com/biologia/transfusao-sangue.htm>. Acesso em: 16 jul. 2014.

UNIVERSIDADE FEDERAL DE SÃO PAULO. Escola Paulista de Medicina. *Genética*. São Paulo: EPM, [c1997?]. Disponível em: <http://www.virtual.epm.br/cursos/genetica/genetica.htm>. Acesso em: 16 jul 2014.

capítulo 7

Nutrição

Nutrição é o estudo dos alimentos e dos mecanismos utilizados pelo organismo para a absorção dos nutrientes que nos fornecem a energia necessária para a manutenção da vida. Este capítulo auxiliará o estudante de enfermagem a identificar os fatores que influenciam a nutrição, descrevendo os principais nutrientes e suas funções. Os conhecimentos acerca da nutrição são a base para a promoção da saúde.

Expectativas de aprendizagem
- » Relacionar nutrientes para uma alimentação saudável.
- » Descrever as leis da alimentação.
- » Identificar os alimentos que compõem a pirâmide alimentar e sua importância nutricional.
- » Calcular e registrar o índice de massa corporal (IMC).
- » Relacionar a terapia nutricional com os diferentes tipos de patologias.
- » Identificar os cuidados de enfermagem relativos à terapia nutricional.
- » Descrever a importância da alimentação adequada a cada faixa etária.

Bases tecnológicas
- » Leis da alimentação: quantidade, qualidade, harmonia e adequação
- » Pirâmide alimentar
- » Cálculo do índice de massa corporal (IMC)
- » Terapia nutricional
- » Alimentação específica nas diversas faixas etárias

Bases científicas
- » Principais nutrientes

❯❯ Principais nutrientes

No Brasil, a desnutrição na infância, que se expressa no baixo peso, no atraso do crescimento e desenvolvimento, na maior vulnerabilidade às infecções e no maior risco para a ocorrência de futuras doenças crônicas, continua sendo um problema importante de saúde pública, principalmente nas regiões Norte e Nordeste e em áreas com população de baixa renda em todo o País. Desse modo, as recomendações nutricionais permanecem instrumentos fundamentais para as ações no combate a esse problema alimentar e nutricional.

Os **componentes químicos da célula** são divididos em **orgânicos** (glicídeos, lipídeos, proteínas, enzimas, vitaminas e ácidos nucleicos) e **inorgânicos** (água e sais minerais).

A **água** é a substância em maior quantidade no organismo humano, correspondendo a cerca de 70% do peso: isto é, um indivíduo de 70 kg contém quase 50 kg dessa substância. Indispensável para a manutenção da vida, sua quantidade não é constante, podendo variar de acordo com a idade do indivíduo, o tipo de tecido e a atividade celular (metabolismo).

A água tem diversas funções biológicas, atuando como:

- solvente dos líquidos orgânicos (como sangue, urina e linfa), permitindo o transporte de substâncias pelo organismo;
- veículo de transporte das substâncias através da membrana plasmática (atua como meio de transporte de íons e micromoléculas);
- meio para que ocorra a maioria das reações químicas celulares;
- redutor de atrito entre os tecidos, servindo como lubrificante;
- moderador térmico, impedindo variações bruscas da temperatura no organismo.

Os **sais minerais** (Tabela 7.1) aparecem de três maneiras no organismo: dissolvidos na forma de íons na água do corpo; compondo cristais (carbonato e fosfato de cálcio presentes no esqueleto); e combinados com moléculas orgânicas (ferro na molécula de hemoglobina, cobalto na vitamina B12, entre outros).

Tabela 7.1 » Sais minerais

Sais minerais	Funções	Principais alimentos
Cálcio	Forma o sistema esquelético humano e atua na contração dos músculos, no funcionamento dos nervos e na coagulação do sangue.	Laticínios, hortaliças de folhas verdes.
Fósforo	Forma o sistema esquelético humano e participa da transferência de energia no interior da célula e da molécula dos ácidos nucleicos.	Carnes, aves, peixes, ovos, laticínios, feijão, ervilha.
Sódio	Ajuda no equilíbrio dos líquidos do corpo e no funcionamento dos nervos e da membrana da célula.	Sal de cozinha (NaCl) e sal natural dos alimentos.
Cloro	Age com o sódio no equilíbrio dos líquidos do corpo e forma o ácido clorídrico do estômago.	Está combinado ao sódio do sal de cozinha (NaCl).
Potássio	Age com o sódio no equilíbrio dos líquidos do corpo e no funcionamento dos nervos e da membrana da célula.	Frutas, verduras, feijão, leite, cereais.
Magnésio	Atua em várias reações químicas com enzimas.	Hortaliças de folhas verdes, cereais, peixes, carnes, ovos, feijão, soja, banana.
Ferro	Participa da hemoglobina e atua na respiração celular.	Fígado, carnes, gema do ovo, pinhão, legumes e hortaliças de folhas verdes.
Iodo	Faz parte dos hormônios da tireoide.	Sal de cozinha iodado, peixes e frutos do mar.
Flúor	Forma ossos e dentes.	É acrescentado à água. Está presente em peixes, chás e, em pequena quantidade, em todos os alimentos.
Manganês	Ajuda a regular diversas reações químicas.	Cereais, hortaliças e frutas.
Cobre	Ajuda na produção de hemoglobina e na formação do pigmento que dá cor à pele (melanina), além de participar das enzimas da respiração celular.	Bem distribuído nos alimentos, principalmente fígado, carnes e frutos do mar.

Os **glicídeos**, também chamados **carboidratos** ou **açúcares**, fornecem a energia (**nutrientes energéticos**) utilizada pelo ser humano em suas atividades (formação das células, movimentação, produção de calor, entre outros) que provém da oxidação do alimento (respiração celular) e são oxidados mais facilmente (proteínas e lipídeos também servem para esse objetivo).

Os **lipídeos**, também chamados **gorduras** (**nutrientes energéticos**), são encontrados no leite e seus derivados, na gema do ovo, nas carnes, nos óleos vegetais e em frutos como o coco e o abacate. Eles estão presentes nas membranas de todas as células. Nas células nervosas, formam várias camadas, que funcionam como isolante elétrico do impulso nervoso. Alguns lipídeos também constituem hormônios e vitaminas.

Os lipídeos são eficientes **reservas de energia**. Por serem insolúveis em água, são armazenados de maneira mais concentrada do que os glicídeos, que retêm grande quantidade de água, o que aumenta o volume e o peso do corpo.

>> CURIOSIDADE

Localizada na parte profunda da pele, a gordura atua também como isolante térmico.

As **proteínas**, presentes em todas as partes da célula, são consideradas os componentes químicos mais importantes do ponto de vista estrutural (**nutrientes plásticos**). São fundamentais no funcionamento do organismo, uma vez que o controle das reações químicas depende das enzimas, que são moléculas de proteínas. São também proteínas alguns hormônios e os anticorpos.

Uma molécula de proteína é constituída pela união de compostos orgânicos, os **aminoácidos**. Existem 20 tipos de aminoácidos que participam da formação das proteínas. No caso do ser humano, os aminoácidos histidina, isoleucina, leucina, lisina, metionina, fenilalanina, treonina, triptofano e vanila não podem ser formados a partir de outros, por isso, devem estar presentes na dieta, sendo chamados essenciais (**nutrientes essenciais**). Alimentos como carne, leite, queijo, peixe, ovos e leguminosas (como feijão, soja, ervilha e lentilha) possuem proteínas de alta qualidade, isto é, contêm todos os aminoácidos essenciais em boa quantidade.

As **enzimas** são substâncias que aceleram as reações químicas que ocorrem nas células. Há uma área da enzima (**sítio ativo**) que se encaixa nos reagentes (**substratos**) e facilita a reação entre eles (Figura 7.1). O encaixe entre a enzima e o substrato é equivalente ao de uma "chave na fechadura", logo, as enzimas são específicas. Um tipo de enzima só serve para determinado tipo de reação. Ao terminar a reação, a enzima é totalmente regenerada e está pronta para repetir a operação com outras moléculas de substrato. O bom funcionamento de uma enzima depende de vários fatores, como temperatura, concentração do substrato e pH (potencial de hidrogênios iônicos).

> **» CURIOSIDADE**
>
> O nome de muitas enzimas é formado com o acréscimo do sufixo ase ao nome do substrato. Por exemplo, a amilase age sobre o amido; a lactase atua sobre a lactose, e assim por diante. Enzimas como a tripsina e a pepsina, que atuam na digestão de proteínas, não obedecem a essa regra.

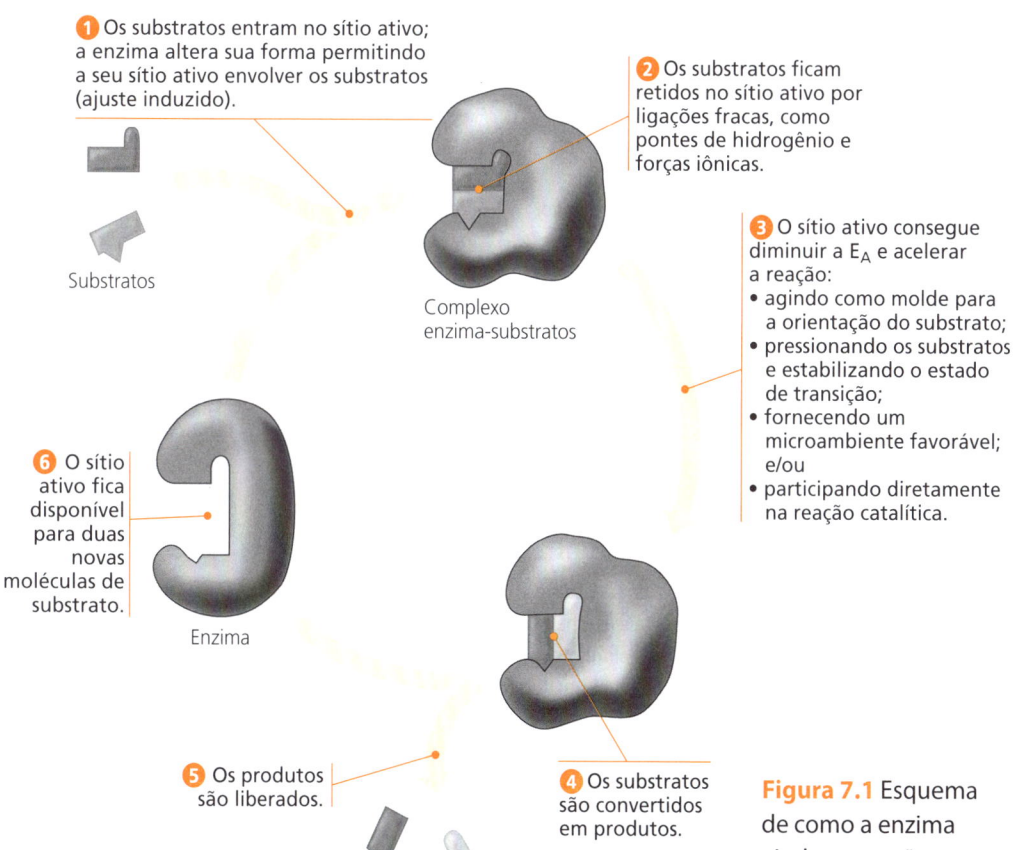

① Os substratos entram no sítio ativo; a enzima altera sua forma permitindo a seu sítio ativo envolver os substratos (ajuste induzido).

② Os substratos ficam retidos no sítio ativo por ligações fracas, como pontes de hidrogênio e forças iônicas.

Substratos

Complexo enzima-substratos

③ O sítio ativo consegue diminuir a E_A e acelerar a reação:
- agindo como molde para a orientação do substrato;
- pressionando os substratos e estabilizando o estado de transição;
- fornecendo um microambiente favorável; e/ou
- participando diretamente na reação catalítica.

⑥ O sítio ativo fica disponível para duas novas moléculas de substrato.

Enzima

⑤ Os produtos são liberados.

④ Os substratos são convertidos em produtos.

Produtos

Figura 7.1 Esquema de como a enzima ajuda na reação.
Fonte: Campbell e Reece (2010).

As **vitaminas** (Tabela 7.2) são nutrientes reguladores e, com as enzimas, controlam as reações químicas do corpo. Por isso, são indispensáveis ao bom desempenho das funções orgânicas. Uma dieta variada garante o seu suprimento, não havendo a necessidade de ingerir remédios à base de vitaminas. Existem as vitaminas **lipossolúveis** (A, D, E e K), que se dissolvem bem em gorduras, e as **hidrossolúveis** (C, complexo B, ácido fólico e niacina), que se dissolvem em água.

Tabela 7.2 » Vitaminas

Vitamina	Fontes	Principais funções	Deficiências
Vitamina A (retinol)	Laticínios, gema de ovo, fígado, rins. Também é fabricada a partir do betacaroteno presente em hortaliças verdes, tomate, cenoura, mamão, batata-doce, abóbora, entre outros alimentos.	Protege os tecidos epiteliais e atua na visão.	Pele áspera e seca, facilidade para infecções, dificuldade de visão em ambientes pouco iluminados (cegueira noturna), ressecamento da córnea (xeroftalmia) que pode levar à cegueira.
Vitamina D (ergocalciferol e colecalciferol)	Fígado, óleo de peixe, laticínios, gema de ovo. É fabricada na pele por ação da luz solar a partir do ergosterol, presente nos alimentos vegetais.	Facilita a absorção de cálcio e de fósforo para a formação dos ossos.	Ossos fracos e deformados nas crianças (raquitismo), ossos fracos no adulto (osteomalacia).
Vitamina E (tocoferóis)	Cereais, hortaliças com folhas verdes, legumes, óleos vegetais, laticínios, gema de ovo, amendoim, entre outros alimentos.	Protege as partes da célula contra oxidações e radicais livres.	Esterilidade, anemia, lesões musculares e nervosas.
Vitamina K (quinonas)	Laticínios, fígado, carnes, frutas, hortaliças, chá, entre outros alimentos. É sintetizada no intestino por bactérias.	Auxilia na coagulação do sangue.	Dificuldade de coagulação do sangue em hemorragias.
Vitamina B_1 (tiamina)	Cereais integrais ou enriquecidos, feijão, frutas, fígado, carnes, legumes, gema de ovo, soja.	Coenzima que atua na produção de energia pela respiração celular.	Inflamação dos nervos, paralisia, atrofia muscular (beribéri).

Tabela 7.2 » Vitaminas

Vitamina	Fontes	Principais funções	Deficiências
Vitamina B_2 (riboflavina)	Cereais integrais ou enriquecidos, ovos, laticínios, carne, fígado, hortaliças com folhas verdes.	Coenzima que atua na respiração celular.	Rachadura nos cantos da boca, lesões de pele e no sistema nervoso.
Niacina (nicotinamida)	Cereais integrais ou enriquecidos, café, folhas, feijão, fígado, carne, ovos, legumes, amendoim.	Coenzima que atua no transporte de elétrons e hidrogênios na respiração celular.	Lesões de pele e do sistema nervoso, como dermatite, diarreia e demência (peligra).
Vitamina B_6 (piridoxina)	Cereais integrais ou enriquecidos, banana, verduras, carne, fígado, ovos, laticínios.	Coenzima que atua no metabolismo dos aminoácidos.	Lesões de pele, nervos e músculos.
Vitamina B_{12} (cobalamina)	Carne, fígado, ovos, laticínios.	Age na formação das hemácias e no metabolismo dos ácidos nucleicos.	Anemia perniciosa e lesões nos nervos.
Ácido fólico	Hortaliças, legumes, fígado, carne, ovos, cereais integrais ou enriquecidos, frutas, amendoim, feijão.	Coenzima que atua no metabolismo dos aminoácidos e ácidos nucleicos.	Anemia, diarreia.
Vitamina C (ácido ascórbico)	Goiaba, caju, laranja, limão, manga, acerola, morango, entre outras frutas; pimentão, brócolis, couve e diversas hortaliças.	Atua na síntese do colágeno (proteína que sustenta os tecidos conjuntivos), protege partes das células contra oxidações e radicais livres.	Baixa imunidade, tecidos conjuntivos e capilares fracos, com sangramento na pele e nas gengivas, inchaço e dores articulares (escorbuto).

A capacidade do organismo de obter do ambiente matéria-prima para a construção do corpo e a realização de suas atividades é chamada **nutrição**. A nutrição envolve, portanto, a digestão das moléculas orgânicas que compõem os alimentos e a absorção, pelas células corporais, dos produtos resultantes.

> **ATENÇÃO**
> Quando um indivíduo consome proteínas em uma quantidade acima da recomendada para seu peso e idade, uma grande proporção será convertida em lipídeos. Além disso, pode ocorrer a liberação de proteínas na urina, em razão de alterações no funcionamento dos rins, o que pode causar insuficiência renal.

Os tipos e as quantidades de alimento que ingerimos compõem a **dieta**, que precisa conter carboidratos, lipídeos, proteínas, sais minerais, vitaminas e água. Esses componentes constituem a pirâmide alimentar (Quadro 7.1). Essas substâncias, chamadas genericamente **nutrientes**, constituem as fontes de energia e de matéria-prima para o funcionamento de nossas células.

O consumo excessivo de carboidratos está relacionado ao aumento das reservas de gordura no organismo. Quando a glicose não é utilizada imediatamente para a produção de energia, é transformada por diversos tipos celulares em **glicogênio**, até um nível de saturação. A partir de então, a glicose extra passa a ser convertida em gordura pelo fígado e pelo tecido adiposo.

Quadro 7.1 » Recomendação diária de ingestão alimentar*

Grupo	Porções Diárias	Orientações
Arroz, pão, massa, batata, mandioca	6	Prefira alimentos integrais como: arroz, pão de forma, pão francês, farinha, biscoito e aveia. Inclua também quinoa e cereal do tipo matinal.
Frutas	3	Frutas regionais como caju, goiaba, graviola, são uma ótima pedida. Inclua sucos e salada de frutas.
Verduras e legumes	3	Inclua folhas verde-escuras, repolho, abobrinha, berinjela, beterraba, brócolis, couve-flor e cenoura com folhas.
Leite, queijo e iogurte	3	Principais fontes de cálcio na alimentação, esses alimentos são ricos em riboflavina (B2).
Carnes e ovos	1	Prefira carnes magras e grelhadas nas refeições. O consumo de frango sem pele é uma alternativa saudável. Peixes do tipo salmão e sardinha são excelentes para o consumo.
Feijões e oleaginosas	1	Além do feijão, alterne soja, lentilha e grão de bico nas porções diárias consumidas. Procure incluir também oleaginosas como castanha-do-pará e castanha-de-caju.
Óleos e gorduras	1	Substitua o óleo convencional pelo azeite no preparo dos pratos (quando possível).
Açúcares e doces	1	Consuma com moderação.

* Faça seis refeições durante o dia (café da manhã, almoço e jantar, com lanches intermediários). Pratique atividade física por, no mínimo, 30 minutos diários.

> **NO SITE**
> No ambiente virtual de aprendizagem Tekne, você encontra um guia alimentar com diversas informações sobre como promover uma alimentação saudável: www.grupoa.com.br/tekne.

O excesso de lipídeos está associado a dietas ricas em gorduras e vem se tornando um problema de saúde pública. A deposição de gordura em excesso pode levar à obesidade e acarretar problemas cardiovasculares, como o agravamento da **aterosclerose**. O acúmulo de lipídeos no organismo também pode estar relacionado ao consumo excessivo de carboidratos ou proteínas, conforme comentado anteriormente.

> ## » PARA SABER MAIS
>
> Você encontra mais informações sobre aterosclerose e outras doenças do sistema circulatório no Capítulo 5.

» Índice de massa corporal (IMC)

O **IMC** é uma medida internacional usada para calcular se uma pessoa está no peso ideal, com relação ao seu peso e sua estatura. Esse cálculo é uma forma simples e de grande importância para detectar se a pessoa possui algum grau de desnutrição, se está no padrão de normalidade ou se apresenta sobrepeso, obesidade ou obesidade mórbida. O resultado é comparado com os dados apresentados no Quadro 7.2.

$$IMC = peso / (altura)^2$$

Quadro 7.2 » Classificação do IMC

IMC	Classificação
< 16	Magreza grave
16 a < 17	Magreza moderada
17 a < 18,5	Magreza leve
18,5 a < 25	Saudável
25 a < 30	Sobrepeso
30 a < 35	Obesidade grau I
< 40	Obesidade grau II (severa)
40	Obesidade grau III (mórbida)

Um IMC entre 20 e 22 indica a quantidade ideal de gordura corporal, o que está associado com um maior tempo de vida e uma menor incidência de doenças graves. É importante ressaltar que esse IMC é considerado um intervalo aceitável, pois está relacionado à boa saúde.

Uma pessoa com 1,70 m de altura e 75 kg de peso possuirá um resultado de: IMC = 75 kg/(1,7)^2= 25,9 o que corresponde a sobrepeso.

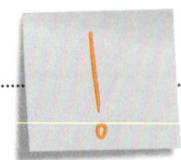

>> IMPORTANTE

O cálculo do IMC não é suficiente para avaliar corretamente o estado nutricional de um indivíduo. É necessário avaliar ainda outros aspectos, como massa muscular, hidratação e atividade física, entre outros. Toda avaliação nutricional deve contar com a participação de um nutricionista.

>> **NO SITE**
Acesse o ambiente virtual de aprendizagem Tekne para calcular o seu IMC.

Há alguns problemas em usar somente o IMC para determinar se uma pessoa está acima do peso. Pessoas musculosas podem ter um índice de massa corporal alto e não ser obesas. O IMC também não é aplicável para crianças e idosos, para os quais existem gráficos específicos e uma classificação diferenciada. As diferenças raciais e étnicas também devem ser consideradas no cálculo do IMC. Por exemplo, um grupo de assessoramento à Organização Mundial da Saúde concluiu que pessoas de origem asiática seriam consideradas acima do peso com um IMC de apenas 25. O método mais preciso para determinar se a pessoa está ou não acima do peso é a medição da taxa de gordura corporal.

>> Leis da alimentação

Uma alimentação equilibrada deve ser quantitativamente suficiente, qualitativamente completa, além de harmoniosa em seus componentes e adequada à sua finalidade, de acordo com as condições fisiológicas ou patológicas do indivíduo. Dessa forma, as leis da alimentação auxiliam na relação da alimentação com o bem-estar físico, mental e emocional do cliente.

1ª Lei (quantidade): Deve ser suficiente para cobrir as exigências energéticas do organismo e manter em equilíbrio seu balanço. As calorias que ingerimos precisam ser suficientes para permitir o cumprimento de nossas atividades.

2ª Lei (qualidade): O regime alimentar deve ser completo em sua composição, para oferecer ao organismo todas as substâncias que o integram. Isso inclui todos os nutrientes, a serem ingeridos diariamente.

3ª Lei (harmonia): As quantidades dos diversos nutrientes que integram a alimentação devem guardar uma relação de proporção entre si. Esta lei equivale à junção das duas últimas: qualidade e quantidade.

4ª Lei (adequação): A finalidade da alimentação está subordinada à sua adequação ao organismo e ao momento biológico da vida. Além disso, deve adequar-se aos hábitos individuais, à situação econômico-social do indivíduo e, no caso de um indivíduo enfermo, ao sistema digestivo e aos órgãos ou sistemas alterados pela enfermidade.

>> Fatores que influenciam a nutrição

Certas alterações no estado de saúde dos clientes interferem em sua alimentação e nutrição adequada, como náusea, vômito, úlceras péptica e duodenal, esofagite, distúrbios metabólicos, doença celíaca e anorexia, entre outras. Algumas intervenções terapêuticas contribuem para minimizar esses problemas. Durante o período de hospitalização, é importante investigar as preferências alimentares do cliente para adequar a dieta.

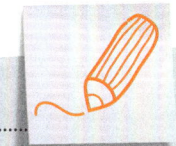

>> Agora é a sua vez!

Pessoas submetidas à cirurgia ou à quimioterapia devem ter a adequação de sua dieta para essa fase do tratamento, para que não haja prejuízo em seu estado nutricional. Descreva as orientações de enfermagem quanto:

a) à nutrição no pós-operatório.
b) à alimentação durante a quimioterapia com drogas de alto potencial emético.

>> Desidratação

A desidratação é a perda excessiva de água e sais minerais pelo organismo, em decorrência de diarreia provocada por bactérias, vírus ou vermes adquiridos quando da ingestão de água ou alimentos contaminados. A diarreia aumenta o ritmo das evacuações e diminui a consistência das fezes, que podem sair na forma líquida. As diarreias leves param espontaneamente em muitos casos, mas é necessário

> **DICA**
> O soro caseiro é preparado dissolvendo-se, em um copo de água limpa, uma pitada de sal e duas colheres de chá de açúcar.

repor a água e os sais minerais perdidos, bebendo muito líquido aos poucos e com frequência para evitar a desidratação.

O risco de desidratação é maior entre crianças e idosos, que devem tomar também o sal de reidratação oral. Na falta dele, é possível usar o **soro caseiro**. Não se deve suspender a amamentação ou a alimentação. Crianças que já ingerem alimentos sólidos podem comer alimentos bem amassados e macios, a menos que haja vômito com frequência. Nesse caso, deve-se procurar assistência médica.

» IMPORTANTE

Deve-se consultar logo o médico se houver sinais de desidratação. Olhos fundos e ressecados, boca seca, sede exagerada, perda de elasticidade da pele (ela forma pregas ou dobras quando a puxamos entre os dedos e não volta ao normal quando a soltamos), sonolência ou, em crianças, fontanela (moleira) afundada e choro sem lágrimas. Também se deve buscar um médico se a diarreia for intensa (com fezes aquosas várias vezes no intervalo de 1 ou 2 horas) ou durar mais de 2 dias, se a criança não conseguir comer ou vomitar com frequência e se houver febre ou sangue nas fezes.

» Nutrição enteral e parenteral

A nutrição parenteral visa a fornecer todos os elementos para suprir a demanda nutricional de clientes com necessidade normal ou aumentada, utilizando outras vias de administração que não seja a do trato digestório, e serve como medida de emergência até que a alimentação oral seja restabelecida. A nutrição parenteral pode ser total (quando o cliente é nutrido por via endovenosa) ou complementar (quando há a utilização concomitante da via digestiva); pode ser ainda central, quando é administrada via veia cava superior, ou periférica, quando é administrada via veias periféricas. A nutrição parenteral prolongada (NPP) é indicada quando o cliente necessita de um aporte nutricional por via endovenosa, pois a via enteral está contraindicada.

A nutrição enteral consiste na administração de alimentos liquidificados ou de nutrientes por meio de soluções nutritivas com fórmulas quimicamente definidas, por infusão direta no estômago ou no intestino delgado, utilizando sondas (nasogástrica ou nasoenteral). É indicada para clientes com necessidades nutricionais normais ou aumentadas, cuja ingestão, por via oral, está impedida ou é ineficaz, desde que o trato gastrointestinal funcione normalmente. Uma metodologia terapêutica mais simples, com menor índice de riscos e complicações e menor custo, a nutrição enteral é uma modalidade nutricional mais próxima da alimentação fisiológica normal, por isso, deve ter prioridade absoluta sobre a nutrição parenteral, sempre que possível, em todos os clientes candidatos ao suporte nutricional especializado.

A intervenção nutricional contribui para reduzir o tempo de permanência do cliente no hospital e aumentar a rotatividade dos leitos, o que permite melhorar os resultados clínicos e diminuir os custos hospitalares. Com a nutrição enteral, é possível controlar a ingestão de nutrientes de forma isolada ou combinada, por meio de uma formulação específica adequada a cada cliente, considerando o quadro clínico e respeitando as necessidades nutricionais individualizadas.

>> Atividade

1. Cite as vias pelas quais o técnico em enfermagem pode administrar a dieta enteral.

2. Descreva os cuidados de enfermagem na instalação de uma dieta enteral.

3. Quais são as complicações da administração da dieta enteral?

>> PARA SABER MAIS

Saiba mais sobre terapia nutricional acessando o ambiente virtual de aprendizagem Tekne.

REFERÊNCIAS COMPLEMENTARES

CAMPBELL, N. A.; REECE, J. B. *Biologia*. 8. ed. Porto Alegre: Artmed, 2010.

LEITURAS RECOMENDADAS

AGÊNCIA NACIONAL DE VIGILÂNCIA SANITÁRIA. *Guia de bolso do consumidor saudável*. Brasília: ANVISA, [20--?]. Disponível em: <http://www.anvisa.gov.br/alimentos/rotulos/guiadebolso.pdf>. Acesso em: 28 out. 2012.

BRASIL. Ministério da Saúde. *Guia alimentar para a população brasileira*: promovendo a alimentação saudável. Brasília: MS, 2008. (Série A. Normas e Manuais Técnicos). Disponível em: <http://bvsms.saude.gov.br/bvs/publicacoes/guia_alimentar_populacao_brasileira_2008.pdf>. Acesso em: 11 jul. 2014.

BRASIL. Ministério da Saúde. *Guia alimentar para crianças menores de 2 anos*. Brasília: MS, 2002. (Série A. Normas e Manuais Técnicos, n. 107). Disponível em: <http://189.28.128.100/nutricao/docs/geral/guiao.pdf>. Acesso em: 11 jul. 2014.

BRASIL. Ministério da Saúde. Portal da Saúde SUS. [Site]. Brasília: Ministério da Saúde, [20--?]. Disponível em: <http://portal.saude.gov.br/portal/saude/area.cfm?id_area=1444>. Acesso em: 11 jun. 2014.

PHILIPPI, S. T. et al. Pirâmide alimentar adaptada: guia para escolha dos alimentos. *Revista de Nutrição*, Campinas, v. 12, n. 1, jan./abr. 1999. Disponível em: <http://www.scielo.br/pdf/rn/v12n1/v12n1a06>. Acesso em: 11 jul. 2014.

UNIVERSIDADE DE SÃO PAULO. Departamento de Alimentos e Nutrição Experimental. *Tabela brasileira de composição de alimentos*. São Paulo: USP, 2008. Disponível em: <http://www.fcf.usp.br/tabela/>. Acesso em: 11 jun. 2014.